高职高专机电类专业系列教材

电工技术基础

主　编　臧雪岩　郭　庆　吴清洋
副主编　孔繁瑞　崔　红　郭　妍
　　　　张　博
参　编　熊华波　苏　琼　孙文毅
　　　　蒋　然　王　梅

机械工业出版社

本书是依据高职院校电工技术基础课程教学基本要求和机电类相关专业培养目标编写的，全书内容包括电路分析基础、正弦交流电路、三相交流电路、磁路与变压器、电动机、继电-接触器控制电路、供配电与安全用电技术等。

本书可作为高职院校的电气自动化专业、机电一体化专业、应用电子技术专业以及机械类相关专业的教材，也可作为成人教育的教学用书、自学者及电气工程技术人员的参考用书。

为方便教学，本书有电子课件、应用训练答案、模拟试卷及答案等教学资源，凡选用本书作为授课教材的老师，均可通过电话（010-88379564）或QQ（2314073523）咨询，有任何技术问题也可通过以上方式联系。

图书在版编目（CIP）数据

电工技术基础/臧雪岩，郭庆，吴清洋主编. —北京：机械工业出版社，2018.1（2023.8重印）

高职高专机电类专业系列教材

ISBN 978-7-111-59241-9

Ⅰ.①电… Ⅱ.①臧… ②郭… ③吴… Ⅲ.①电工技术-高等职业教育-教材 Ⅳ.①TM

中国版本图书馆CIP数据核字（2018）第036137号

机械工业出版社（北京市百万庄大街22号 邮政编码100037）

策划编辑：曲世海 责任编辑：曲世海

责任校对：王明欣 封面设计：陈 沛

责任印制：李 昂

中农印务有限公司印刷

2023年8月第1版第9次印刷

184mm×260mm · 11.5印张 · 278千字

标准书号：ISBN 978-7-111-59241-9

定价：39.80元

电话服务	网络服务
客服电话：010-88361066	机 工 官 网：www.cmpbook.com
010-88379833	机 工 官 博：weibo.com/cmp1952
010-68326294	金 书 网：www.golden-book.com
封底无防伪标均为盗版	机工教育服务网：www.cmpedu.com

前　　言

“电工技术基础”是高职院校机电类相关专业的一门基础课程，通过本课程的学习，结合实践，力争使学生理论基础扎实，学习能力和分析处理实际问题的能力都有显著提高，为后续课程的学习、获得相应职业资格证书奠定良好基础。

教材在编写过程中本着保证基础、降低难度、突出实用、便于自学的原则，结合几年来的教学实践，借鉴了许多同类优秀教材的编写思路和内容，同时也照顾了后续专业课程需要达到的理论基础要求。

全书共分7章，每章以知识目标、技能目标、内容描述、内容索引、学习内容和应用训练为主线，方便学生明确目标、提高学习质量、保证学习效果，并达到学以致用。

本书对应该掌握的基本原理和基本分析方法的讲解，叙述详尽，语言通俗易懂，便于学生理解和自学；本着理论够用、实用的原则，对复杂的数学推导和难懂的电路、原理予以省略；对新知识的引入犹如导入一个轻松的话题，让学生感觉轻松自然；注重知识的实用性，列举了很多实例便于学生理解与应用。

本书由臧雪岩统稿，臧雪岩、郭庆、吴清洋担任主编，孔繁瑞、崔红、郭妍、张博担任副主编，其中，第1章由吴清洋编写，第2章由臧雪岩、孔繁瑞编写，第3章由张博编写，第4章由崔红编写，第5章由郭妍编写，第6章和第7章由郭庆编写，参与编写的还有熊华波、苏琼、孙文毅、蒋然、王梅等。

由于编者水平有限，书中难免会有错误和疏漏，敬请读者批评指正。

编　者

目　　录

第 1 章　电路分析基础

知识目标：

★ 掌握电路的概念及描述电路的基本物理量；
★ 掌握电阻、电容、电感元件的特征；
★ 掌握基尔霍夫定律及电源的等效变换方法；
★ 掌握支路电流法、叠加定理、戴维南定理及诺顿定理计算和分析复杂电路的方法。

技能目标：

★ 掌握万用表测量电压、电流的方法；
★ 掌握万用表检测电阻、电容、电感的方法；
★ 学会验证基尔霍夫定律、叠加定理和戴维南定理；
★ 学会验证电感、电容元件过渡过程的基本规律。

内容描述：

电路是电流的通路，是信息时代能量和信息传输的通道，电路基础是电子电路、电机电路、控制及测量电路分析和研究的基础。本章以直流电路为分析对象，着重讨论电路的基本概念、基本定律以及电路的分析和计算方法。这些内容稍加扩展后适用于交流电路及其他线性电路的学习。

内容索引：

★ 电路
★ 电路元件
★ 电源的等效变换及电路的基本规律
★ 电路的基本分析方法
★ 电路的暂态分析

1.1　电路

1.1.1　电路及其组成

把若干电气设备或元器件，按其所要实现的功能，用一定方式连接起来的电流通路称为电路。图 1-1 是最简单的电路，由干电池（电源）、小电珠（负载）和开关（中间环节）三部分组成。

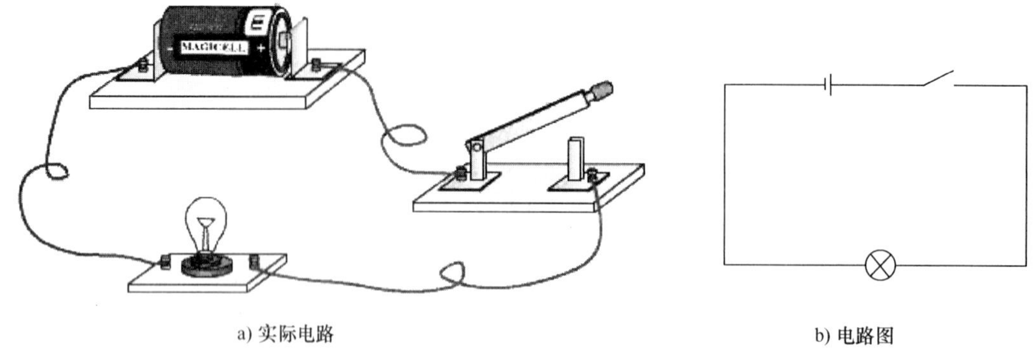

a) 实际电路　　b) 电路图

图 1-1　简单电路

一个完整的电路是由电源、负载和中间环节等三部分组成。

1）电源是指将各种其他形式的能如化学能、机械能、光能等转换为电能，并向电路提供能量的设备，如干电池、蓄电池、发电机等。

2）负载是指电路中能将电能转换为各种其他形式能的用电设备，也称用电器，如照明灯、电动机和各种家用电器、车载电器等。

3）中间环节是指连接闭合电路的导线以及开关设备、保护设备，如刀开关、熔断器、继电器等。

实际电路的分析和计算根据电路图来进行，图 1-1b 就是小电珠电路图。

1.1.2　电路的作用

电路的作用有两类：一是可以实现能量的传输与转换，如电力系统，发电机将其他形式的能转换为电能，再通过变压器和输电线路将电能输送给工厂、农村和千家万户的用电设备，这些用电设备再将电能转换为机械能、热能、光能或其他形式的能。二是可以实现信号的传递和处理，例如无线电通信电路将接收到的声音信号转换成电信号，经放大、调制后发送出去，接收后经选频、放大、检波等再转换成声音信号的过程就是信号的传递和处理过程。

1.1.3　描述电路的基本物理量

描述电路的基本物理量有电流、电压、电位、电动势、电能和电功率等。

1. 电流

(1) 电流的概念

导体中自由电荷在电场力的作用下发生的定向移动就形成电流，其数值等于单位时间内通过导体某一横截面的电荷量。

设在 $\mathrm{d}t$ 时间内通过导体某一横截面的电荷量为 $\mathrm{d}q$，则通过该截面的电流为

$$i=\frac{\mathrm{d}q}{\mathrm{d}t} \tag{1-1}$$

如果电流恒定不变，则这种电流称恒定电流。直流电源供电的电路流过的电流即为恒定电流，电流的通路称直流电路。在直流电路中，式(1-1) 可写成

$$I=\frac{Q}{t} \tag{1-2}$$

在国际单位制（SI）中，规定电流的单位为安培（A），即 1A = 1C/s。计量微小电流时，以毫安（mA）或微安（μA）为单位。其换算关系为 $1\text{A}=10^3\text{mA}=10^6\mu\text{A}$。

习惯上，规定正电荷定向移动的方向为电流的方向（实际方向）。电流的方向是客观存在的。

（2）电流的参考方向

在简单电路中，可以很容易判断出电流的实际方向，如图 1-2a 中的 I_1、I_2。倘若在图中 A、B 两点间再接入一个电阻，如图 1-2b 所示，那么该电阻中的电流方向就很难直观判断了。另外，在交流电路中，电流是随时间变化的，在图上也无法表示其实际方向。为了解决这一问题，引入参考方向这一概念。

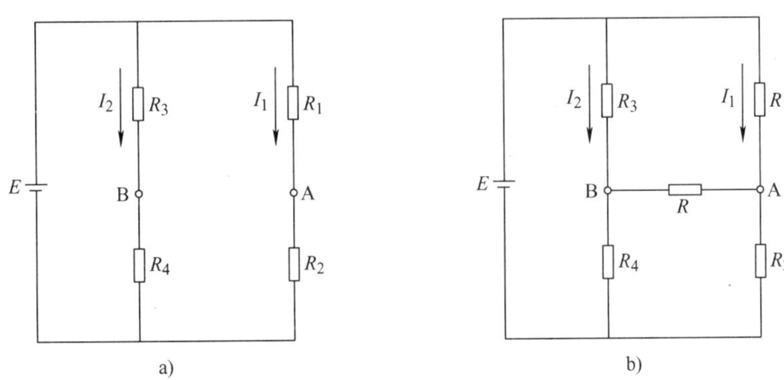

图 1-2　电流方向的判断

参考方向是假定的方向。电流的参考方向可以任意假定，在电路中一般用箭头表示。根据电流的正负就可以判定电流的参考方向和实际方向的关系，如电流为正值（$I>0$），则电流的参考方向与实际方向一致；如电流为负值（$I<0$），则电流的参考方向与实际方向相反。电流的参考方向与实际方向之间的关系如图 1-3 所示。

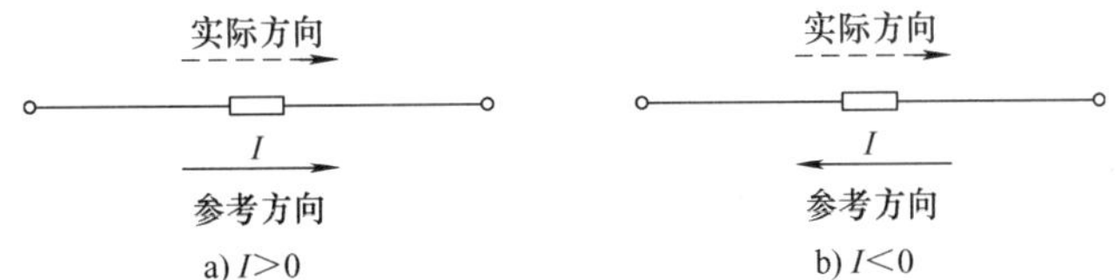

图 1-3　电流的参考方向与实际方向之间的关系

在分析电路时，首先要假定电流的参考方向，并据此去分析计算，最后再从答案的正负值来确定电流的实际方向。如不说明，电路图上标出的电流方向一般都是指参考方向。

（3）电流的测量

电流的测量用电流表，为测量方便，通常测量电学相关参数（如电流、电压等）都选用万用表。万用表是一种多功能测量仪表，可以测电流、电压、电阻，还可以检测电子元器件特性等，分模拟万用表和数字万用表两种。

用万用表（或电流表）测量电流时必须先断开电路，再将表串联接入待测电路中。测直流时红表笔接电源正极，黑表笔接电源负极。一定要注意明确电流是直流还是交流，交、直流电流表或万用表的交、直流电流档位不能混用，以防止损害表头。另外选择合适的量程也很重要，一般选量程应为被测电流的 1.5 ~2 倍。

此外，还有一种专门测量电流的工具是钳形电流表（电流钳），其优势是测量时不需要断开电路，只需将导线置于电流钳口中央即可直接读数。有关电流钳的工作原理我们在第 4 章中会有介绍。

2. 电压

(1) 电压的概念

在电路中，设单位正电荷由 A 点移到 B 点时电场力所做的功为 dW，则 A、B 两点间的电压为

$$u_{AB}=\frac{dW}{dq} \tag{1-3}$$

即 A、B 两点间的电压在数值上等于电场力把单位正电荷由 A 点移送到 B 点时所做的功。在直流电路中，上式可写成

$$U=\frac{W}{Q} \tag{1-4}$$

国际单位制（SI）中，电压的单位是伏特（V）。当电场力把 1 库仑（C）的电荷从一点移送到另一点所做的功为 1 焦耳（J）时，该两点间的电压即为 1 伏特（V）。计量较低电压时，常以毫伏（mV）或微伏（μV）为单位。计量较高电压时，常以千伏（kV）为单位。其换算关系为 $1kV=10^3V$，$1V=10^3mV=10^6\mu V$。

电压的方向（实际方向）通常规定从高电位指向低电位，即电压降的方向。

(2) 电压的参考方向

在复杂电路中，同样存在电压方向不明确的情况，因此在分析和计算电路时，可任意假定电压的参考方向。参考方向在电路图中可用箭头表示，也可用极性“+”“-”表示。“+”表示高电位，“-”表示低电位。当电压的参考方向与实际方向一致时，电压为正（$U>0$）；相反时，电压为负（$U<0$）。电压的参考方向与实际方向之间的关系如图 1-4 所示。

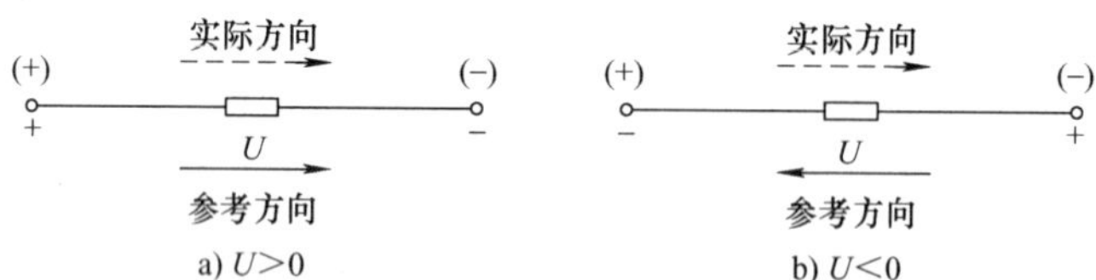

图 1-4　电压的参考方向与实际方向之间的关系

在分析和计算电路时，电压和电流参考方向的假定，原则上是任意的。但为了方便，元件上的电压和电流常取一致的参考方向，这称为关联参考方向，反之，称为非关联参考方向。

在图 1-5 中，图 1-5a 所示的 U 与 I 参考方向一致，则其电压与电流的关系是 $U=IR$；而图 1-5b 所示的 U 与 I 参考方向不一致，则电压与电流的关系是 $U=-IR$。可见，在写电压与电流的关系式时，式中的正负号由它们的参考方向是否一致来决定。

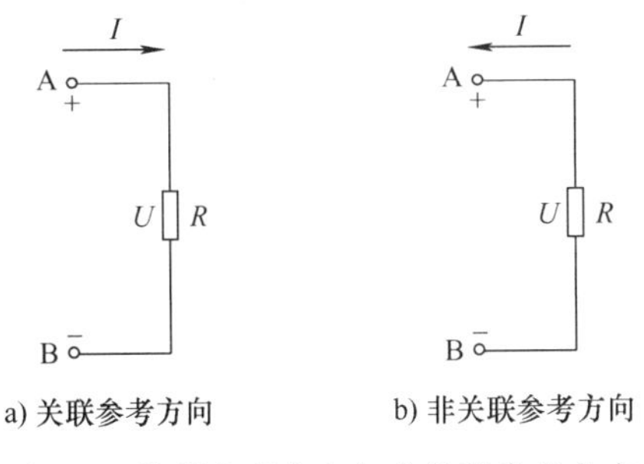

a) 关联参考方向　　b) 非关联参考方向

图 1-5　关联参考方向与非关联参考方向

(3) 电压的测量

电压的测量用电压表，也可以选用万用表。用万用表（或电压表）测量电压时无须断开电路，可直接将表与待测电路并联。测直流电压时，红表笔接电源正极，黑表笔接电源负极。同样，也要注意明确待测电压是直流电压还是交流电压，交、直流电压表或万用表的交、直流电压档位不能混用，以防止损害表头；另外，要选择合适的量程。

3. 电位

在电器设备的调试和检修中，经常要测量某个点的电位，看其是否符合设计要求。电位是度量电位能大小的物理量，某点电位在数值上等于电场力将单位正电荷从该点移送到参考点所做的功，可用符号“V”表示。电路中任意一点的电位，就是该点与参考点之间的电压。因此，电路中某点电位的测量实质上就是该点与参考点之间电压的测量。而电路中任意两点之间的电压，也等于这两点电位之差，即

$$U_{AB}=V_A-V_B \tag{1-5}$$

在电工电子技术中，原则上电位参考点的选取是任意的，但为了统一，工程上常选大地为参考点，在电路图中用符号“⏚”表示。机壳需要接地的电子设备，可以把机壳作为参考点。有些电子设备机壳虽然不一定接地，但为分析方便，可以把它们当中元件汇集的公共端或公共线选作参考点，也称为“地”，在电路图中用“⊥”来表示。

通常取参考点的电位为零，电位高于零电位为正值，低于零电位为负值。电路中任意两点间的电压与参考点的选取无关，而任意一点的电位与参考点的选取有关，因为电路中各点的电位高低是相对于参考点而言的，如果不选择参考点去讨论电位是没有意义的。

【例 1.1】 如图 1-6 所示，分别选取 O、B、A 为参考点，求 A、B 两点电位及 AB 两点间的电压。

解： 若选择 O 点为参考点，即令 $V_O=0$，如图 1-6a 所示，则

$$V_A=V_A-V_O=U_{AO}=6V$$

$$V_B=V_B-V_O=U_{BO}=-U_{OB}=-6V$$

$$U_{AB}=V_A-V_B=12V$$

若以 B 点为参考点，即令 $V_B=0$，如图 1-6b 所示，则

$$V_A=V_A-V_B=12V$$

$$V_B=0$$

$$U_{AB}=V_A-V_B=V_A=12V$$

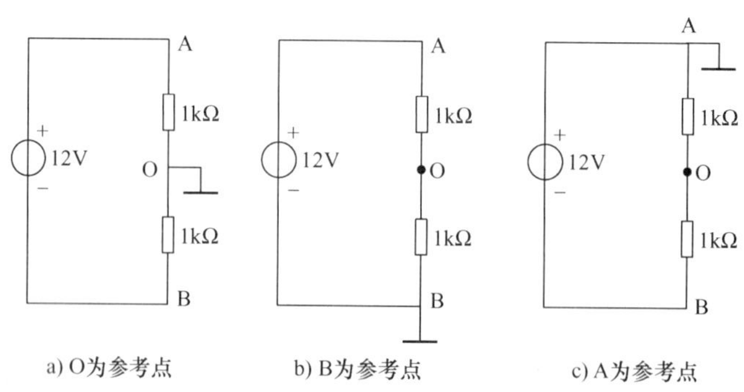

图 1-6　例 1.1 图

若以 A 点为参考点，即令 $V_A=0$，如图 1-6c 所示，则

$$V_A=0$$

$$V_B=V_B-V_A=U_{BA}=-U_{AB}=-12\text{V}$$

$$U_{AB}=V_A-V_B=12\text{V}$$

可见，参考点选取不同，电路中各点电位也不同，但任意两点间的电压不变。

在电子技术的学习中，经常用电位来分析和讨论问题，比如对二极管而言，只有当它的阳极电位高于阴极电位时，管子才能导通，否则就截止；讨论晶体管的工作状态时，也要分析晶体管三个极的电位高低等。为了简化电路，在绘制电路图时，常常不把电源画出，而改用电位标出。例如图 1-6a、b、c 可等效成图 1-7a、b、c。

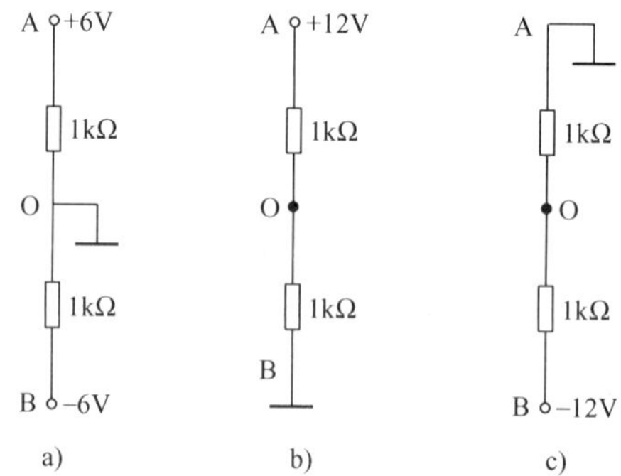

图 1-7　图 1-6 的等效电路图

【例 1.2】 试计算图 1-8 所示电路中 B 点的电位 V_B。

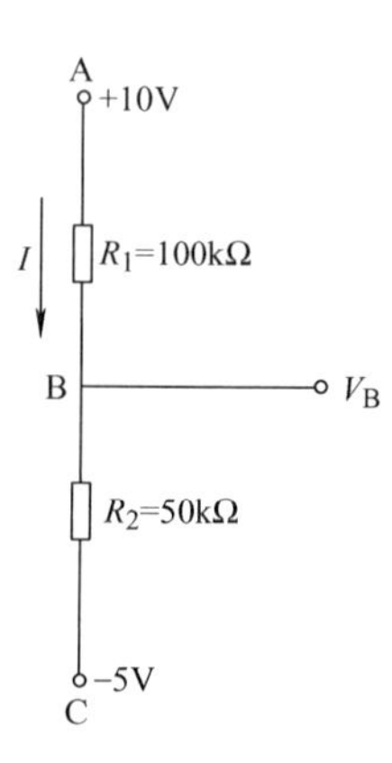

图 1-8　例 1.2 图

解：如图 1-8 所示，电路中的电流为

$$I=\frac{V_A-V_C}{R_1+R_2}=\frac{10-(-5)}{100+50}\text{mA}=0.1\text{mA}$$

电阻 R_1 上的电压降为

$$U_{AB}=R_1I=100\times0.1\text{V}=10\text{V}$$

故 B 点的电位为

$$V_B=V_A-R_1I=(10-10)\text{V}=0\text{V}$$

或

$$V_B=V_C+R_2I=(-5+50\times0.1)\text{V}=0\text{V}$$

计算表明，当选取电位参考点以后，电路中的各点都具有确定的电位，与计算的路径无关。

4. 电动势

在电路中，电源内部不断有非电场力把正电荷从电源负极移送到电源正极，即从低电位移送到高电位，这个非电场力做功的过程就是电源将其他形式的能转换成电能的过程。这个非电场力也可称为电源力。电动势就是为了衡量电源力对电荷做功的本领大小而引入的一个物理量。在数值上电动势的大小等于电源力将单位正电荷从电源负极移送到电源正极所做的功，用 U_S或 E 表示：

$$E=\frac{W}{Q}\quad 或\quad U_S=\frac{W}{Q} \tag{1-6}$$

式中，W 为非电场力（电源力）对电荷所做的功。

电动势的方向规定为在电源内部由电源负极指向电源正极，即由低电位指向高电位，与电压的规定方向相反。电动势的参考方向也可用箭头或“+”“-”极性表示，如图 1-9 所示。电动势的单位与电压的单位相同，也用 V 表示。

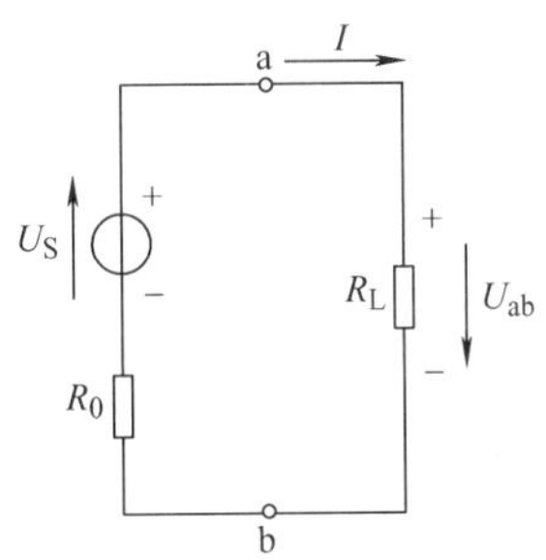

图 1-9　电动势的参考方向

一种快速测量电源电动势的方法是，当电路处于空载状态（开路）时，测量电源两端的开路电压，即可认为等于电源的电动势。

5. 电能和电功率

电流流过电器设备时要做功，做功的过程就是消耗电能转化成其他形式能的过程，如电流流过灯、电炉、电烙铁等时，电场力做功，电能转化成了热能；电流流过电动机时，电场力做功，电能转化成了机械能。电场力所做的功即电能的大小与电压、电流和通电时间成正比，即

$$W=UQ=UIt \tag{1-7}$$

在国际单位制中，功（和能）的单位是焦耳（J），工程上常用度即千瓦时（kW·h）作单位，1 kW·h $=3.6\times10^6$J。

单位时间内消耗的电能称为电功率（简称功率），即负载消耗（或吸收）的电功率，则

$$P=\frac{W}{t}=UI \tag{1-8}$$

在时间 t 内，电源力将电荷 Q 从电源负极经电源内部移送到电源正极所做的功为

$$W_E = U_S Q = U_S It \tag{1-9}$$

电源产生（或发出）的电功率为

$$P_E = U_S I \tag{1-10}$$

闭合电路中，电源产生的功率与负载、导线以及电源内阻上消耗的功率总是平衡的，遵循能量守恒和转换定律。

在国际单位制中，功率的单位是瓦特（W）。常用单位还有千瓦（kW）、毫瓦（mW）等，且 $1\text{kW} = 10^3\text{W} = 10^6\text{mW}$。

在电路分析中，不仅要计算电功率的大小，有时还要判断电功率的性质，即该元件是产生电功率还是消耗电功率。一般情况下，$P = UI$ 适用于电压与电流为关联参考方向的场合，如果取非关联参考方向，则应写成 $P = -UI$。这样，如果 $P > 0$，元件消耗电功率，属于负载性质，如果 $P < 0$，元件输出（提供）电功率，属于电源性质。

一种计量电功（电能）的测量仪表称电能表，又称电度表，俗称火表，它的计量单位是千瓦时（度）。电能表有两个回路，即电压回路和电流回路，连接方式有直接接入和间接接入两种，低压小电流线路可直接接入，低压大电流线路需经电流互感器将电流变小再接入电能表。测量功率可选用功率表，功率表也有两个回路，即电压回路和电流回路，测量时电流回路应串联接入待测电路，电压回路应并联接入待测电路，也可以选用电压表和电流表分别测电压和电流，再根据 $P = UI$ 求出功率。

1.1.4 电路的三种工作状态

以最简单的直流电路为例来讨论电路的三种工作状态，即有载、空载和短路状态。

1. 有载状态

如图 1-10 所示电路的开关 S 闭合，接通电源和负载，就是电源的有载状态，图中 R_0 是电源的内阻。

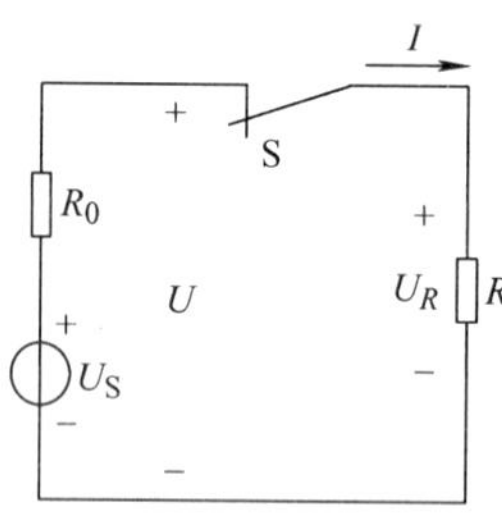

图 1-10　电路的有载状态

此时电路特征如下：

（1）电流与电压

根据闭合电路欧姆定律，电路中的电流为

$$I = \frac{U_S}{R_0 + R} \tag{1-11}$$

电源的端电压为

$$U = U_S - R_0 I \tag{1-12}$$

负载两端电压为

$$U_R = RI \tag{1-13}$$

若忽略线路上的压降，则负载两端电压 U_R 等于电源的端电压 U。

（2）功率与功率平衡

电源的输出功率为

$$P = UI = (U_S - R_0 I)I = U_S I - R_0 I^2 \tag{1-14}$$

式中，$U_S I$ 为电源产生的功率；$R_0 I^2$ 为内阻上消耗的功率；UI 是电源的输出功率，也等于负载消耗的功率（RI^2），上式也可写成

$$U_S I = R_0 I^2 + UI = R_0 I^2 + RI^2 \tag{1-15}$$

可见，电源发出的总功率等于电路各部分所消耗的功率之和，即整个电路中的功率是平衡的。

2. 空载状态

空载状态又称断路或开路状态。断路时电路无法闭合，即所需要的电流中断。断路的结果是负载如白炽灯、加热电阻、扬声器等无法工作。

如图 1-11 所示电路中，将开关 S 断开，电源就处于空载状态，电路空载时，外电路电阻可视为无穷大，其电路特征如下：

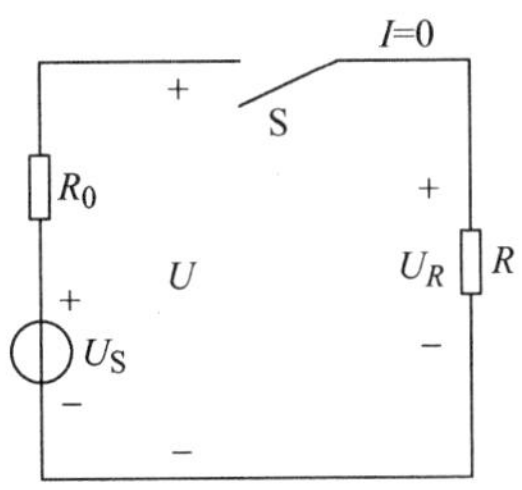

图 1-11　电路的空载状态

（1）电流与电压

电路中电流为零，即

$$I = 0 \tag{1-16}$$

电源端电压等于电源的电动势，即

$$U = U_S \tag{1-17}$$

此电压称为空载电压或开路电压，由此可以得出粗略测量电源电动势的方法。

（2）功率

空载时，电源不输出电能，因此电源的输出功率 P 和负载消耗的功率 P_R 均为零，即

$$P = UI = 0 \tag{1-18}$$

$$P_R = U_R I = 0 \tag{1-19}$$

3. 短路状态

如图 1-12 所示，当电源的两输出端由于某种原因而接触到一起时，会造成电源被直接短路。当电源短路时，外电路电阻可视为零，此时电路特征如下。

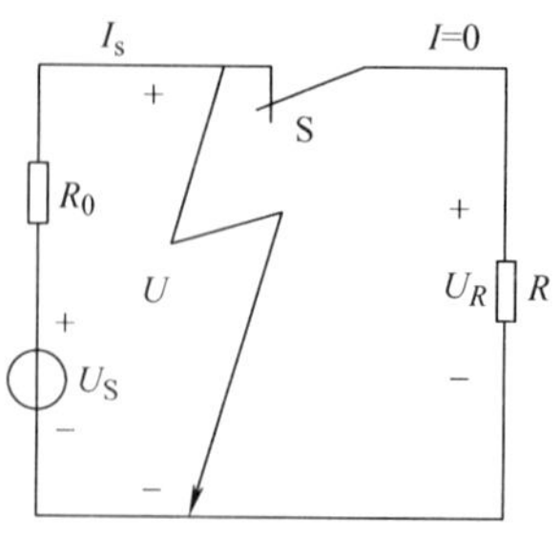

图 1-12　电路的短路状态

（1）电流与电压

电源中的电流最大，外电路输出电流为零。此时电源中的电流称为短路电流，大小为

$$I_S = \frac{U_S}{R_0} \tag{1-20}$$

电源和负载的端电压均为零，即

$$U = U_S - R_0 I_S = 0 \tag{1-21}$$

$$U_R = 0 \tag{1-22}$$

此时 $U_S = R_0 I_S$，表明电源的电动势全部降落在电源的内阻上，因而无输出电压。

（2）功率

电源对外输出功率和负载所吸收的功率均为零，即

$$P = UI = 0, \quad P_R = U_R I = 0 \tag{1-23}$$

这时电源电动势所发出的功率全部消耗在内阻上，大小为

$$P_E = U_S I_S = U_S^2/R_0 = I_S^2 R_0 \tag{1-24}$$

电源短路，是一种严重事故，可使电源的温度迅速上升，以致烧毁电源及其他电器设备，通常在电路中装有熔断器等短路保护装置。

【例 1.3】 如图 1-13 所示的电路，若开关 S 断开时电压表的读数为 12V，开关 S 闭合时电压表的读数为 11.5V，负载电阻 $R=10\Omega$，求电源的电动势 U_S 和内阻 R_0（电压表的内阻可视为无限大）。

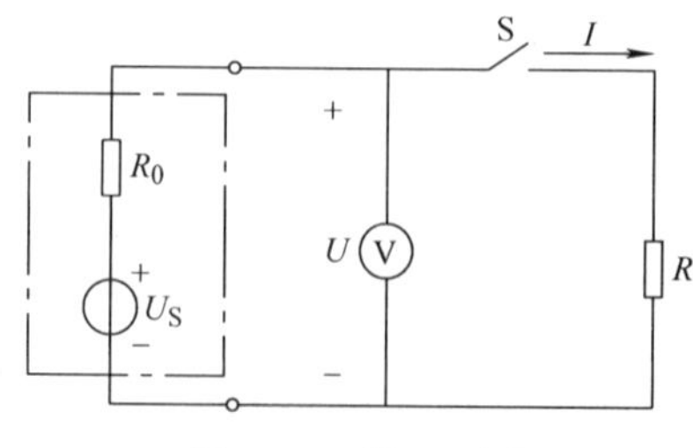

图 1-13　例 1.3 图

解： 设电压 U、电流 I 的参考方向如图所示。

当开关 S 断开时，电路为空载状态，电压表的读数即为电源的电动势，则

$$U_S = 12V$$

当开关 S 闭合时，电路为有载状态，电路中的电流为

$$I = \frac{U}{R} = \frac{11.5}{10}A = 1.15A$$

故根据闭合电路欧姆定律得

$$U_S = U + R_0 I$$

得内阻为

$$R_0 = \frac{U_S - U}{I} = \frac{12 - 11.5}{1.15}\Omega = 0.43\Omega$$

1.1.5　电器设备的额定值

额定值是指电器设备在电路的正常运行状态下，能承受的电压、允许通过的电流以及它们吸收和产生功率的限额，即额定电压、额定电流、额定功率，用大写字母加下角标 N 来表示，如 U_N、I_N、P_N。

电器设备的额定值是综合考虑产品的可靠性、经济性和使用寿命等诸多因素，由制造厂商提供的。额定值往往标注在设备的铭牌上或写在设备的使用说明书中，供使用者使用时参考。如一个灯泡上标明 220V、25W，这说明额定电压 220V，灯泡在 220V 电压下才能正常工作，在此电压下消耗功率为 25W，通过计算还能求出额定电流为

$$I = P/U = (25/220)A = 0.11A$$

电器设备的实际值和额定值相等时，称为满载工作状态，也称额定状态；当实际值小于额定值时，称为轻载工作状态；当实际值超过额定值时，称为过载工作状态。

1.2　电路元件

电路元件包括电阻 R、电感 L 和电容 C 等。

1.2.1　电阻 *R*

电阻元件简称电阻，电阻是电路元件中用得最多的基本元件之一，主要用于控制和调节电路中的电流和电压，或用作消耗电能的负载。电阻是耗能元件。

电流通过电阻元件时，电阻元件对电荷的定向运动有阻碍作用。电阻就是反映导体对电流的阻碍作用大小的物理量，符号用 R 表示，单位是欧姆（Ω），常用的还有千欧（kΩ）和兆欧（MΩ），$1M\Omega = 10^3 k\Omega = 10^6\Omega$。

1. 电阻的分类

按材料和结构分，电阻有固定电阻、可变电阻，也有碳膜电阻、金属膜电阻和绕线电阻等。固定电阻和可变电阻的外形及符号如图 1-14 所示。

按用途分，有通用电阻、精密电阻、高阻电阻、高频电阻等。

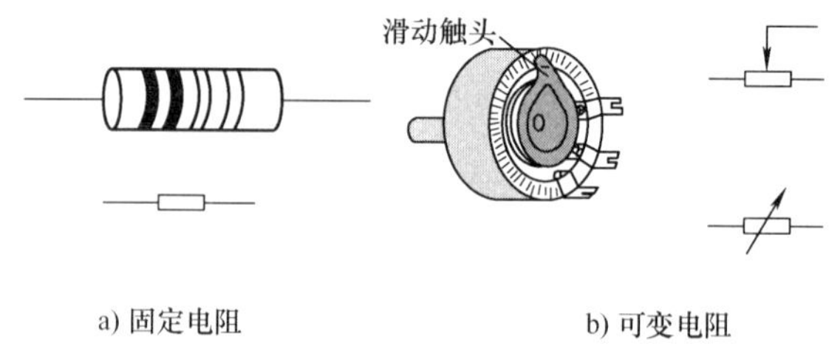

图 1-14 固定电阻和可变电阻的外形及符号

2. 电阻的主要性能指标

1）额定功率：在规定的温度和湿度下，假定周围空气不流通，在长期连续负载而不损坏或基本不改变性能的情况下，电阻上允许消耗的最大功率。

2）标称阻值：产品标志的“名义”阻值，其单位为欧（Ω）、千欧（kΩ）、兆欧（MΩ）。

3）允许误差：指电阻和电位器实际阻值对于标称值的最大允许偏差范围。它表示产品的准确度。允许误差等级如表 1-1 所示。

表 1-1 允许误差等级

级 别	005	01	02	Ⅰ	Ⅱ	Ⅲ
允许误差	±0.5%	±1%	±2%	±5%	±10%	±20%

4）最高工作电压：电阻规定的最大工作电压限度。对阻值较大的电阻，当工作电压过高时，虽功率不超过规定值，但内部会发生火花放电，导致电阻变质变坏。一般 1/8W 碳膜电阻或金属膜电阻，最高工作电压分别不能超过 150V 或 200V。

3. 电阻的标志

电阻的标志通常有阻值、误差及额定功率。固定电阻的标志方法有直标法、文字符号法和色环法，如图 1-15 所示。体积很小的电阻和一些合成电阻其阻值和误差常用色环表示，如图 1-15c 所示，各色环代表的意义如表 1-2 所示。文字符号法是将电阻的整数部分写在单位符号前面，小数部分写在单位符号后面，如图 1-15b 中的 8k2 即为 8.2kΩ。直标法顾名思义，直接读取阻值，如图 1-15a 所示。具体标志的方法详见相关元器件手册。

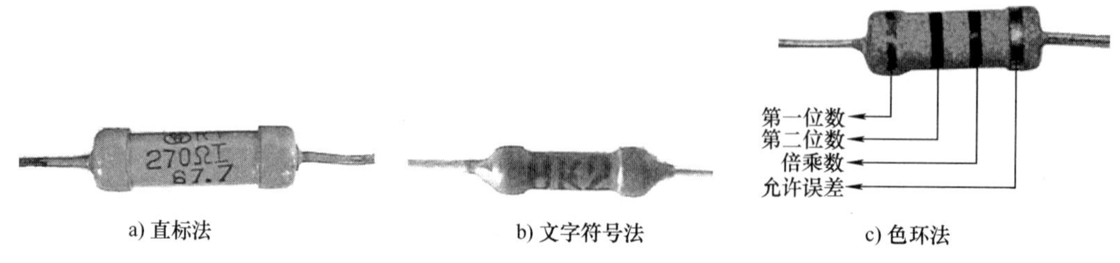

图 1-15 电阻的标志

表 1-2　色环颜色的意义

颜　色	有效数字第一位	有效数字第二位	倍乘数	允许误差（%）
棕	1	1	10^1	±1
红	2	2	10^2	±2
橙	3	3	10^3	
黄	4	4	10^4	
绿	5	5	10^5	±0.5
蓝	6	6	10^6	±0.2
紫	7	7	10^7	±0.1
灰	8	8	10^8	
白	9	9	10^9	
黑	0	0	10^0	
金			10^{-1}	±5
银			10^{-2}	±10
无色				±20

4. 电阻的伏安特性

如图 1-16 所示，电阻 R 接入直流电路中，取关联参考方向，其伏安特性为

$$U = RI \tag{1-25}$$

电阻值为常数的电阻称为线性电阻，它表示该电阻两端电压与电流的关系为线性关系，电压与电流比值为常数。线性电阻的伏安特性曲线如图 1-17 所示。

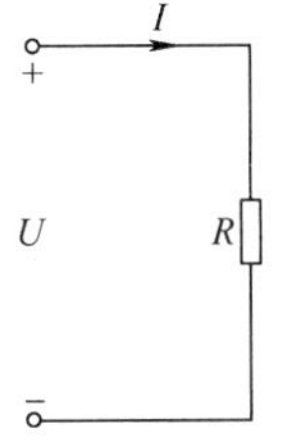

图 1-16　电阻电路

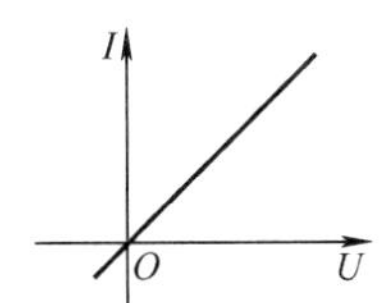

图 1-17　线性电阻伏安特性

5. 元件性能

在直流电路中，电阻消耗的功率及电能为

$$P = UI = I^2R = \frac{U^2}{R} \tag{1-26}$$

$$W = Pt = UIt = I^2Rt = \frac{U^2}{R}t \tag{1-27}$$

电阻上的功率永远大于零，电阻是耗能元件。

6. 电阻的检测

电阻的主要故障是：过电流烧毁（大多开路）、误差超出允许值、断裂、引脚脱焊等。电位器还经常发生滑动触头与电阻片接触不良等情况。

电阻的检测方法是：首先观察外表。电阻应标志清晰，保护层完好，帽盖与电阻体结合紧密，无断裂和无烧焦现象。电位器应转动灵活，手感接触均匀，若带有开关，则应听到开关接通时清脆的“叭哒”声。

电阻可直接测量，也可间接测量，直接测量可用欧姆表（在大多数情况下使用万用表的欧姆档测量），测量准确度要求较高时，可用电桥或 *LCR* 测试仪来测；间接测量可采用伏安法测电流 I 和电压 U，然后根据 $R = U/I$ 求出。

利用万用表直接测电阻时，被测电阻所在电路一定要断电；不能用双手同时捏电阻或测试笔。伏安法间接测电阻时要考虑电压表和电流表内阻的影响，选择合适的连接方式，尽量减少表头内阻影响带来的测量误差。

7. 电阻的连接

（1）串联连接

把电阻一个接一个首尾相连，就组成电阻的串联电路，如三个电阻 R_1、R_2、R_3 的串联电路如图 1-18 所示。

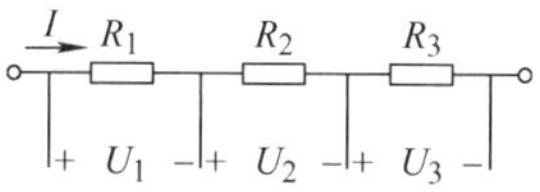

图 1-18　电阻的串联

我们以三个电阻的串联电路为例，分析串联电路的特点，得出的结论是：

① 串联电路的总电阻等于各个电阻之和，即

$$R_{总} = R_1 + R_2 + R_3 \tag{1-28}$$

② 串联电路中流过每个电阻的电流相等。

③ 串联电阻具有分压作用，每个电阻两端电压与电阻成正比。总电压等于各个电阻两端电压之和，即

$$U_1 = IR_1 \quad U_2 = IR_2 \quad U_3 = IR_3 \tag{1-29}$$

$$U_{总} = U_1 + U_2 + U_3 \tag{1-30}$$

④ 串联电路中每个电阻消耗功率与电阻成正比，即

$$P_1 = I^2R_1 \quad P_2 = I^2R_2 \quad P_3 = I^2R_3 \tag{1-31}$$

（2）并联连接

把两个或两个以上的电阻的一端连在一起，另一端也连在一起，然后把这两端接入电路就构成电阻的并联连接，如三个电阻 R_1、R_2、R_3 的并联电路如图 1-19 所示。

以三个电阻的并联电路为例，分析并联电路的特点，得出的结论是：

① 并联电路的总电阻倒数等于各个电阻倒数之和，即

$$\frac{1}{R_{总}} = \frac{1}{R_1} + \frac{1}{R_2} + \frac{1}{R_3} \tag{1-32}$$

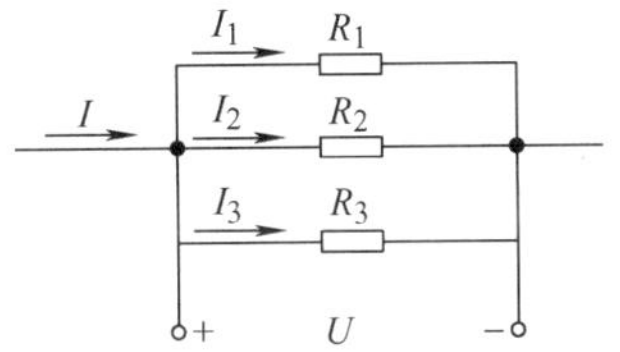

图 1-19　电阻的并联

② 并联电阻具有分流作用，流过每个电阻的电流与电阻成反比，电路中总电流等于流过每个电阻的电流之和，即

$$I_1 = \frac{U}{R_1} \quad I_2 = \frac{U}{R_2} \quad I_3 = \frac{U}{R_3} \tag{1-33}$$

$$I = I_1 + I_2 + I_3 \tag{1-34}$$

③ 并联电路中每个电阻两端电压相等。

④ 并联电路中每个电阻消耗功率与电阻成反比，即

$$P_1 = \frac{U^2}{R_1} \quad P_2 = \frac{U^2}{R_2} \quad P_3 = \frac{U^2}{R_3} \tag{1-35}$$

1.2.2　电感 *L*

电感线圈简称电感，它是用漆包线在绝缘骨架上绕制而成的一种能够存储磁场能量的电子元件，它与电阻、电容、晶体管等元器件组合构成各种功能电路，在调谐、振荡、耦合、阻抗匹配、滤波等电路中起着重要作用。

1. 电感的分类

1）按电感线圈有无磁心可分为空心电感和磁心电感。

2）按用途不同分为中周线圈、高频线圈、电源变压器等。

3）按电感量是否变化可分为固定电感、可变电感和微调电感等。

2. 电感的性能指标

1）电感量 L：指电感通过变化电流时产生感应电动势的能力。其大小与磁导率 μ、线圈单位长度中的匝数 n 以及体积 V 有关。当线圈的长度远大于直径时，电感量为

$$L = \mu n^2 \mathrm{V}$$

电感量的常用单位为 H（亨利）、mH（毫亨）、μH（微亨）。

2）品质因数 Q：反映电感传输能量的本领。Q 值越大，传输能量的本领越大，即损耗越小。一般要求 $Q = 50 \sim 300$。

$$Q = \frac{\omega L}{R}$$

式中，ω 为工作角频率；L 为线圈电感量；R 为线圈电阻。

3）额定电流：主要针对高频电感和大功率调谐电感而言。通过电感的电流超过额定值时，电感将发热，严重会损坏。

电感元件是从实际电感线圈中抽象出来的理想的电路元件，文字符号用 L 表示，常见电感元件的电路符号如图 1-20 所示。

图 1-20　常见电感的符号

3. 伏安特性

当电感线圈通以电流时，在其内部及周围建立起磁场，产生磁通 ϕ，如图 1-21a 所示。根据电磁感应定律，当电感线圈中的电流 i 变化时，磁通也随之变化，并在线圈中产生自感电动势 e_L。当电压、电流和电动势的参考方向如图所示时，则有

$$u = -e_L = N\frac{\mathrm{d}\phi}{\mathrm{d}t} = L\frac{\mathrm{d}i}{\mathrm{d}t} \tag{1-36}$$

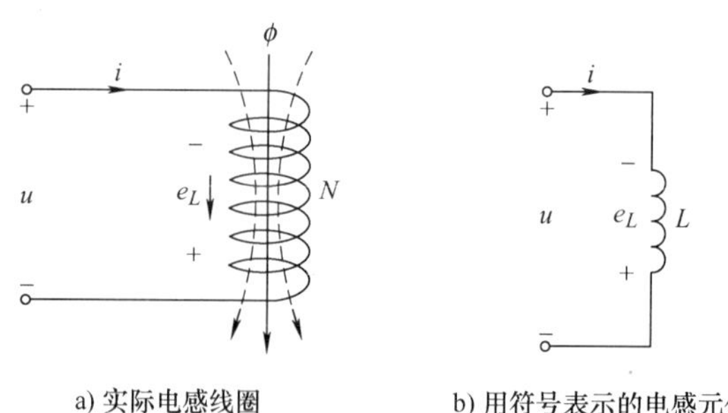

图 1-21　电感电路

上式表明，电感元件两端的电压与电流相对于时间的变化率成正比，即电流变化越快，电感元件产生的自感电动势越大，与其平衡的电压也越大。当电流恒定不变时，$\frac{\mathrm{d}i}{\mathrm{d}t}=0$，$u=-e_L=0$，相当于电感短路。

4. 元件性能

将式(1-36) 两边乘以 i 和 $\mathrm{d}t$ 并积分，可得电感元件中储存的磁场能量为

$$W_{\mathrm{L}} = \int_0^i Li\mathrm{d}i = \frac{1}{2}Li^2 \tag{1-37}$$

上式说明，电感元件在某时刻储存的磁场能量，只与该时刻流过电流的二次方成正比，与电压无关。电感元件不消耗能量，是储能元件，流过电感的电流增加时，电感元件吸收磁场能，电流减小时，电感元件释放磁场能。

需要说明一点，实际的电感元件要消耗一些电能。因为电感线圈并不是一个完全理想的电感元件，线圈本身有电阻，电流通过电阻时会消耗一定的能量。

5. 元件的检测

检测电感的方法与检测电容的方法相似，也可以用电桥法、谐振回路法或 *RLC* 测试仪来测量。

6. 电感的连接

（1）串联连接

如图 1-22 所示，两电感串联时，其等效电感为

$$L = L_1 + L_2 \tag{1-38}$$

（2）并联连接

如图 1-23 所示，两电感并联时，其等效电感为

$$\frac{1}{L} = \frac{1}{L_1} + \frac{1}{L_2} \tag{1-39}$$

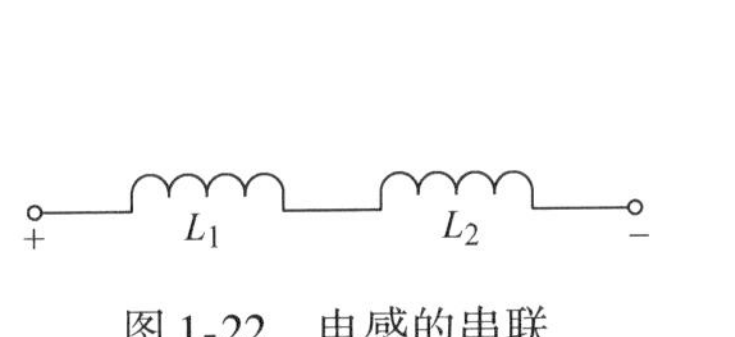

图 1-22　电感的串联

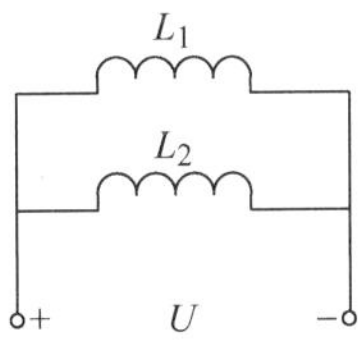

图 1-23　电感的并联

1.2.3　电容 *C*

电容器简称电容，也是组成电子电路的基本元件。它由两块金属板中间充满电介质构成，电容加上电压后，两块极板上将出现等量异种电荷，并在两极板间形成电场。利用电容的充、放电和隔直、通交特性，在电路中常用作调谐、振荡、滤波、耦合、旁路等。

常见电容元件的电路符号如图 1-24 所示。

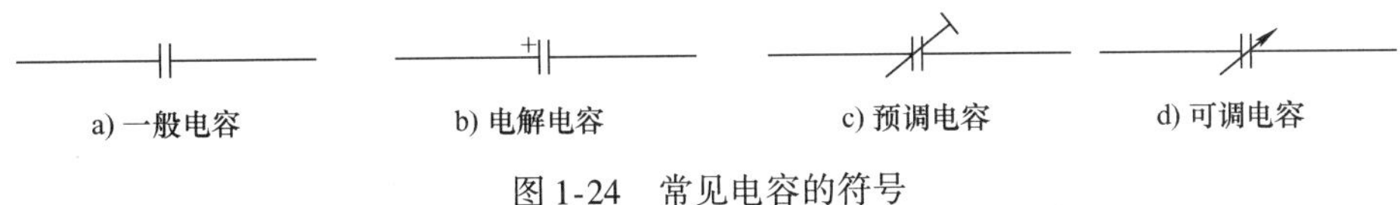

图 1-24　常见电容的符号

1. 电容的分类

1）按是否可调分为固定电容、预调电容和可调电容等三类。

2）按介质材料分有电解电容、纸介电容、瓷介电容、云母电容、玻璃釉电容、涤纶电容等。

2. 电容的主要性能指标

1）电容量：当忽略电容的漏电阻和电感时，可将其抽象为只具有储存电场能量性质的电容元件。电容极板上储存的电量 q 与外加电压 u 成正比，即

$$C=\frac{q}{u} \tag{1-40}$$

式中，C 即为电容量，简称电容，是表征电容元件储存电荷本领大小的参数。在国际单位制中，电容的单位为法拉（F）。工程上常采用微法（μF）和皮法（pF）作单位，其换算关系为 $1\text{F}=10^6\mu\text{F}=10^{12}\text{pF}$。

一般电容都直接写出其容量，也有用数字来标志容量的。如有的电容上只标出“362”三位数字，左起两位数字给出电容量的第一、第二位数字，而第三位数字表示附加零的个数，以 pF 为单位，因此“362”即表示电容量为3600pF。

2）耐压值：电容在规定的工作温度范围内，长期、可靠地工作所能承受的最高电压。超过耐压值电容易击穿损坏。

3）绝缘电阻：是加在其上的直流电压与通过它的漏电流的比值。绝缘电阻一般应在5000MΩ 以上。

3. 伏安特性

如图 1-25 所示为电容元件电路，当电容上的电压与电流取关联参考方向时，有

$$i=\frac{\mathrm{d}q}{\mathrm{d}t}=C\frac{\mathrm{d}u}{\mathrm{d}t} \tag{1-41}$$

上式表明，电容元件上通过的电流与元件两端的电压相对时间的变化率成正比。电压变化越快，电流越大。当电容两端加恒定电压时，$\frac{\mathrm{d}u}{\mathrm{d}t}=0$，$i=0$，相当于电容开路。

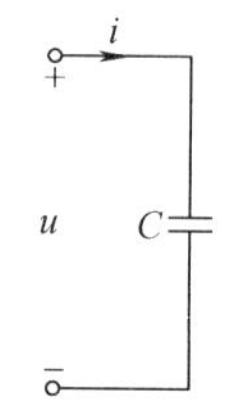

图 1-25　电容元件

4. 元件性能

将式(1-41）两边乘 u 和 $\mathrm{d}t$ 并积分，可得电容元件中储存的电场能量为

$$W_C=\int_0^u Cu\mathrm{d}u=\frac{1}{2}Cu^2 \tag{1-42}$$

上式说明，电容元件在某时刻储存的电场能量，只与该时刻所承受的电压的二次方成正比，与电流无关。电容元件不消耗能量，是储能元件，电容充电时，电压增加，电容储存电场能，电容放电时，电压减小，电容释放电场能。

实际的电容元件要消耗一些电能，这是因为极板间绝缘介质的电阻不可能是无穷大，微小的漏电流通过介质时会消耗电能。

5. 电容的检测

用万用表的电阻档，将表笔接触电容的两引线，刚搭上时，表头指针发生摆动，然后逐渐返回趋向 $R=\infty$，这就是电容充放电现象（对 0.1μF 以下的电容观察不到此现象），说明该电容正常。若表指针指到或靠近欧姆零点，则说明电容内部短路；若表针不动，始终指向∞处，则说明电容内部开路或失效。电容的测量可采用电桥法、谐振回路法或 *RLC* 参数测试仪。

选用电容的主要依据是电路的工作环境、电容量和耐压值。选用电容时，除电容量满足电路要求外，实际所加电压也不能超过耐压值，否则电容会被击穿。对固定电容而言，电容

一般都标有误差，其中电解电容误差较大。对可调电容而言，人们通常只注意电容的变化范围。一般电容量和耐压值都标在电容的外壳上。

6. 电容的连接

(1) 串联连接

如图 1-26 所示，两电容串联时，其等效电容的倒数，等于各个串联电容的倒数之和

$$\frac{1}{C}=\frac{1}{C_1}+\frac{1}{C_2} \tag{1-43}$$

电容串联连接时，各个电容所带电量相等，即

$$Q=Q_1=Q_2 \tag{1-44}$$

(2) 并联连接

如图 1-27 所示，两电容并联时，其等效电容为各个电容之和，即

$$C=C_1+C_2 \tag{1-45}$$

电容并联连接时，总电量等于各个电容的电量之和，即

$$Q=Q_1+Q_2 \tag{1-46}$$

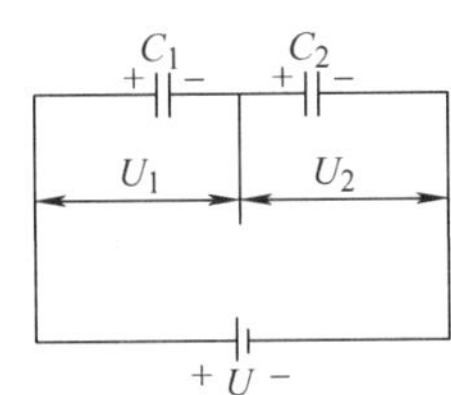

图 1-26　电容的串联

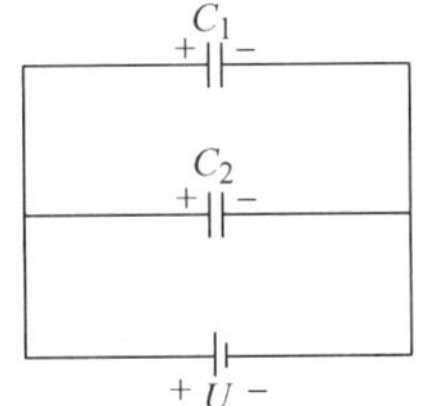

图 1-27　电容的并联

1.3　电源的等效变换及电路的基本规律

1.3.1　电压源、电流源及其等效变换

电源是一种能将其他形式能转换成电能的装置，它为电路提供电能，实际电源在提供电能的同时，有一部分能量要消耗在电源内部，因此实际电源的电路模型应由两部分组成，一部分是只提供电能的理想电源，另一部分是表征消耗电能的电阻。那么如何来表示电源呢？一般有两种形式，一种是以电压形式表示的电路模型，称为电压源；另一种是以电流形式表示的电路模型，称为电流源。

1. 电压源

电压源模型是由一个理想电压源 U_S 和内阻 R_0 串联而成的，如电池、发电机等电源就可用这种模型来描述，如图 1-28 所示。

当电压源与负载相连时，构成电压源电路，如图 1-29 所示，据此电路可知

$$U=U_S-R_0I \tag{1-47}$$

式中，U 表示电源输出电压。它随电源输出电流的变化而变化，其伏安特性曲线如图 1-30

所示。从电压源特性曲线可以看出：电压源输出电压的大小，与其内阻阻值的大小有关。内阻 R_0 越小，输出电压的变化就越小，也就越稳定。

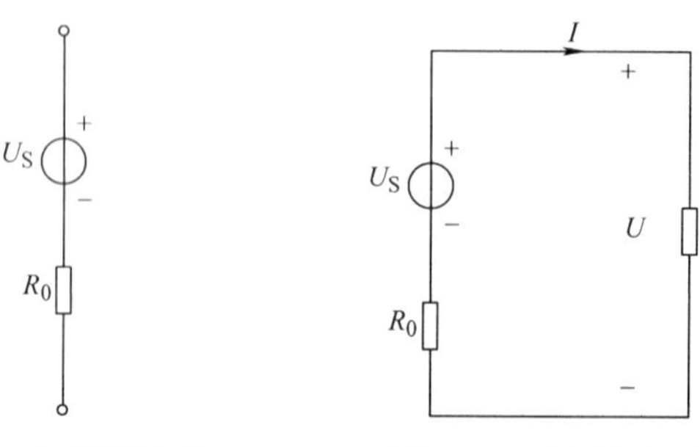

图 1-28　电压源模型　　图 1-29　电压源电路

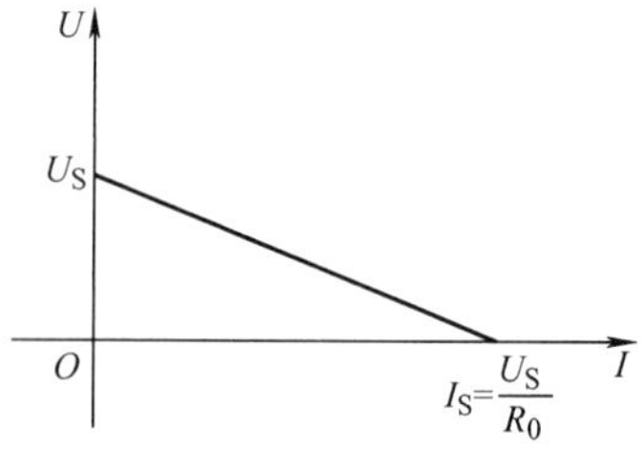

图 1-30　电压源伏安特性曲线

当 $R_0=0$ 时，$U=U_S$，电压源输出的电压是恒定不变的，与通过它的电流无关，即为理想电压源，理想电压源模型如图 1-31 所示，如图 1-32 所示是它的伏安特性曲线

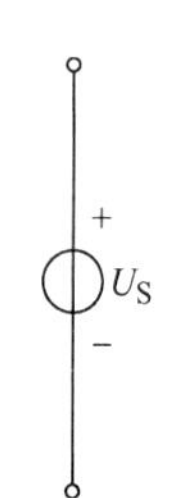

图 1-31　理想电压源模型

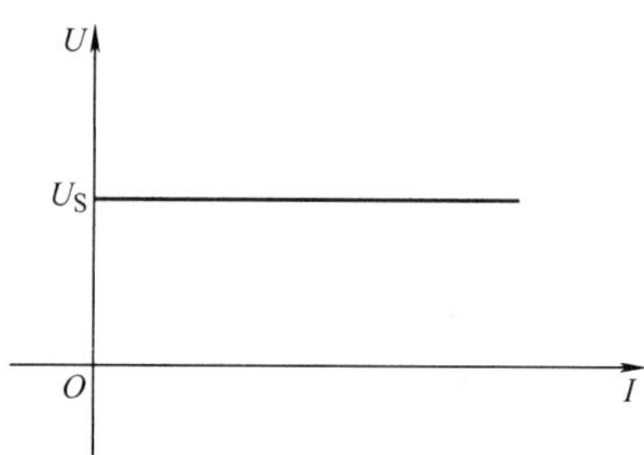

图 1-32　理想电压源的伏安特性曲线

在实际应用中 $R_0=0$ 是不太可能的，但当电源的内阻远远小于负载电阻时，即 $R_0 \ll R_L$ 时，电源的内阻压降就远小于输出压降，即 $IR_0 \ll U$，则 $U \approx U_S$，电压源的输出基本上恒定，此时可以把电压源当作理想电压源（也称恒压源）。

2. 电流源

将式(1-47) 两边除以电压源的内阻，得

$$\frac{U}{R_0}=\frac{U_S}{R_0}-I \tag{1-48}$$

式中，I 为流过负载的电流。令 $I_S=U_S/R_0$，则

$$I=I_S-\frac{U}{R_0} \tag{1-49}$$

由式(1-49) 可得如图 1-33 所示的电流源供电电路，电流源电路模型如图 1-34 所示，它是由一个理想电流源 I_S 和内阻 R_0 并联而成的，如光电池就可用这种模型来描述。其伏安特性如图 1-35 所示。

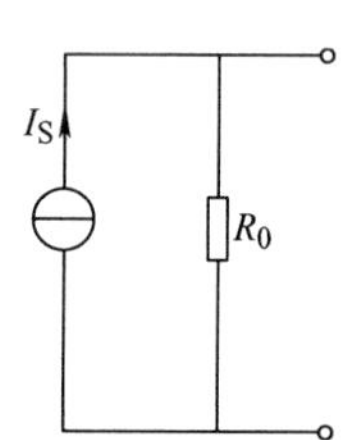

图 1-33　电流源供电电路

当 $R_0=\infty$ 时，电流 I 恒等于 I_S，电源输出的电压由负载电阻 R_L 和电流 I 确定。此时电流源为理想电流源（也称恒流源）。理想电流源模型如图 1-36 所示，如图 1-37 所示是它的伏安特性曲线。

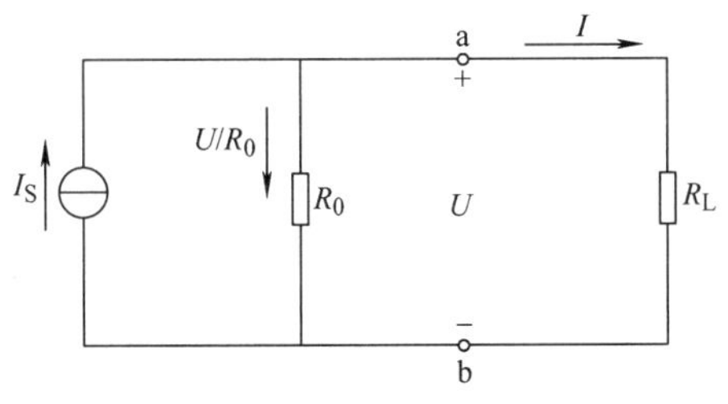

图 1-34　电流源电路模型

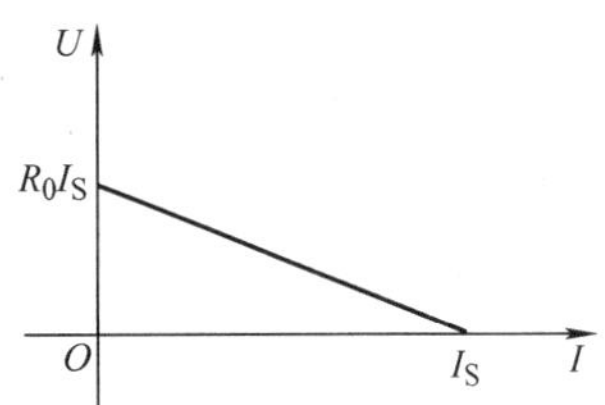

图 1-35　电流源伏安特性曲线

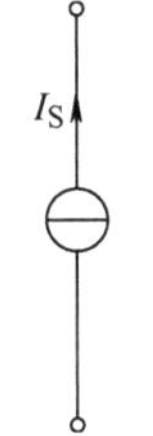

图1-36　理想电流源模型

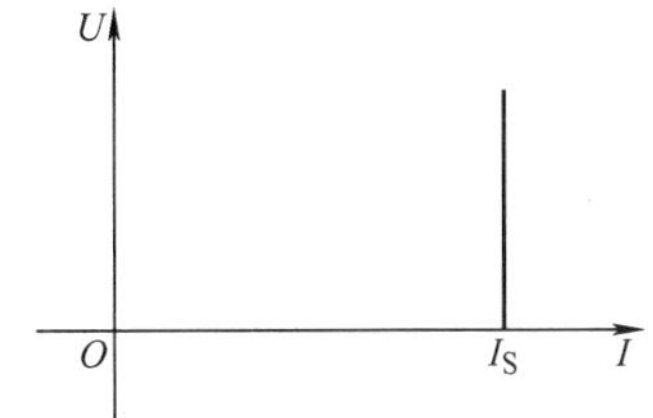

图 1-37　理想电流源伏安特性曲线

在实际应用中 $R_0=\infty$ 是不太可能的，但当 $R_0 \gg R_L$ 时，$I \approx I_S$，电流源输出电流基本恒定，也可认为是恒流源。

3. 电压源与电流源的等效变换

从上面的分析可知，电压源与电流源的伏安特性是相同的，因此它们的电路模型也是等效的，可以进行等效变换，如图 1-38 所示。

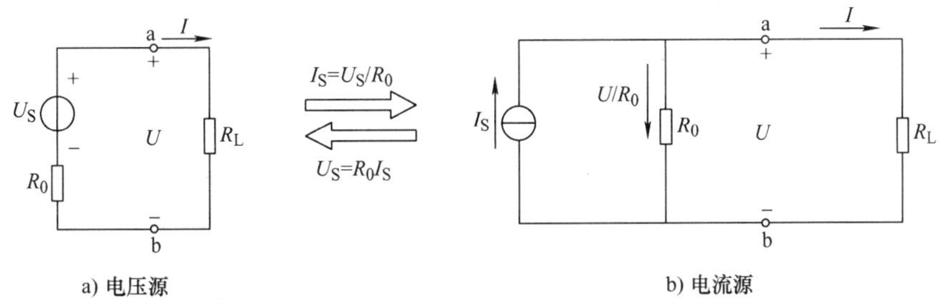

图 1-38　电压源与电流源的等效变换

需要指出几点：

① 理想电压源和理想电流源不能等效变换，只有实际电压源和电流源之间才能进行等效变换。因为理想电压源的电压恒定不变，电流随外电路而变；而理想电流源的电流恒定，电压随外电路而变，对外电路而言两者不等效。

② 电压源和电流源是同一实际电源的两种模型，两者对外电路而言是等效的，对电源内部不等效。

以电源开路和短路状态为例来说明这个问题，当电源开路时，对外电路等效，$I=0$，但电源内部不一样，电压源内阻 R_0 不流过电流，因此无损耗；而电流源内部仍有电流，内阻

R_0 有损耗。电源短路（$R_L=0$）时，对外电路等效，$U=0$，但对电源内部却是电压源有损耗，电流源无损耗，因为 R_0 被短路了。

③ 进行电源的等效变换时，应注意电源的极性和方向在变换前后必须保持一致，即电流源流出电流的一端应与电压源的正极性对应。

④ 两种电源的等效变换，可进一步理解为是对含源支路的等效变换，即只要是一个理想电压源和某个电阻 R 串联的支路，都可以变换为一个理想电流源和这个电阻并联的支路，两者是等效的，反之也一样，这个 R 不一定是电源的内阻。

⑤ 并联在理想电压源两端的电阻或恒流源，不影响理想电压源输出电压的大小，在分析电路时可舍去；串联在理想电流源支路的电阻或恒压源，不影响理想电流源输出电流的大小，在分析电路时可舍去。

【例 1.4】 把图 1-39a、b 所示的电压源和电流源分别变换为电流源和电压源。

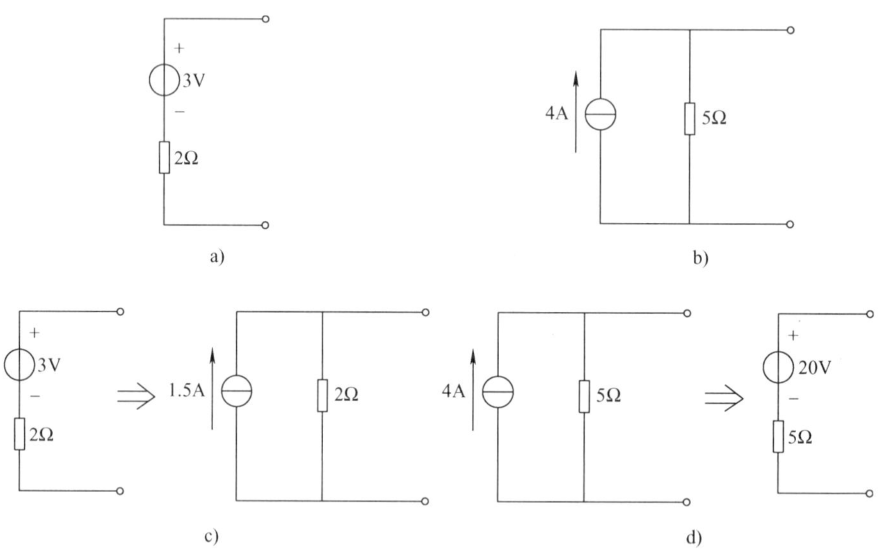

图 1-39　例 1.4 图

解： 图 1-39 a、b 分别变换为图 1-39c、d 所示电路。

【例 1.5】 如图 1-40 所示电路中，两电源共同给 $R=10\Omega$ 的负载电阻供电。其中 $U_{S1}=10V$，$R_1=0.5\Omega$；$U_{S2}=5V$，$R_2=0.1\Omega$，试用电源的等效变换法求负载电阻 R 上的电流。

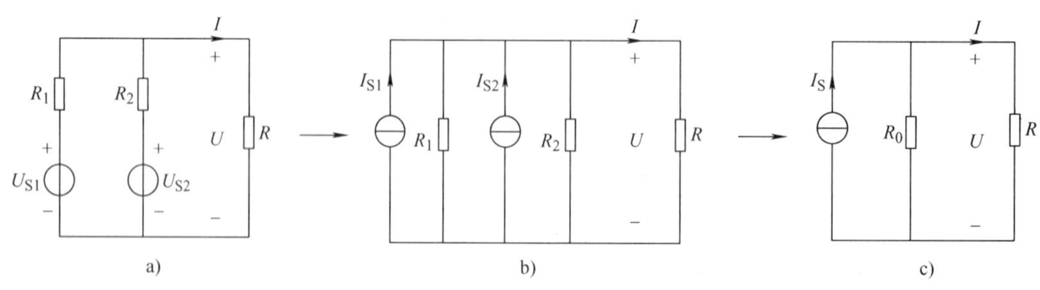

图 1-40　例 1.5 图

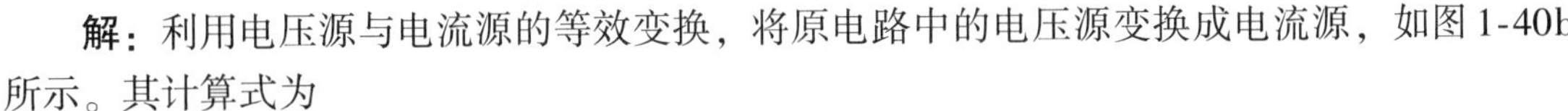

解：利用电压源与电流源的等效变换，将原电路中的电压源变换成电流源，如图 1-40b 所示。其计算式为

$$I_{S1}=\frac{U_{S1}}{R_1}=\frac{10}{0.5}\text{A}=20\text{A}$$

$$I_{S2}=\frac{U_{S2}}{R_2}=\frac{5}{0.1}\text{A}=50\text{A}$$

将两个并联的电流源合并成一个等效电流源，如图 1-40c 所示。其计算式如下：

$$I_S=I_{S1}+I_{S2}=(20+50)\text{A}=70\text{A}$$

$$R_0=\frac{R_1R_2}{R_1+R_2}=\frac{0.5\times0.1}{0.5+0.1}\Omega=0.083\Omega$$

所以负载电流为

$$I=\frac{R_0}{R_0+R}I_S=\frac{0.083\Omega}{0.083\Omega+10\Omega}\times70\text{A}=0.576\text{A}$$

1.3.2 基尔霍夫定律

在电路的分析和计算中，有两个基本定律，一个是欧姆定律，另一个就是基尔霍夫定律，基尔霍夫定律包括基尔霍夫电流定律和基尔霍夫电压定律。基尔霍夫电流定律应用于电路的节点分析，基尔霍夫电压定律应用于电路的回路分析。

学习定律之前我们先来了解几个概念：

① 支路：通常情况下，电路中通过同一电流的分支称为支路。图 1-41 电路中有 acb、adb 和 ab 三条支路。其中 acb、adb 支路中有电源，称为有源支路；ab 支路中无电源，称为无源支路。

② 节点：电路中三条或三条以上支路的连接点称为节点。图 1-41 电路中有 a、b 两个节点。

③ 回路：电路中任一闭合路径都称为回路。图 1-41 电路中有 cabc、adba、cadbc 三个回路。

④ 网孔：不含交叉支路的回路称为网孔。图 1-41 电路中有 cabc、adba 两个网孔。

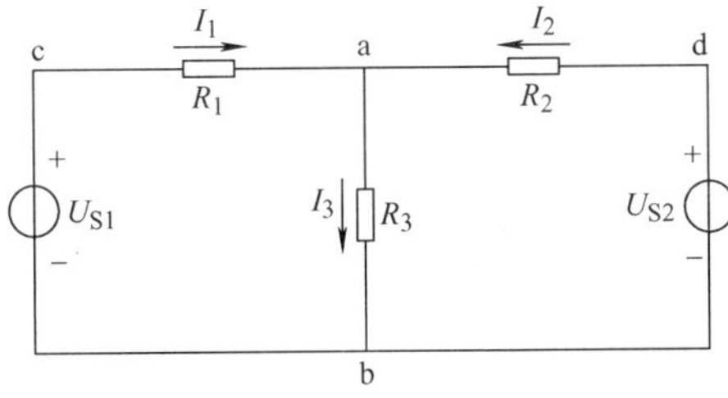

图 1-41 电路举例

1. 基尔霍夫电流定律（KCL）

基尔霍夫电流定律简称 KCL，用以确定连接在同一节点上的各个支路之间的电流关系。它的内容是：在任一时刻，连接电路中任一节点的所有支路电流的代数和等于零。也可以表述

为在任一时刻流进该节点的电流等于流出该节点的电流。其表达式为

$$\sum I = 0 \tag{1-50}$$

在图 1-41 所示电路中，以节点 a 为例，取定参考方向后，规定流向节点 a 的电流方向为正值，则流出节点 a 的电流方向即为负值，因此有

$$I_1 + I_2 - I_3 = 0 \tag{1-51}$$

也可表示为

$$I_1 + I_2 = I_3 \tag{1-52}$$

KCL 也可推广应用于广义节点，即在任一时刻，通过任何一个闭合面的电流代数和也恒为零。也就是说，流入闭合面的电流等于流出闭合面的电流。如在图 1-42 所示电路中，设流经闭合面的三个电流 I_1、I_2、I_3的参考方向如图所示，由 KCL 可得

$$I_1 + I_2 + I_3 = 0$$

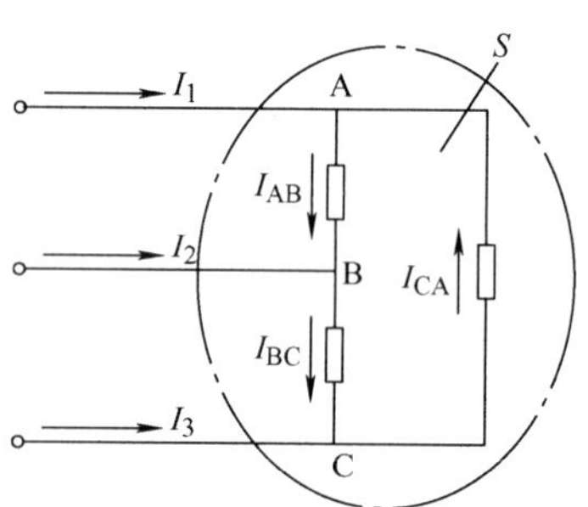

图 1-42　KCL 的推广应用

2. 基尔霍夫电压定律（KVL）

基尔霍夫电压定律简称 KVL，用以确定回路中的各段电压间的关系。它的内容是：在任一回路中，从任一节点开始按顺时针或逆时针方向绕行一圈，所有支路或元件电压的代数和等于零。也可以表述为沿顺时针或逆时针方向绕行一圈，升压和等于降压和，其表达式为

$$\sum U = 0 \quad 或 \quad \sum IR = \sum U_S \tag{1-53}$$

为了应用 KVL，必须指定回路的绕行方向，如果电压的参考方向与回路的绕行方向一致时取正号，那么，反之则取负号。

如图 1-43 所示，回路 cadbc 中的电源电动势、电流和各段电压的参考方向均已标出，从 b 点开始，按顺时针方向绕行一圈，可列出如下方程：

$$U_{bc} + U_{ca} + U_{ad} + U_{db} = 0$$

其中 $U_{bc} = -U_S$，$U_{ca} = U_1$，$U_{ad} = U_2$，$U_{db} = U_3$，则有

$$-U_S + U_1 + U_2 + U_3 = 0$$

或表示为

$$U_1 + U_2 + U_3 = U_S$$

以上回路是由电动势和电阻构成的，因此上式也可表示为

$$R_1 I_1 + R_2 I_2 + R_3 I_3 = U_S$$

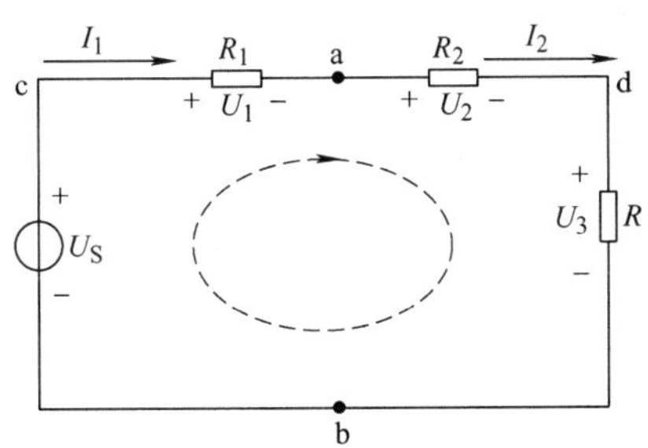

图 1-43　电路举例

基尔霍夫电压定律不仅适用于闭合回路，也可以推广应用到任意不闭合回路中，用于求开路电压。

【例 1.6】 运用 KVL 求如图 1-44 所示电路中的开路电压 U_{ab}。已知电源电压 U_{S1}、U_{S2} 和电阻 R_1、R_2、R_3、R_4。

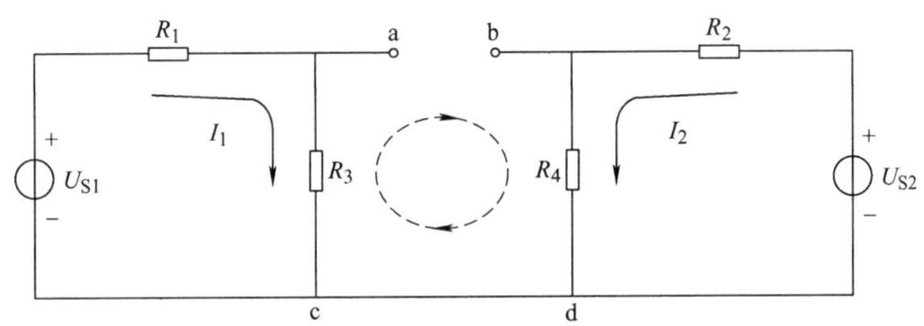

图 1-44　例 1.6 图

解： 由于

$$I_1 = U_{S1}/(R_1 + R_3)$$

$$I_2 = U_{S2}/(R_2 + R_4)$$

对回路 abdca，取如图所示顺时针环绕方向，由基尔霍夫电压定律得

$$U_{ab} + I_2R_4 - I_1R_3 = 0$$

则

$$U_{ab} = I_1R_3 - I_2R_4$$

$$= \frac{R_3}{R_1 + R_3}U_{S1} - \frac{R_4}{R_2 + R_4}U_{S2}$$

【例 1.7】 在图 1-45 中，$I_1 = 3\text{mA}$，$I_2 = -5\text{mA}$，$I_3 = -2\text{mA}$，求电流 I_4。

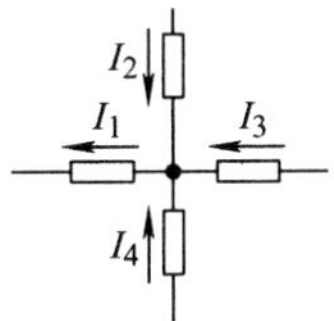

图 1-45　例 1.7 图

解： 根据 KCL，流过图示节点的电流代数和为零，即

$$I_1 = I_2 + I_3 + I_4$$

$$I_4 = I_1 - (I_2 + I_3) = 3\text{mA} - (-5 - 2)\text{mA} = 10\text{mA}$$

【**例 1.8**】在图 1-46 的电路中，已知 $I_a=2\text{mA}$，$I_b=8\text{mA}$，$I_c=4\text{mA}$，求电流 I_d。

解：根据 KCL 的推广应用，流入图示闭合回路的电流代数和为零，即

$$I_a+I_b+I_c+I_d=0$$

$$I_d=-(I_a+I_b+I_c)=-(2+8+4)\text{A}=-14\text{A}$$

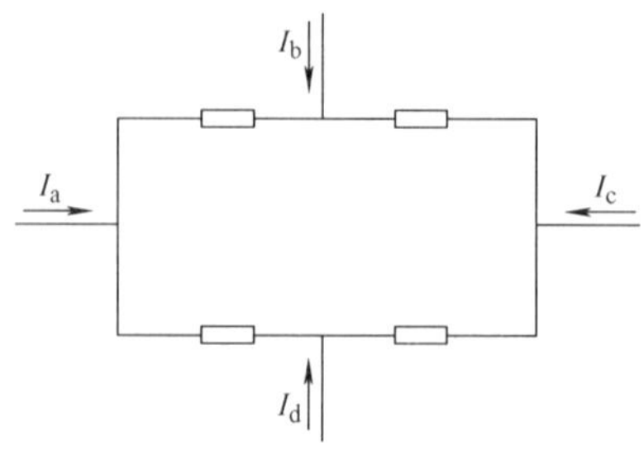

图 1-46　例 1.8 图

【**例 1.9**】图 1-47 所示为一闭合回路，已知：$U_{ab}=9\text{V}$，$U_{bc}=-4\text{V}$，$U_{da}=-3\text{V}$。求 U_{cd} 和 U_{ca}。

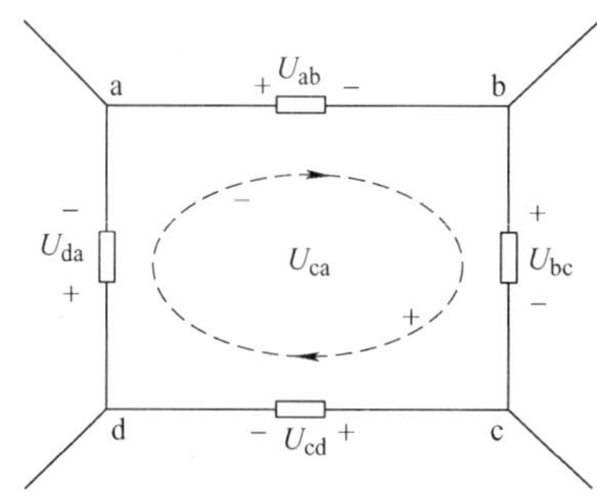

图 1-47　例 1.9 图

解：由 KVL 可列方程

$$U_{ab}+U_{bc}+U_{cd}+U_{da}=0$$

因此得

$$U_{cd}=-U_{ab}-U_{bc}-U_{da}$$
$$=[-9-(-4)-(-3)]\text{V}=-2\text{V}$$

abca 虽不是闭合回路，也可用 KVL 得

$$U_{ab}+U_{bc}+U_{ca}=0$$

则

$$U_{ca}=-U_{ab}-U_{bc}$$
$$=[-9-(-4)]\text{V}=-5\text{V}$$

1.4　电路的基本分析方法

电路分析是指在已知电路结构和元件参数的条件下，确定各部分电压与电流之间的关系。欧姆定律、电源的等效变换和基尔霍夫定律是分析和计算简单电路的基本工具，但对复杂电路来说，仅仅应用以上工具则计算和分析过程极为麻烦，必须根据电路的结

构和特点去寻找简便方法。本节主要介绍三种常用的分析方法，即支路电流法、叠加定理和戴维南定理。

1.4.1　支路电流法

支路电流法是以支路电流为待求量，应用 KCL 列出节点电流方程式，应用 KVL 列出回路的电压方程式，从而求解支路电流的方法。具体步骤如下：

步骤 1：确定回路有几条支路（设 b 条支路），同时设定各支路电流的参考方向。

步骤 2：确定回路中有几个节点（设有 n 个节点），根据 KCL 列出 $n-1$ 个节点电流方程。

步骤 3：选取 $b-(n-1)$ 个独立回路，根据 KVL 列出电压方程。为保证方程的独立，可选取网孔来列方程。

步骤 4：解联立方程式，求各支路电流。

【例 1.10】 如图 1-48 所示，已知 $U_{S1}=10V$，$R_1=0.5\Omega$，$U_{S2}=5V$，$R_2=0.1\Omega$，$R_3=10\Omega$，求支路电流 I_3。

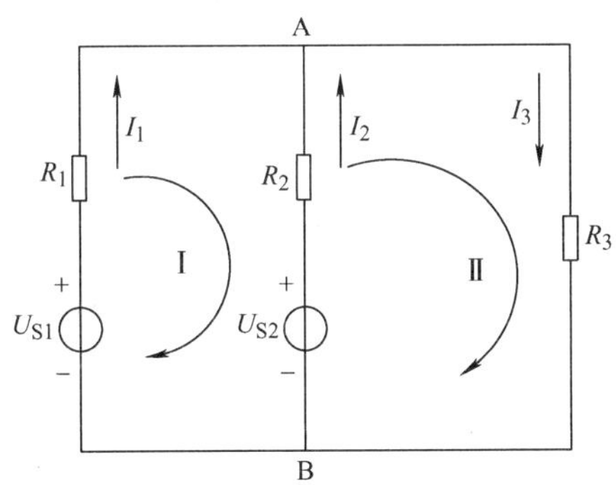

图 1-48　例 1.10 图

解：（1）确定电路中有 3 条支路，各支路的电流参考方向如图中所示。

（2）确定电路中有 2 个节点 A 和 B，根据 KCL 列出 1 个节点电流方程为

$$-I_1-I_2+I_3=0$$

（3）选取 2 个（即［3－(2－1)］个）独立回路，根据 KVL 列出 2 个回路电压方程，我们这里选取网孔 Ⅰ 和 Ⅱ，有

$$R_1I_1-R_2I_2+U_{S2}-U_{S1}=0$$
$$R_2I_2+R_3I_3-U_{S2}=0$$

（4）代入数据，解联立方程，求各支路电流。

$$-I_1-I_2+I_3=0$$
$$0.5I_1-0.1I_2+5-10=0$$
$$0.1I_2+10I_3-5=0$$

解得 $I_1=8.176A$，$I_2=-7.6A$，$I_3=0.576A$。负号表示与电流参考方向相反。

【例 1.11】 电路如图 1-49 所示，已知 $U_{S1}=6V$，$U_{S2}=16V$，$R_1=R_2=R_3=2\Omega$，$I_S=2A$，求各支路电流 I_1、I_2、I_3、I_4 和 I_5。

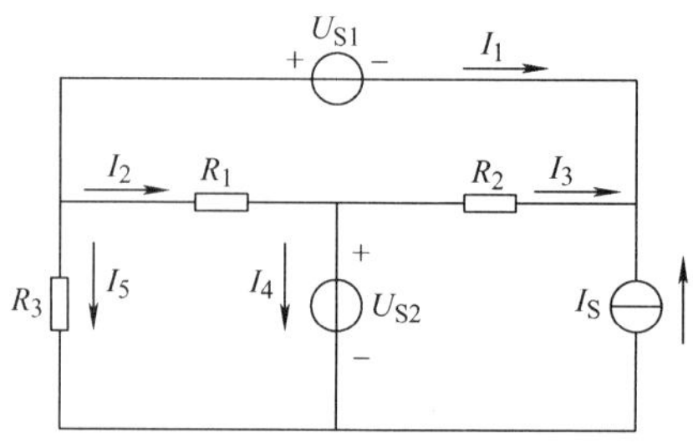

图 1-49 例 1.11 图

解：由 KCL 和 KVL 列出节点电流方程和回路电压方程：

$$I_S + I_1 + I_3 = 0$$
$$I_2 = I_3 + I_4$$
$$I_4 + I_5 = I_S$$
$$U_{S1} = I_3 R_2 + I_2 R_1$$
$$U_{S2} - I_5 R_3 + I_2 R_1 = 0$$

代入已知数据得

$$2 + I_1 + I_3 = 0$$
$$I_2 = I_3 + I_4$$
$$I_4 + I_5 = 2$$
$$6 = 2I_3 + 2I_2$$
$$16 - 2I_5 + 2I_2 = 0$$

解得 $I_1 = -6\text{A}$，$I_2 = -1\text{A}$，$I_3 = 4\text{A}$，$I_4 = -5\text{A}$，$I_5 = 7\text{A}$。

1.4.2 叠加定理

在图 1-48 和图 1-49 所示电路中都有两个电源，各个支路中的电流都是由这两个电源共同作用产生的，对于线性电路来说，如果有多个电源同时作用，那么任何一条支路的电流（或电压），等于电路中各个电源单独作用时对该支路所产生的电流（或电压）的代数和。这就是叠加定理，叠加定理是反映线性电路基本性质的一条重要定理。

运用叠加定理分析和计算电路的基本方法是，保持电路结构不变，将多电源电路中各支路电流和回路电压等效成各个电源分别单独作用时电流电压的代数和，方法是“除源法”，即当只考虑某一电源作用时，将其他电源除去（视为零值），但内阻保留。具体做法是如果电压源除去，电源电压 U_S 视为零，相当于“短路”，保留其串联内阻；如果电流源除去，电源电流 I_S 视为零，相当于“开路”，保留其并联内阻。

【例 1.12】 用叠加定理求电路图 1-50a 中流过 4Ω 负载的电流。

解：运用“除源法”将电路进行等效，如图 1-50b、c 所示。

（1）设电压源单独作用，除去电流源，如图 1-50b 所示，电流源相当于开路，求电流 I'：

$$I' = \frac{10}{6+4}\text{A} = 1\text{A}$$

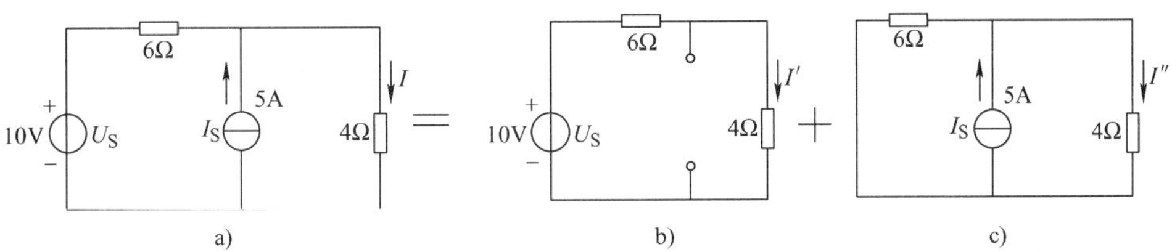

图 1-50　例 1.12 图

（2）设电流源单独作用，除去电压源，如图 1-50c 所示，电压源相当于短路，求电流 I''：

$$I'' = \frac{6}{6+4} \times 5\text{A} = 3\text{A}$$

（3）两个电源共同作用时，流过 4Ω 负载的电流为两电源单独作用时电流的代数和：

$$I = I' + I'' = (1+3)\text{A} = 4\text{A}$$

使用叠加定理须注意以下几点：

1）叠加定理只适用于线性电路，即由线性元件组成的电路（线性元件的参数是常数，与电压、电流无关）；

2）叠加定理只能对电流和电压进行计算，不能对能量和功率进行计算，因为能量和功率与电压、电流之间不存在线性关系；

3）应用叠加定理时，要注意各电源单独作用时，电路中各处电流、电压的参考方向与原电路各电源共同作用时所对应的电流、电压的参考方向是否一致，以便正确求出叠加结果（代数和）。

1.4.3　戴维南定理与诺顿定理

有些情况下，我们只需要计算一个复杂电路中某一支路的电流，有一种简便的方法是采取等效电源定理，它将待求支路从电路中分离出来，而把其余部分看作是一个有源二端网络，如图 1-51 所示，所谓有源二端网络，就是具有两个出线端的部分电路，其中含有电源。若将有源二端网络等效为电压源称为戴维南定理，若等效为电流源称为诺顿定理。

1. 戴维南定理

任何一个有源二端线性网络对外电路来说，都可以用一个电动势为 U_S 的理想电压源和一个内阻 R_0 串联的电压源来替代，该电压源的电动势 U_S 等于有源二端网络的开路电压 U_0，内阻 R_0 等于有源二端网络内所有电源都除去后（电压源短路，电流源开路）无源网络两端 a、b 间的等效电阻（输入电阻），如图 1-52 所示。

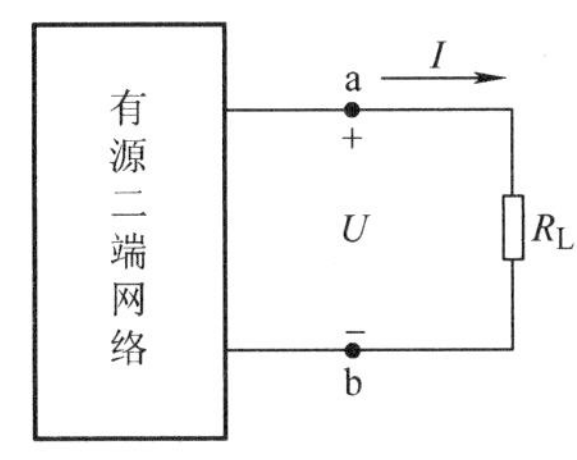

图 1-51　有源二端网络

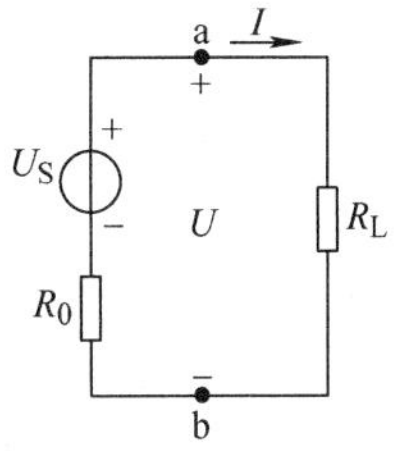

图 1-52　有源二端网络的等效电压源

由等效电压源电路，可按下式计算支路电流 I：

$$I=\frac{U_S}{R_0+R_L}$$

【例 1.13】 用戴维南定理计算例 1.10 中支路电流 I_3。

解： 图 1-48 所示电路可化作图 1-53 所示等效电路。

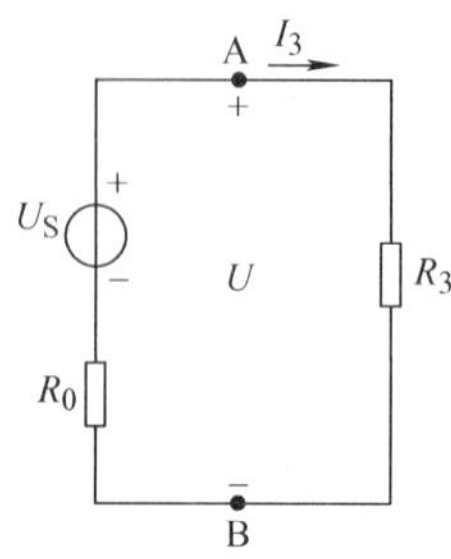

图 1-53 图 1-48 电路的等效电路

等效电源的电动势 U_S 可由图 1-54a 根据 KVL 求出：

$$I=\frac{U_{S1}-U_{S2}}{R_1+R_2}=\frac{10-5}{0.5+0.1}\text{A}=8.333\text{A}$$

$$U_S=U_0=U_{S1}-R_1I=(10-0.5\times 8.333)\text{V}=5.834\text{V}$$

等效电源的内阻 R_0 可由图 1-54b 求出：

$$R_0=\frac{R_1R_2}{R_1+R_2}=\frac{0.5\times 0.1}{0.5+0.1}\Omega=0.083\Omega$$

由图 1-53 可求流过 R_3 支路的电流 I_3：

$$I_3=\frac{U_S}{R_0+R_3}=\frac{5.834}{0.083+10}\text{A}=0.579\text{A}$$

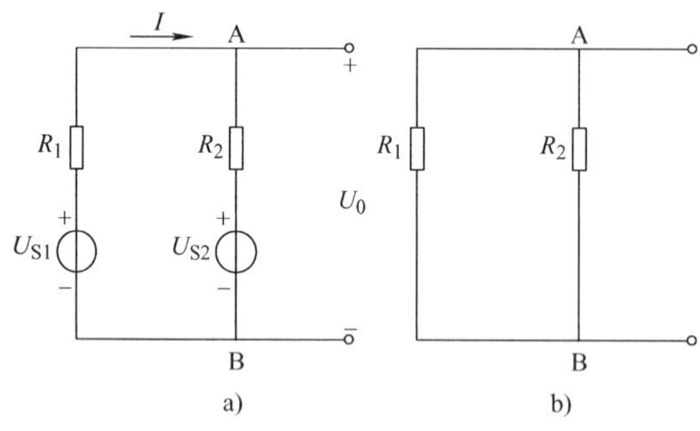

图 1-54 计算等效电源 U_S 和 R_0 的电路

2. 诺顿定理

任何一个有源二端线性网络对外电路来说，都可以用一个电流为 I_S 的理想电流源和一个内阻 R_0 并联的电流源来替代，该电流源的电流 I_S 等于有源二端网络的短路电流，内阻 R_0 等于有源二端网络内所有电源都除去后（电压源短路，电流源开路）无源网络两端 a、b 间的等效电阻（输入电阻），如图 1-55 所示。

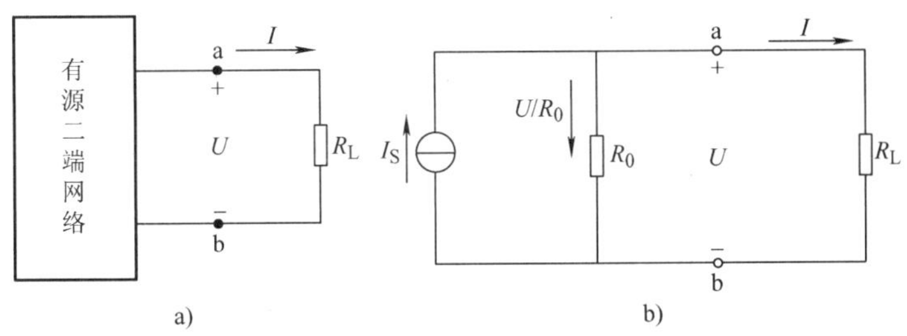

图 1-55　有源二端网络及等效电流源

由等效电流源电路可由下式计算支路电流 I：

$$I=\frac{R_0}{R_0+R_L}I_S$$

因此，一个有源二端网络既可以用戴维南定理化为等效电压源电路，也可以用诺顿定理化为等效电流源电路，两者对外电路而言是等效的，即满足：

$$U_S=R_0I_S \quad 或 \quad I_S=\frac{U_S}{R_0}$$

1.5　电路的暂态分析

自然界事物的运动，在一定条件下有一定的稳定状态，当条件改变时，就要过渡到新的稳定状态，从一种稳定状态变化到另一种新的稳定状态往往不能跃变，而是需要一个过程（时间）的，这个物理过程称过渡过程。电路中也有过渡过程。

1.5.1　过渡过程的产生与换路定律

1. 过渡过程的概念

在电路连接方式和电路元件参数不变的情况下，电路中电压、电流值恒定，电路的这种状态称为稳定状态，简称稳态。

电路从一种稳态变化到另一种稳态的过程，称为电路的过渡过程，由于过渡过程时间短暂，所以电路在过渡过程中的工作状态常称为暂态，因此过渡过程又称暂态过程。求解过渡过程中电压或电流随时间变化的规律称为过渡过程分析，也叫暂态分析。

研究过渡过程的实际意义，一是可以利用电路过渡过程产生特定波形的电信号，如锯齿波、三角波、尖脉冲等，应用于电子电路。二是可以控制、预防可能产生的危害。因为过渡过程开始的瞬间可能产生过电压、过电流使电器设备或元器件损坏。

2. 产生过渡过程的原因

过渡过程的产生是由于物质所具有的能量不能跃变造成的。电路中之所以出现过渡过程，是因为电路中有电感、电容这类储能元件的存在，由于它们储存的能量不能跃变，所以含有电感、电容元件的电路在电路发生换路，即接通、切断、短路、电压改变或参数改变等时必然会产生过渡过程。

3. 换路定律

过渡过程产生的实质是由于电感、电容元件是储能元件，电容元件储存的电场能为 $W_C=\frac{1}{2}Cu_C^2$，电感元件储存的磁场能为 $W_L=\frac{1}{2}Li_L^2$，据此可以得出结论：换路时，电容两端电压 u_C 不能突变，通过电感的电流 i_L 不能突变，这即为换路定律的内容。

用 $t=0_-$ 表示换路前的终了瞬间，$t=0_+$ 表示换路后的初始瞬间，则换路定律表示为

$$u_C(0_+)=u_C(0_-)$$
$$i_L(0_+)=i_L(0_-) \tag{1-54}$$

应该注意的是，换路定律只说明电容上电压和电感中的电流不能发生跃变，而流过电容的电流、电感上的电压以及电阻元件的电流和电压均可以发生跃变。

换路定律仅适用于换路瞬间，可根据它来确定 $t=0_+$ 时电路中的电压和电流值，即过渡过程的初始值。

稳态值，是指换路后 $t=\infty$ 时储能元件的储能和放能过程已经结束，电路中各个量值已经达到稳定数值后的量值。

【例 1.14】 电路如图 1-56 所示，已知 $U_S=10V$，$R=1k\Omega$，开关 S 闭合前电容上电压为零，$t=0$ 时，合上开关 S，求电容、电阻两端电压和电流的初始值。

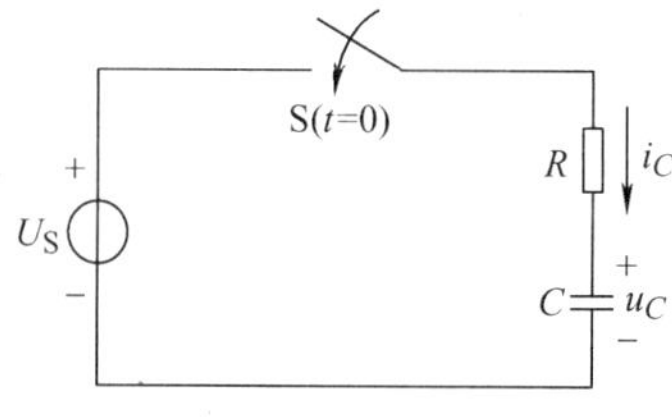

图 1-56 例 1.14 图

解： 已知开关 S 闭合前电容上电压为零，则

$$u_C(0_-)=0$$

据换路定律有

$$u_C(0_+)=u_C(0_-)=0$$

因此
$$u_R(0_+)=U_S-u_C(0_+)=U_S=10V$$

换路瞬间，据 KVL 可以得出

$$i_R(0_+)=i_C(0_+)=\frac{U_S}{R}=\frac{10}{1000}A=0.01A$$

1.5.2 *RC* 电路的过渡过程

电子电路中广泛应用 *RC* 串联电路，掌握其过渡过程的规律，对分析和应用这些电子电路很有帮助。

1. *RC* 电路的充电过程

如上面例题中图 1-56 所示即为 *RC* 充电电路。设开关 S 合上前，电路处于稳态，电容两

端电压 $u_C(0_-)=0$，电容元件的两极板上无电荷。在 $t=0$ 时刻合上开关 S，电源经电阻对电容充电，由上例解我们知道，由于电容两端电压不能突变，$u_C(0_+)=0$，此时电路中的充电电流 $i_C(0_+)=U_S/R$ 最大。

随着电容积累的电荷逐渐增多，电容两端的电压 u_C 也随之升高，电阻分压 u_R 减少，电路充电电流 $i_C=u_R/R=(U_S-u_C)/R$ 也不断下降，充电越来越慢。经过一段时间后，充电过程结束，电路进入新的稳态，电容两端电压 $u_C(\infty)=U_S$，电路中电流 $i_C(\infty)=0$。图 1-57 为电容充电过程中电压、电流变化曲线。

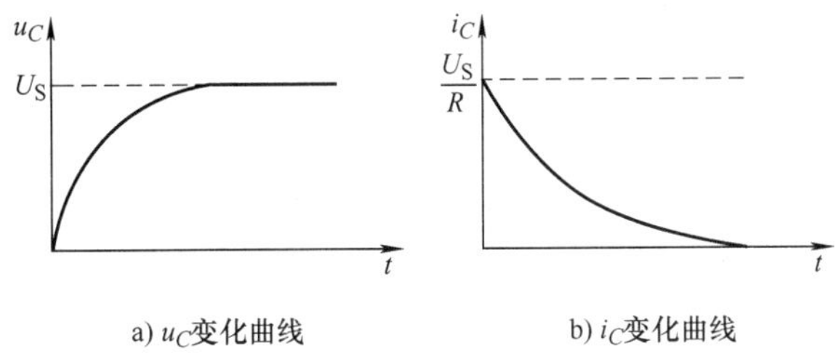

图 1-57　RC 电路充电过程

根据基尔霍夫定律和数学推导可知，在充电过程中，电容两端的电压 u_C 和充电电流 i_C 随时间的变化关系为

$$u_C=U_S(1-e^{-\frac{t}{\tau}}) \tag{1-55}$$

$$i_C=\frac{U_S}{R}e^{-\frac{t}{\tau}} \tag{1-56}$$

我们把以上这种电压、电流随时间的变化规律称之为按指数规律变化，式中 τ 称时间常数，它等于换路后电路中的等效电阻 R 和电容 C 的乘积，即 $\tau=RC$，其中 R 的单位为欧（Ω），C 的单位为法（F），τ 的单位为秒（s）。

时间常数 $\tau=RC$ 越大，电容充电进行得越慢，这是因为 C 越大，一定电压 U 之下，电容储能越多，电荷越多；而 R 越大，则充电电流越小，这些都促使充电进行得越慢。

2. RC 电路的放电过程

如图 1-58a 所示电路中，开关 S 原来合于位置 1，电路处于稳态，电容电压 $u_C(0_-)=U_S$，$t=0$ 时刻，将开关 S 由位置 1 扳向位置 2，这时 RC 电路脱离电源，电容通过电阻放电。由于电容电压不能突变，$u_C(0_+)=u_C(0_-)=U_S$，此时放电电流 $i_C(0_+)=-U_S/R$（负号表示与图中电流参考方向相反）。随着放电过程的进行，电容储存的电荷越来越少，电容两端的电压 u_C 越来越小，电路电流 $i=u_C/R$ 越来越小，直至放电完毕，电路达到新的稳态，$u_C(\infty)=0$，$i_C(\infty)=0$。图 1-58b、c 为电容放电过程中电压、电流变化曲线。

根据基尔霍夫定律和数学推导可知，电容放电过程中，电容电压 u_C 和电流 i_C 随时间的变化关系为

$$u_C=U_Se^{-\frac{t}{\tau}} \tag{1-57}$$

$$i_C=-\frac{U_S}{R}e^{-\frac{t}{\tau}} \tag{1-58}$$

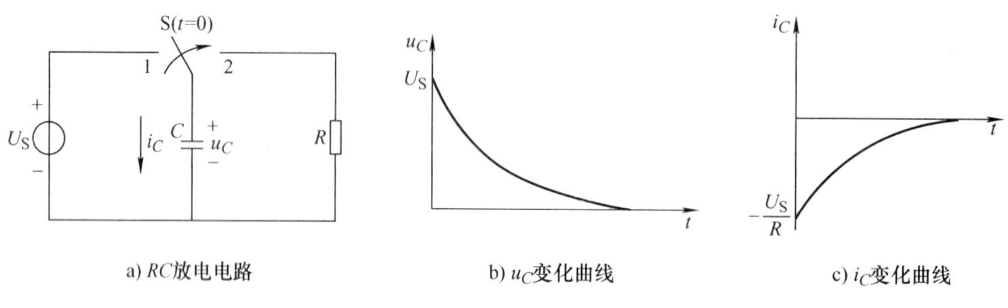

a) RC放电电路　b) u_C变化曲线　c) i_C变化曲线

图 1-58　RC 电路放电过程

即同样按指数规律变化，式中$\tau = RC$，为时间常数，反映电容放电的快慢。时间常数$\tau = RC$越大，电容放电进行得越慢。

在电子技术中，常常利用 RC 电路的暂态过程，获得输入电压和输出电压的特定关系，如利用 RC 串联电路构成微分电路或积分电路，输入矩形脉冲信号，即可通过电容 C 的充放电过程即暂态过程，在输出端获得尖脉冲或锯齿波信号。

1.5.3　RL 电路的过渡过程

对于 RL 串联电路，其过渡过程分析与 RC 串联电路类似，只不过电感元件中电流不能突变。

1. RL 电路接通电源

在图 1-59a 所示 RL 串联电路中，设开关 S 合上前，电路处于稳态，流过电感的电流 $i_L(0_-)=0$。在 $t=0$ 时刻合上开关 S，电感开始过渡过程，由于通过电感的电流 i_L 不能突变，因此 $i_L(0_+)=0$，此时电阻 R 两端电压 $u_R(0_+)=0$，电感两端的电压 $u_L(0_+)=U_S$。

随着电感储能逐渐增多，流过电感的电流 i_L 增大，电阻分压 u_R 也随之增大，u_L 随之减小，经过一段时间后，电流不再变化，电路进入新的稳态，$u_L(\infty)=0$，$u_R(\infty)=U_S$，电流达到最大值 $i_L(\infty)=U_S/R$。图 1-59b、c 为 RL 电路接通电源过程中 i_L、u_R 和 u_L 随时间变化的曲线。

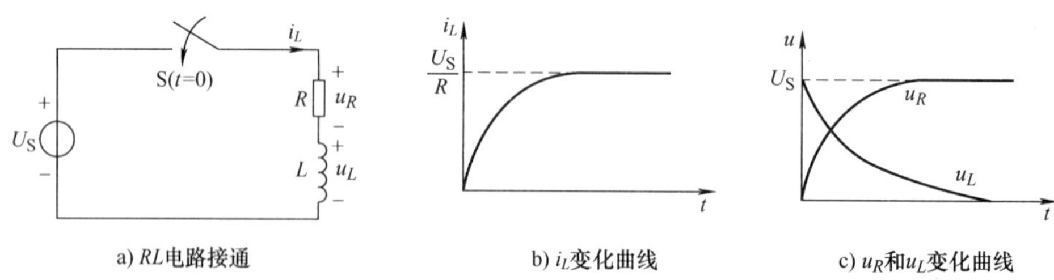

a) RL电路接通　b) i_L变化曲线　c) u_R和u_L变化曲线

图 1-59　RL 串联电路接通电源过程

根据基尔霍夫定律和数学推导可得

$$i_L = \frac{U_S}{R}(1 - e^{-\frac{R}{L}t}) = \frac{U_S}{R}(1 - e^{-\frac{t}{\tau}}) \tag{1-59}$$

所以

$$u_R = U_S(1 - e^{-\frac{R}{L}t}) = U_S(1 - e^{-\frac{t}{\tau}}) \tag{1-60}$$

$$u_L = U_S e^{-\frac{R}{L}t} = U_S e^{-\frac{t}{\tau}} \tag{1-61}$$

式中，$\tau = L/R$，为 RL 电路的时间常数，其中 R 的单位为欧（Ω），L 的单位为亨（H），τ的单位为秒（s）。

同 RC 电路一样，RL 电路τ的大小也表示过渡过程进行的快慢，τ越大，过渡过程进行得越慢，因为 L 越大，电感线圈储存的磁场能量越大；R 越小，在一定的电源电压下，电流的稳定值越大，即需建立的磁场能量也越大，这都促使 RL 电路接通电源的过渡过程变慢。

2. *RL* 电路切断电源

在图 1-60a 所示电路中，开关 S 合在 1 时，电路处于稳态，电感线圈 L 中流过稳定电流 $i_L(0_-) = U_S/R$（忽略线圈电阻）。在 $t=0$ 时刻开关 S 合向 2（切断电源），电感 L 的磁场能量开始释放，电感 L 与电阻 R 构成释放电流的回路，由于通过电感的电流 i_L 不能突变，因此电流释放的初始值 $i_L(0_+) = U_S/R$，此时电阻 R 两端电压 $u_R(0_+) = U_S$，电感两端的电压 $u_L(0_+) = -u_R(0_+) = -U_S$。

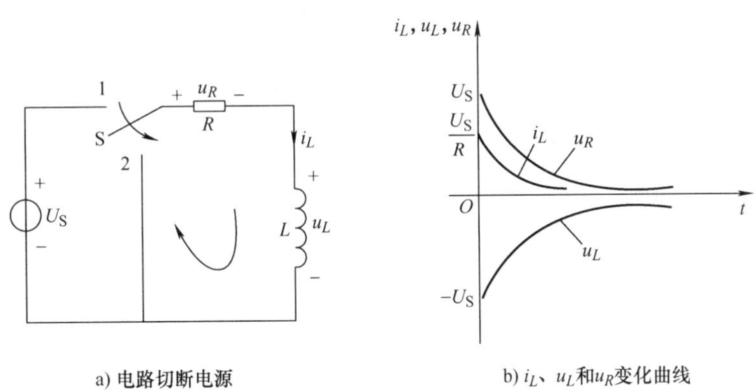

a) 电路切断电源　　b) i_L、u_L和u_R变化曲线

图 1-60　*RL* 电路切断电源过程

随着电感能量的释放，流过电感的电流 i_L 减小，电阻分压 u_R 减小，u_L 也随之减小，经过一段时间后，电流不再变化，$i_L(\infty)=0$，$u_R(\infty)=0$，$u_L(\infty)=0$。电路处于新的稳态。图 1-60b 为 RL 电路切断电源过程中 i_L、u_L 和 u_R 随时间变化的曲线。

根据基尔霍夫定律和数学推导可得

$$i_L = \frac{U_S}{R} e^{-\frac{t}{\tau}} \tag{1-62}$$

$$u_L = -U_S e^{-\frac{t}{\tau}} \tag{1-63}$$

$$u_R = U_S e^{-\frac{t}{\tau}} \tag{1-64}$$

式中，$\tau = L/R$，为 RL 电路的时间常数。同理，τ的大小表示过渡过程进行的快慢，τ越大，电感释放能量的过程进行得越慢。

1.5.4　*RC* 暂态电路的应用

在电子技术中，常用 RC 串联电路获得输入与输出信号的特定关系。如输入为矩形脉冲信号，通过 RC 串联电路的暂态过程可在输出端获得尖脉冲或锯齿波信号，输出尖脉冲信号的电路称微分电路，输出锯齿波信号的电路称积分电路。

1. 微分电路

把 RC 连成如图 1-61a 所示电路。输入信号 u_i 是占空比为 50% 的矩形脉冲信号，如图 1-61b 所示。当电路时间常数 $\tau = RC \ll t_w$ 时（一般取 $\tau < 0.2t_w$，t_w 为脉冲宽度），电路的充放电过程将进行得很快。

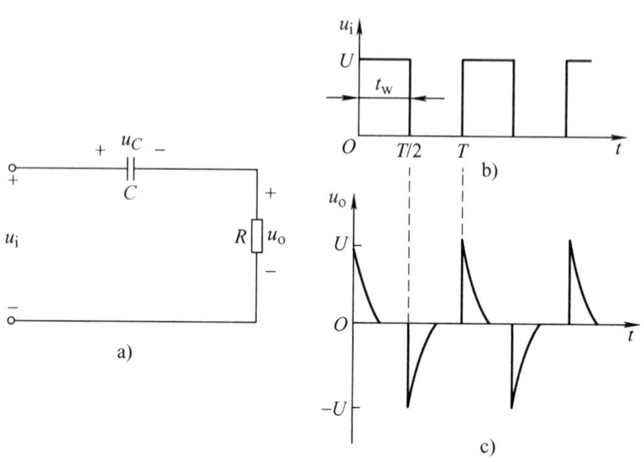

图 1-61　RC 微分电路及输入、输出脉冲信号

在 $t=0$ 瞬间，因 $u_C(0_+)=0$，且不能跃变，因此 $u_o=u_i$，而后 C 开始充电，其两端电压不断增大，充电电流逐渐减小，由于 $\tau \ll t_w$，C 的充电过程进行得很快，在 $t < t_w$ 范围内，u_C 已充到稳态值 U，而 $u_o=u_i-u_C$ 也衰减到零。这样，在输出端 R 上产生一个正尖脉冲，如图 1-61c 所示。

在 $t=T/2$ 瞬间，$u_i=0$，此时 RC 电路自成回路放电，由于 u_C 不能跃变，所以

$$u_o = -u_C = -U$$

C 放电过程很快，因而，在 R 上输出一个负尖脉冲。

因为 $\tau \ll t_w$，电容 C 的充放电速度很快，u_o 存在时间很短，所以

$$u_i = u_C + u_o \approx u_C$$

而

$$u_o = Ri_C = RC\frac{du_C}{dt} = RC\frac{du_i}{dt}$$

上式表明，输出电压 u_o 近似与输入电压 u_i 的微分成正比，因此称这种电路为微分电路。它可将输入的矩形脉冲，变换为正负尖脉冲输出。

2. 积分电路

如果把 RC 电路改成电容两端输出信号，如图 1-62a 所示，而电路的时间常数 $\tau \gg t_w$，则此 RC 电路为积分电路。

由于 $\tau \gg t_w$，因此在整个脉冲持续时间内，电容两端电压 $u_C = u_o$ 增加较缓慢。当 u_C 还未增加到稳态值时，在 $t=t_w=T/2$ 时，脉冲已经消失。而后电容缓慢放电，输出电压 $u_o = u_C$

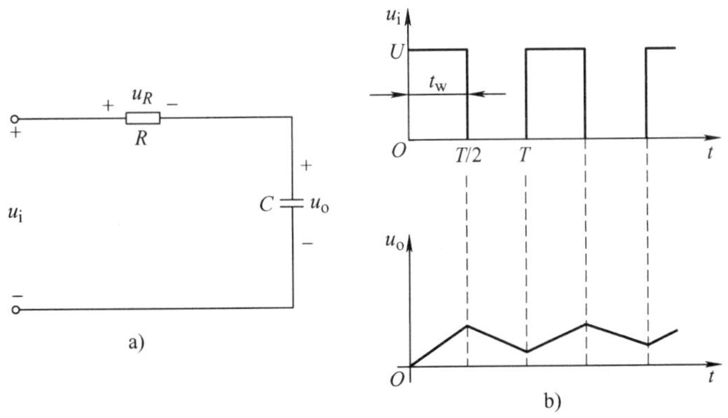

图 1-62　RC 积分电路及输入和输出波形

缓慢衰减。u_C的增长和衰减虽然仍按指数规律变化，但由于$\tau \gg t_w$，其变化曲线尚处指数规律变化曲线的初始段，近似为直线段，因此，输入与输出波形如图 1-62b 所示。由于充放电过程非常缓慢，所以有

$$u_o = u_C \ll u_R$$

而
$$u_i = u_R + u_o \approx u_R = iR$$

$$i \approx u_i / R$$

所以
$$u_o = u_C = \frac{1}{C}\int i\mathrm{d}t = \frac{1}{RC}\int u_i \mathrm{d}t$$

上式表明，输出电压 u_o 近似与输入电压 u_i 的积分成正比，因此称这种电路为 RC 积分电路，RC 积分电路可以将输入的矩形脉冲信号变换成锯齿波信号输出。

应用训练

1. 什么是电路？一个完整的电路包括哪几部分？电路的作用是什么？

2. 如何理解电流、电压的参考方向？如电路中某两条支路电流计算结果分别为 $I_1 = 1\mathrm{A}$，$I_2 = -2\mathrm{A}$，说明什么？

3. 电路中电位相等的各点，如果用导线接通，对电路其他部分有没有影响？

4. 电压、电位、电动势有何异同？

5. 如图 1-63 所示，分析以 a、b、c 三个点分别为参考点时的 V_a、V_b和 V_c及 U_{ab}、U_{bc}和 U_{ac}。

6. 如图 1-64 所示简单电路中，已知：（1）$U = 3\mathrm{V}$，$I = 5\mathrm{A}$；（2）$U = 3\mathrm{V}$，$I = -5\mathrm{A}$。分析两种情况下电路是产生电功率还是消耗电功率。

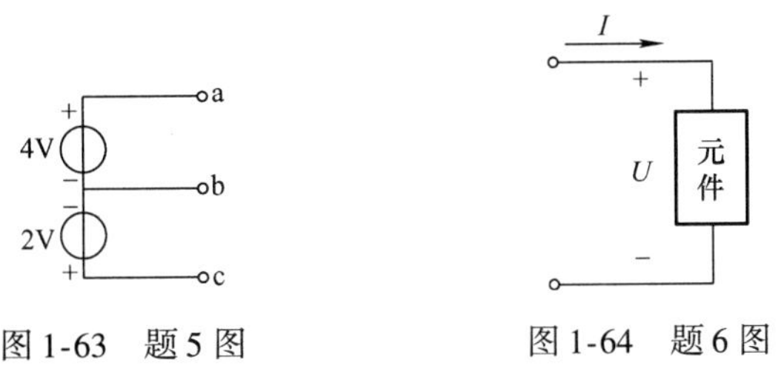

图 1-63　题 5 图　　图 1-64　题 6 图

7. 电路有几种工作状态？电器设备有几种工作状态？

8. 已知两电阻 $R_1 = 3R_2$。（1）若两电阻串联，R_1两端电压为3V，则 R_2两端电压为多少？（2）若两电阻并联，流过 R_1的电流为3A，则流过 R_2的电流为多少？

9. 理想电流源与电压源能否进行等效变换？

10. 使用叠加定理分析电路时应注意哪些问题？

11. 什么叫有源二端网络？它与无源二端网络的区别是什么？

12. 什么是电路的过渡过程？电路产生过渡过程的内因和外因是什么？其本质原因是什么？

13. RC 电路的时间常数和 RL 电路的时间常数分别等于什么？大小意义何在？时间常数的单位是什么？

14. 电路换路时所遵循的规律是什么？哪些元件的什么物理量具有过渡过程？

15. 两个额定值是110V、40W 的灯能否串联后接到220V 的电源上使用？如果两个灯的额定电压都是110V，而额定功率一个是40W，另一个是100W，能否把这两个灯泡串联后接到220V 的电源上使用，为什么？

16. 有两只相同类型的白炽灯，一只上面标着 220V、40W，另一只上面标着 12V、21W，试问：（1）在额定电压下，哪一只白炽灯亮？（2）哪一只白炽灯的电流大？

17. 已知一电路当电源开路时电压为1.6V，短路时电流为500mA。求电源的电动势和内阻。

18. 测得某含源二端网络的开路电压 $U_{OC} = 12V$，短路电流 $I_S = 0.5A$，试求当外接电阻为36Ω 时的电压及电流。

19. 电源电动势1.5V，内阻0.1Ω，与某负载电阻相连，测得电源两端电压1.4V，则电路中电流等于多少？负载电阻值等于多少？

20. 求图1-65 所示电路中的电流 I。

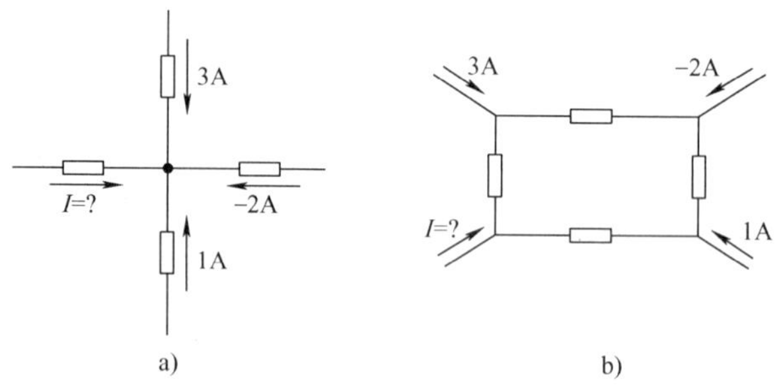

图1-65　题20图

21. 求图1-66 所示电路中的 U_3 和 U_{CA}。已知 $U_1 = U_2 = U_4 = 5V$。

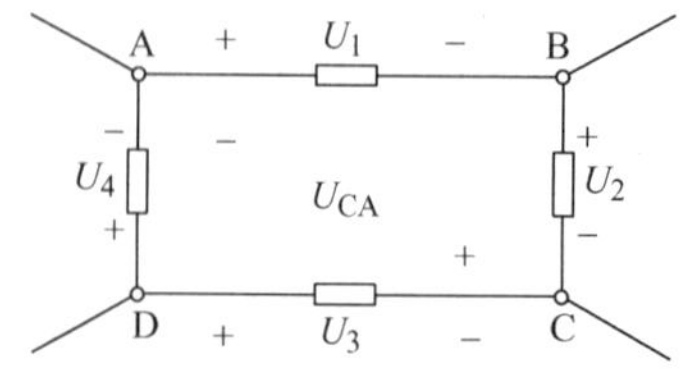

图1-66　题21图

22. 求图 1-67 所示电路的开路电压 U_{ab}。

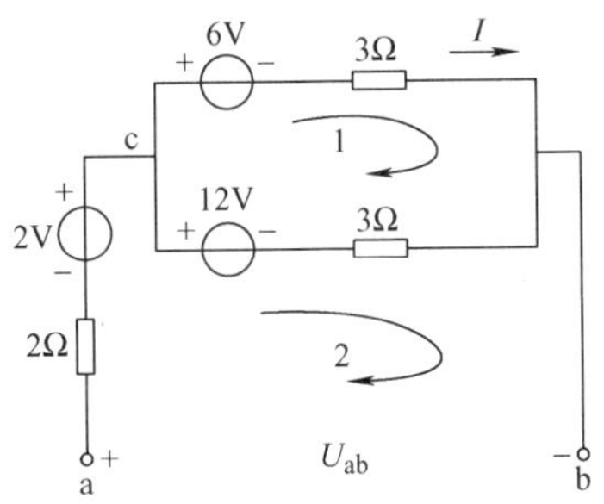

图 1-67 题 22 图

23. 求图 1-68 所示电路中的各支路电流。

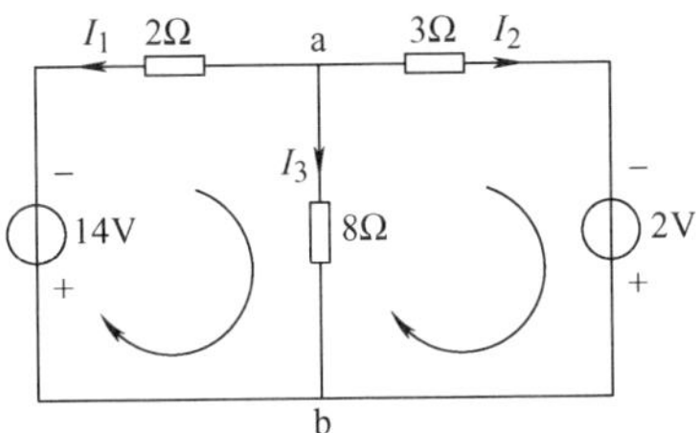

图 1-68 题 23 图

24. 如图 1-69 所示，电流 $I=4.5\text{A}$，若理想电流源断路，则 I 为多少?

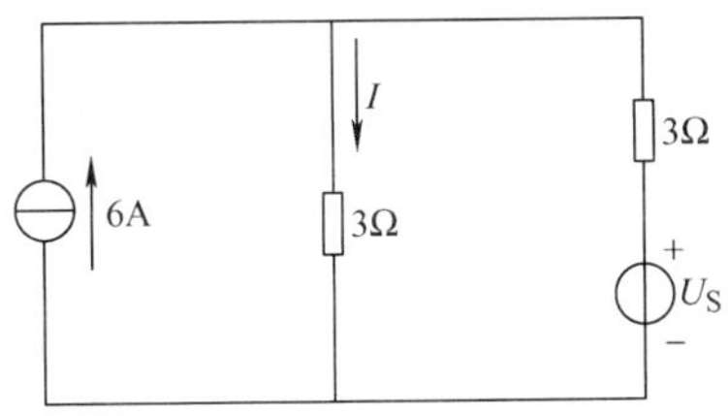

图 1-69 题 24 图

25. 如图 1-70 所示，直流电路可用来测量电源的电动势 U_S 和内阻 R_0。已知 $R_1=28.7\Omega$，$R_2=57.7\Omega$。当开关 S_1 闭合，S_2 打开时，电流表读数为 0.2A；当开关 S_1 打开，S_2 闭合时，电流表读数为 0.1A，试求 U_S 和 R_0。

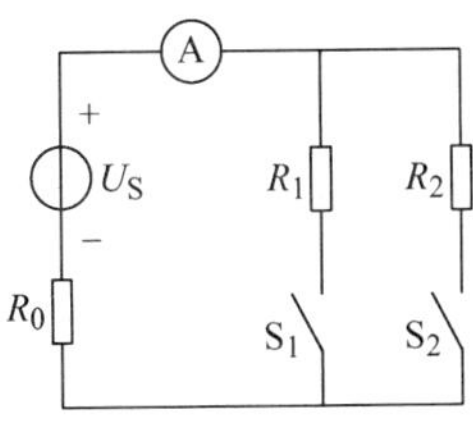

图 1-70 题 25 图

26. 计算图 1-71 所示电路在开关 S 断开和闭合时 a 点的电位。

27. 试求图 1-72 所示各电源电路的简化电路。

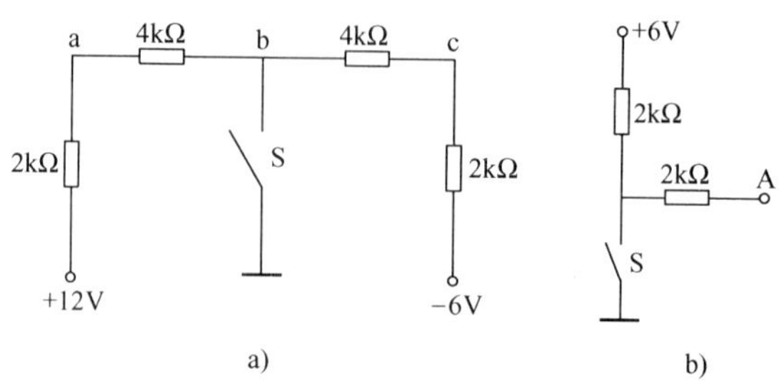

图 1-71　题 26 图

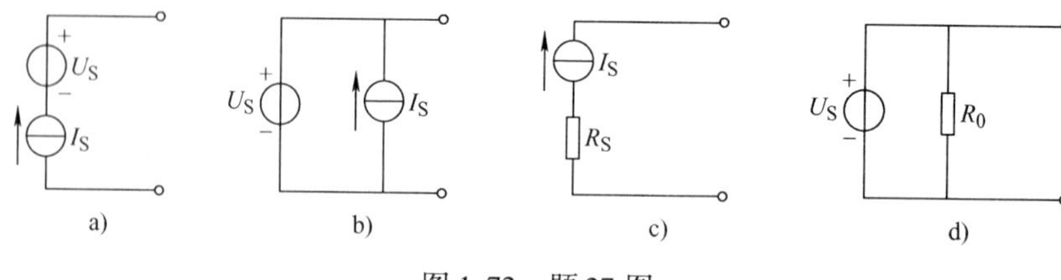

图 1-72　题 27 图

28. 求图 1-73 所示电路中的电压 U。

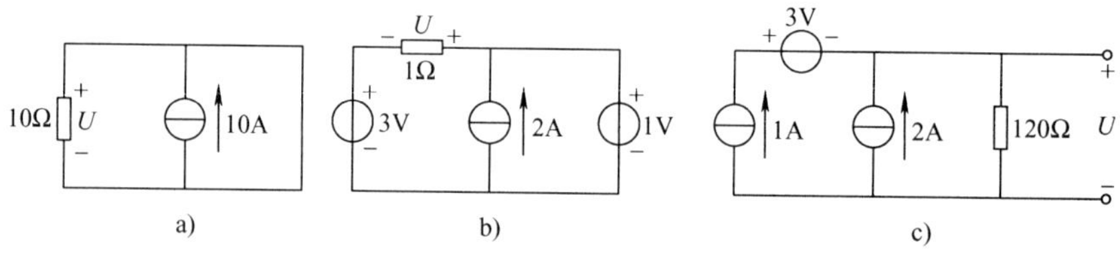

图 1-73　题 28 图

29. 求图 1-74 所示电路中的电压 U 和电流 I。

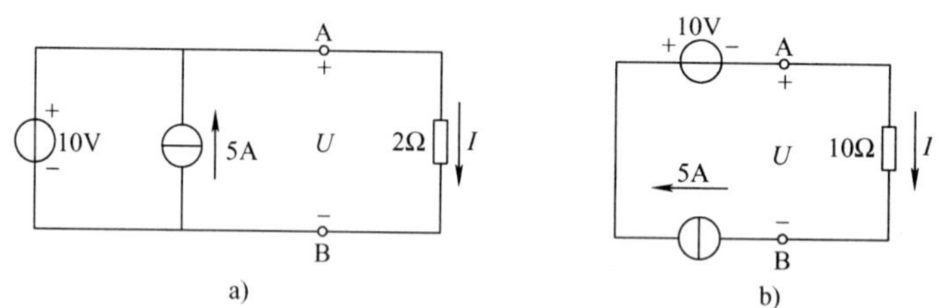

图 1-74　题 29 图

30. 求图 1-75 所示电路中电阻上的电压和两电源的功率。

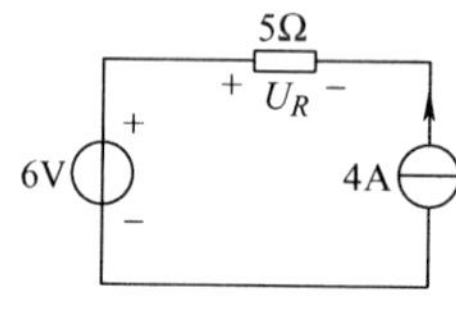

图 1-75　题 30 图

31. 求图 1-76 所示电路中的电压 U_{ab} 和 U_{bc}。

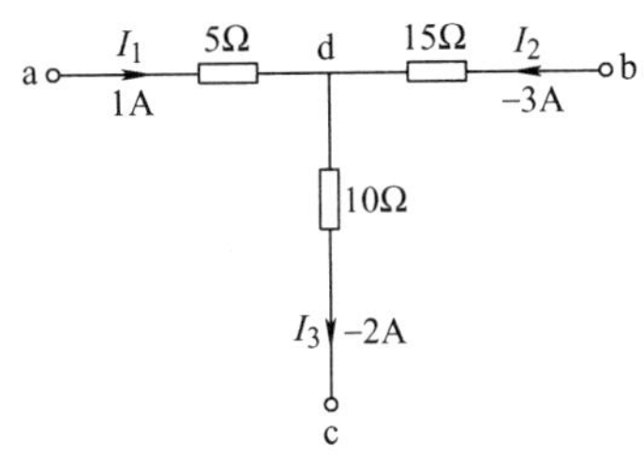

图 1-76　题 31 图

32. 求图 1-77 所示电路中的 I_1 和 I_2。

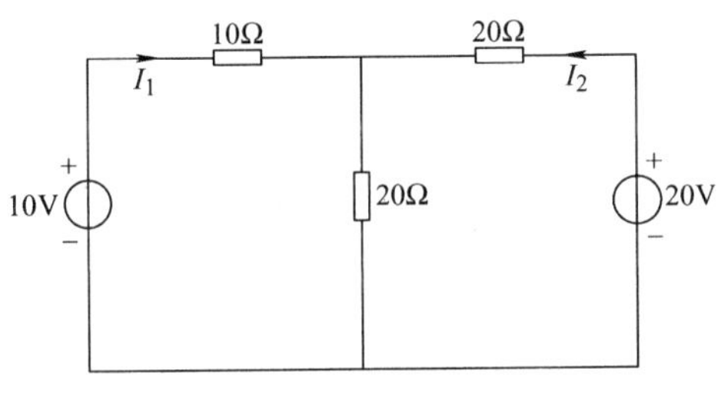

图 1-77　题 32 图

33. 求图 1-78 电路中流过 4Ω 电阻的电流。

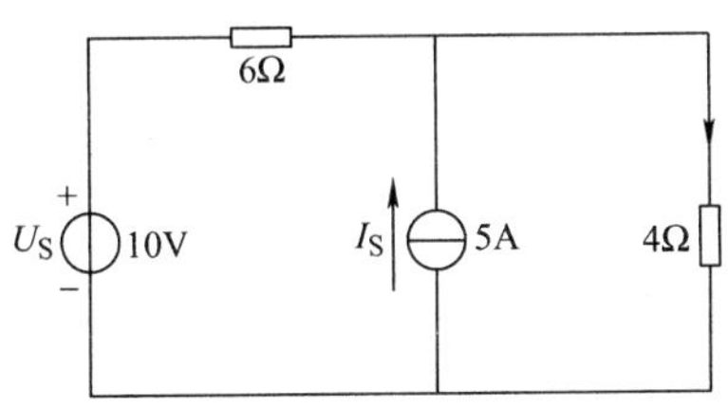

图 1-78　题 33 图

34. 在如图 1-79 所示电路中，设 $U_{S1}=60V$，$U_{S2}=-90V$，$R_1=R_2=5\Omega$，$R_3=R_4=10\Omega$，$R_5=200\Omega$，试用支路电流法求各支路电流 I_1、I_2、I_3。

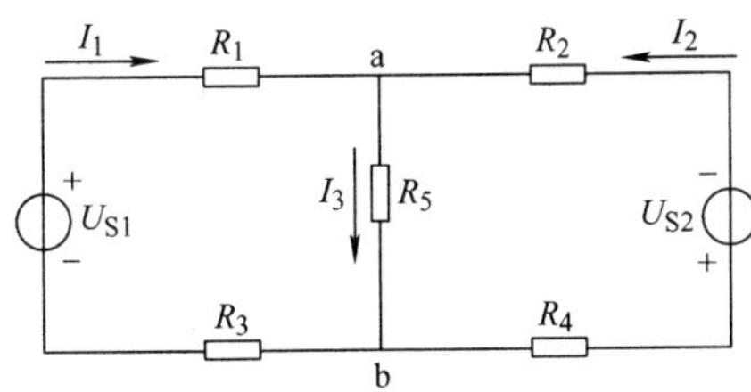

图 1-79　题 34 图

35. 用叠加定理求图 1-80 所示电路中的电流 I，欲使 $I=0$，问 U_S 应取何值？

36. 如图 1-81 所示电路中，已知 $U_{AB}=0$，试用叠加定理求 U_S。

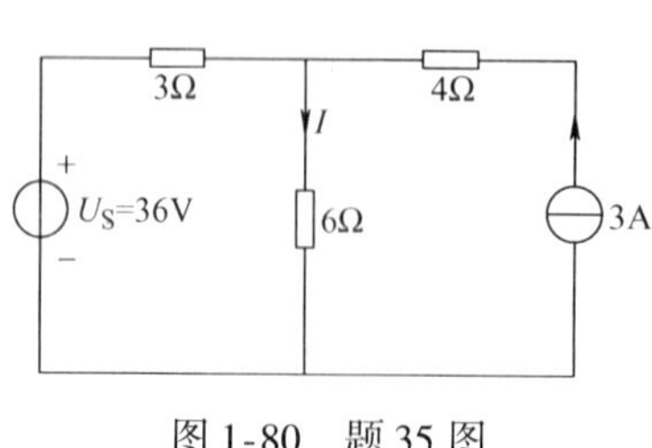

图 1-80　题 35 图

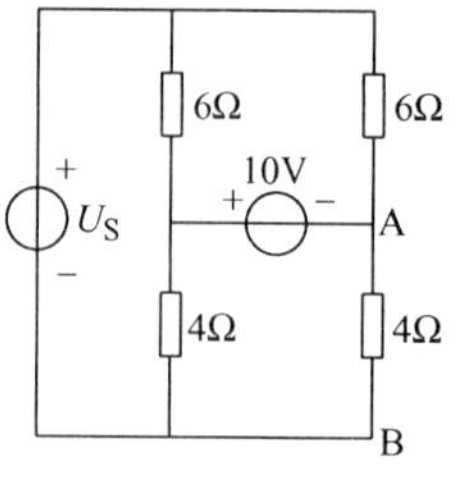

图 1-81　题 36 图

37. 如图 1-82 所示，已知 $U_S = 12V$，$I_S = 6A$，$R_1 = R_3 = 1\Omega$，$R_2 = R_4 = 2\Omega$，求电路中支路电流 I。

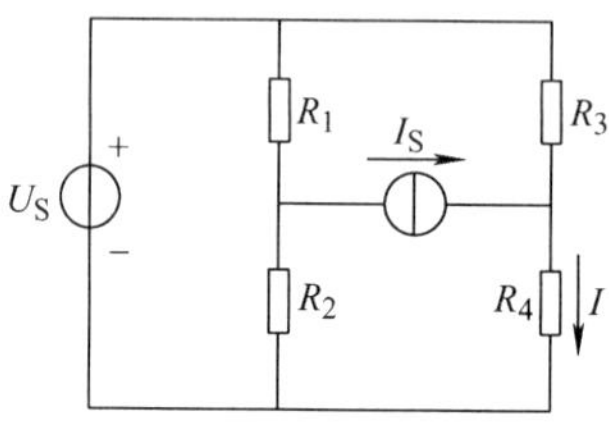

图 1-82　题 37 图

38. 利用戴维南定理求解图 1-83 所示电路的电流 I。

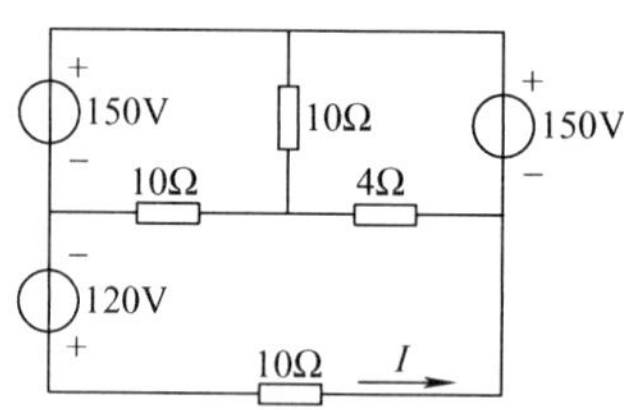

图 1-83　题 38 图

第 2 章　正弦交流电路

知识目标：

★ 掌握正弦交流电三要素及表示方法；
★ 掌握单一参数电阻、电容、电感电路的特点，并会分析和运用；
★ 掌握 *RLC* 串联电路的特点，并会分析和计算；
★ 理解 *RLC* 并联电路的特点，掌握提高功率因数的方法和意义。

技能目标：

★ 会正确使用示波器测正弦信号波形；
★ 掌握函数信号发生器、交流毫伏表、钳形电流表的使用方法；
★ 学会荧光灯电路的安装与测试，掌握改善荧光灯电路功率因数的有效方法；
★ 学会用实验方法验证谐振电路特点。

内容描述：

正弦交流电路是指含有正弦电源而且电路各部分所产生的电压和电流均按正弦规律变化的电路。交流发电机所产生的电动势和正弦信号发生器所输出的信号电压，都是随时间按正弦规律变化的。它们就是常用的正弦电源。现代生产和生活的各个领域中所使用的交流电，主要是正弦交流电，因为它容易产生，便于传输、易于变换（可变压、可实现交直流变换）；交流发电机构造简单，成本低，工作可靠、效率高。本章主要是在理解正弦交流电基本概念的基础上掌握正弦交流电路的基本规律和基本分析方法，为后续交流电机、电子技术的学习打下坚实的基础。

内容索引：

★正弦交流电的表示方法
★ 单一参数的交流电路
★ *RLC* 串联交流电路
★ *RLC* 并联交流电路

2.1　正弦交流电的表示方法

正弦交流电压和电流都是随时间按正弦规律变化的，常简称正弦量，一个正弦量一般可以有三种表示方法：三角函数式、波形图和相量法。前两种方法明确表达了正弦交流电的三要素。

2.1.1 正弦交流电的三要素

交流电的特征表现在其变化的快慢、大小及初始值三个方面，它们由频率（或角频率）、幅值（也称最大值）、初相位来确定，因此频率、幅值、初相位就构成正弦交流电的三要素。

以电流 i 为例，正弦交流电流的三角函数表达式可写成

$$i = I_m \sin(\omega t + \varphi) \tag{2-1}$$

其波形图如图 2-1 所示。其中幅值 I_m、角频率 ω 和初相位 φ 即为交流电的三要素。如果已知这三个量，交流电的瞬时值即可确定。下面分别来阐述。

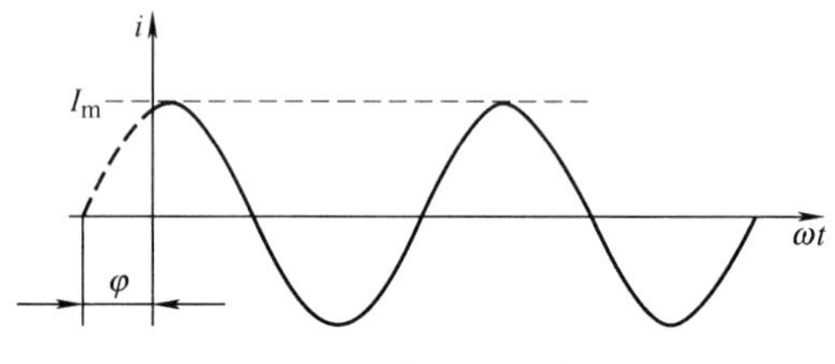

图 2-1 正弦交流电的波形图

1. 瞬时值、幅值和有效值

正弦交流电的值随时间时刻在变，不同时刻就对应不同的瞬时值，瞬时值通常用小写字母来表示，如电流 i、电压 u 等。式(2-1) 即是电流 i 的瞬时值表达式。

幅值是交流电的最大瞬时值，表示交流电的强度。用带下标 m 的字母表示，如 I_m、U_m等。

在分析和计算正弦交流电路的问题时，常用的是有效值。有效值是根据交流电流与直流电流热效应相等的原则规定的，即交流电流的有效值是热效应与它相等的直流电流的数值。有效值用大写字母 I、U 等表示。有效值与幅值的关系为

$$U_m = \sqrt{2}U, \quad I_m = \sqrt{2}I \tag{2-2}$$

例如常说的民用电电压220V，即为有效值，而其幅值是 $U_m = \sqrt{2}U = 311\text{V}$。用万用表等测得的交流电数值均为有效值。

2. 周期、频率和角频率

交流电完成一次周期性变化所需要的时间叫一个周期，常用符号 T 表示，单位是秒（s），常用的还有毫秒（ms）、微秒（μs）。它们的换算关系是 $1\text{s} = 10^3\text{ms} = 10^6\mu\text{s}$。

交流电每秒钟完成周期性变化的次数，称为频率，常用符号 f 表示，单位是赫兹（Hz），常用的还有千赫兹（kHz）。$1\text{kHz} = 10^3\text{Hz}$。频率与周期的关系为

$$f = \frac{1}{T} \tag{2-3}$$

我国和大多数国家的工业与民用电都采用 50Hz 作为电力标准频率，又称工频。有些国家（如美国、日本等）采用 60Hz。

交流电的变化快慢除了用周期、频率表示外，还用角频率 ω 表示。角频率是指单位时

间内角度（相位）的变化，单位读作弧度每秒（rad/s）。ω 与 f 和 T 之间的关系为

$$\omega = 2\pi f = \frac{2\pi}{T} \tag{2-4}$$

3. 相位、初相、相位差

式(2-1) 中的 $\omega t + \varphi$ 称为交流电的相位角，简称相位，它表示交流电随时间变化的进程。当 $t = 0$ 时，$\omega t = 0$，此时的相位为 φ，称为交流电的初相位，简称初相。它表示计时开始时交流电所处的状态，计时起点不同，正弦量的初相位不同，其初始值也不同，如图 2-2 所示。

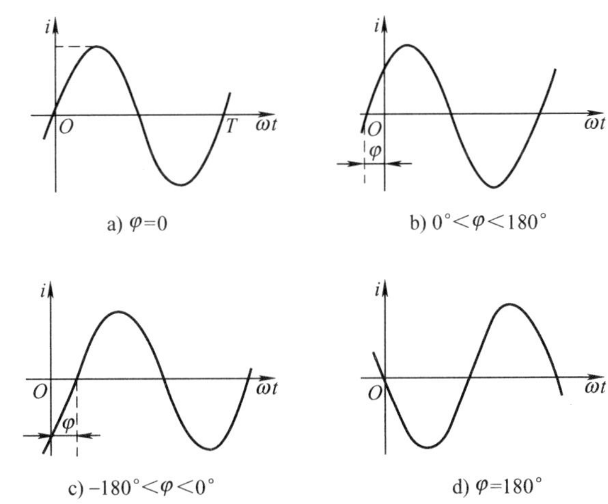

图 2-2　正弦交流电不同的初相

在正弦交流电路中，有时要比较两个同频率正弦量的相位。两个同频率正弦量相位之差称为相位差，以 $\Delta\varphi$ 表示。设

$$u = U_{m}\sin(\omega t + \varphi_{u}) \tag{2-5}$$

$$i = I_{m}\sin(\omega t + \varphi_{i}) \tag{2-6}$$

则电压与电流的相位差为

$$\begin{aligned}\Delta\varphi &= (\omega t + \varphi_{u}) - (\omega t + \varphi_{i}) \\ &= \varphi_{u} - \varphi_{i}\end{aligned} \tag{2-7}$$

即两个同频率正弦量的相位差等于它们的初相差。

若 $\Delta\varphi > 0$，表明 $\varphi_{u} > \varphi_{i}$，则 u 比 i 先达到最大值，称 u 超前于 i 一个相位角 $\Delta\varphi$，或者说 i 滞后于 u 一个相位角 $\Delta\varphi$。

若 $\Delta\varphi = 0$，表明 $\varphi_{u} = \varphi_{i}$，则 u 与 i 同时达到最大值，称 u 与 i 同相位，简称同相。

若 $\Delta\varphi = \pm 180°$，则称 u 与 i 的相位相反。

若 $\Delta\varphi < 0$，表明 $\varphi_{u} < \varphi_{i}$，则 u 滞后于 i（或 i 超前于 u）一个相位角 $\Delta\varphi$。

当两个同频率的正弦量计时起点（$t = 0$）改变时，它们的相位和初相位也跟着发生改变，但它们之间的相位差保持不变。在交流电路中，常常需要研究多个同频率正弦量之间的关系，为了方便起见，可以选其中某一个正弦量作为参考，称为参考正弦量。令参考正弦量的初相 $\varphi = 0$，其他各正弦量的初相，即为该正弦量与参考正弦量的相位差（或初相差）。

【例 2.1】已知工频交流电的电压为 $u=311\sin(314t+15°)$ V，试求 ω、T、U 及初相 φ。

解：

$$\omega=314\text{rad/s}$$

$$T=\frac{2\pi}{\omega}=\frac{2\times3.14}{314}\text{s}=0.02\text{s}$$

$$U=\frac{U_m}{\sqrt{2}}=\frac{311}{\sqrt{2}}\text{V}=220\text{V}$$

$$\varphi=15°$$

【例 2.2】已知正弦电压和电流的瞬时值表达式为 $u=220\sqrt{2}\sin(\omega t-30°)$ V，$i_1=10\sqrt{2}\sin(\omega t-45°)$ A，$i_2=5\sqrt{2}\sin(\omega t+30°)$ A，试以电压 u 为参考正弦量重新写出各量的瞬时值表达式。

解：若以电压 u 为参考正弦量，则电压 u 的表达式为

$$u=220\sqrt{2}\sin\omega t$$

由于 i_1 与 u 的相位差为

$$\Delta\varphi_1=\varphi_{i1}-\varphi_u=-45°-(-30°)=-15°$$

故电流 i_1 的瞬时值表达式为

$$i_1=10\sqrt{2}\sin(\omega t-15°)$$

由于 i_2 与 u 的相位差为

$$\Delta\varphi_2=\varphi_{i2}-\varphi_u=30°-(-30°)=60°$$

故电流 i_2 的瞬时值表达式为

$$i_2=5\sqrt{2}\sin(\omega t+60°)$$

2.1.2 正弦交流电的相量表示法

交流电的瞬时值表达式，是以三角函数的形式表示出交流电的变化规律；交流电的波形图可直观地描述出交流电的变化状态；此外，正弦量还可以用相量来表示。交流电各种表示方法是分析和计算正弦交流电路的工具。

一个正弦量的瞬时值可以用一个旋转矢量在纵轴上的投影值来表示。设有一正弦电压 $u=U_m\sin(\omega t+\varphi)$，其波形如图 2-3b 所示，图 2-3a 是一个旋转有向线段，在直角坐标系中，有向线段的长度代表正弦量的幅值 U_m，它的初始位置（$t=0$ 时的位置）与横轴正方向之间的夹角等于正弦量的初相位 φ，并以正弦量的角频率 ω 做逆时针方向旋转，可见，这一

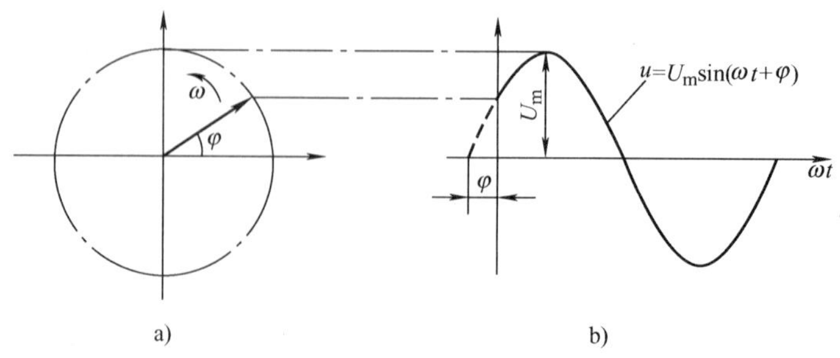

图 2-3　用正弦波形和旋转有向线段来表示正弦量

旋转有向线段具有正弦量的三个特征，故可用来表示正弦量。正弦量在某时刻的瞬时值就可以由这个旋转有向线段于该瞬时在纵轴上的投影表示出来。

正弦量可以用旋转有向线段表示，而有向线段可用复数表示，所以正弦量也可以用复数表示，用复数表示交流电的方法，称为交流电的相量表示法。

1. 复数的两种表示形式

如图 2-4 所示复平面中，A 为复数，横轴为实轴，单位是 +1，a 是 A 的实部，A 与实轴的夹角 φ 称为辐角，纵轴为虚轴，单位是 $\mathrm{j}=\sqrt{-1}$。在数学中虚轴的单位用 i，这里为了和电流符号相区别而改用 j。b 是 A 的虚部，r 为 A 的模。这些量之间的关系为

$$\left.\begin{aligned} a &= r\cos\varphi \\ b &= r\sin\varphi \\ r &= \sqrt{a^2+b^2} \\ \varphi &= \arctan\frac{b}{a} \end{aligned}\right\} \tag{2-8}$$

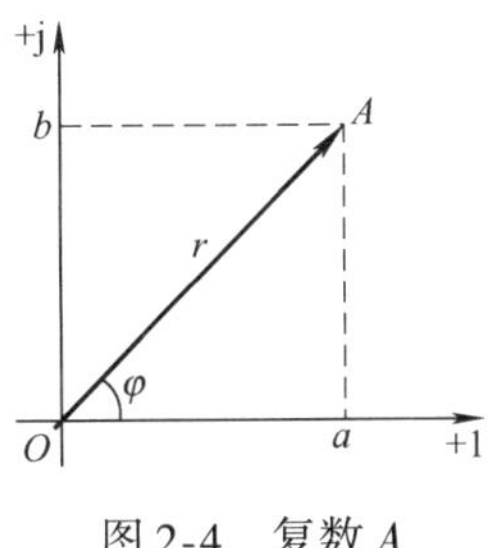

图 2-4　复数 A

根据以上关系可得出复数常用的两种表示形式，即代数式和极坐标式：

$$\left.\begin{aligned} A &= a+\mathrm{j}b \\ A &= r\angle\varphi \end{aligned}\right\} \tag{2-9}$$

代数式适合于复数的加减运算，极坐标式适合于复数的乘除运算。

2. 相量与复数

用复数表示的正弦量称为相量，为了与一般的复数有所区别，规定正弦量相量用上方加“·”的大写字母来表示。例如：正弦电流 $i=I_{\mathrm{m}}\sin(\omega t+\varphi)$，其相量形式可写成

$$\dot{I}=I\angle\varphi=I(\cos\varphi+\mathrm{j}\sin\varphi)=a+\mathrm{j}b$$

式中，$a=I\cos\varphi$，$b=I\sin\varphi$。与其对应的相量图如图 2-5 所示。那么正弦电流 $i_1=20\sin\omega t$，$i_2=30\sin(\omega t+45°)$ 的相量形式就可写成

$$\dot{I}_1=\frac{20}{\sqrt{2}}\angle 0°\ \mathrm{A}=10\sqrt{2}\angle 0°\ \mathrm{A}\quad 或\quad \dot{I}_1=10\sqrt{2}(\cos0°+\mathrm{j}\sin0°)\mathrm{A}=10\sqrt{2}\mathrm{A}$$

$$\dot{I}_2=\frac{30}{\sqrt{2}}\angle 45°\ \mathrm{A}=15\sqrt{2}\angle 45°\ \mathrm{A}\quad 或\quad \dot{I}_2=15\sqrt{2}(\cos45°+\mathrm{j}\sin45°)\mathrm{A}=(15+\mathrm{j}15)\mathrm{A}$$

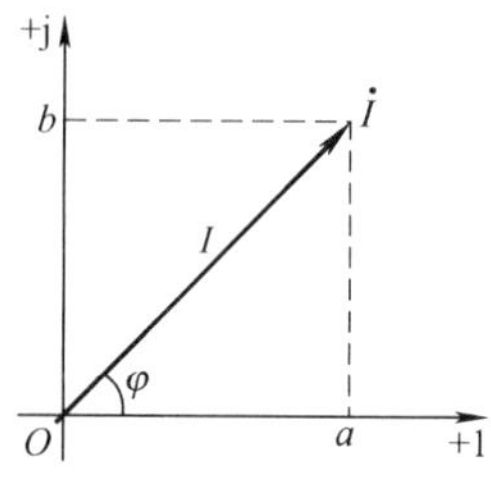

图 2-5 相量 $\dot{I}$

3. 相量的运算

前面已讲过，相量的代数形式适合于加减运算，而极坐标形式适合于乘除运算，设相量 $\dot{A}=a_1+ja_2=A\angle\theta_1$，$\dot{B}=b_1+jb_2=B\angle\theta_2$，则

$$\dot{A}\pm\dot{B}=(a_1\pm b_1)+j(a_2\pm b_2) \tag{2-10}$$

$$\dot{A}\cdot\dot{B}=AB\angle\theta_1+\theta_2 \tag{2-11}$$

$$\frac{\dot{A}}{\dot{B}}=\frac{A}{B}\angle\theta_1-\theta_2 \tag{2-12}$$

相量只是正弦交流电的一种表示方法和运算工具，只有同频率的正弦交流电才能进行相量运算，所以相量运算只含有交流电的有效值（或幅值）和初相两个要素。

【例 2.3】 已知交流电 u_1 和 u_2 的有效值分别为 $U_1=100\text{V}$，$U_2=60\text{V}$，u_1 超前 $u_2 60°$。求（1）总电压 $u=u_1+u_2$ 的有效值，并画出相量图；（2）总电压 u 与 u_1 及 u_2 的相位差。

解：（1）由 u_1 超前 $u_2 60°$，有

$$\Delta\varphi=\varphi_1-\varphi_2=60°$$

选择 u_2 为参考相量，则

$$\varphi_2=0°,\ \varphi_1=60°$$

两电压的有效值相量分别为

$$\dot{U}_1=U_1\angle\varphi_1=100\angle 60°\ \text{V}=(50+j86.6)\text{V}$$

$$\dot{U}_2=U_2\angle\varphi_2=60\angle 0°\ \text{V}=60\text{V}$$

总电压的有效值相量为

$$\begin{aligned}\dot{U}&=\dot{U}_1+\dot{U}_2=(50+60+j86.6)\text{V}\\&=(110+j86.6)\text{V}=140\angle 38.2°\ \text{V}\end{aligned}$$

总电压的有效值为

$$U=140\text{V}$$

相量图如图 2-6 所示。作图时，将参考相量 $\dot{U}_2$ 画在正实轴位置。在这种情况下，坐标轴

可省去不画。根据$\dot{U}_1$与$\dot{U}_2$的相位差确定$\dot{U}_1$的位置，并画出$\dot{U}_1$，利用平行四边形法可画出总电压$\dot{U}$。

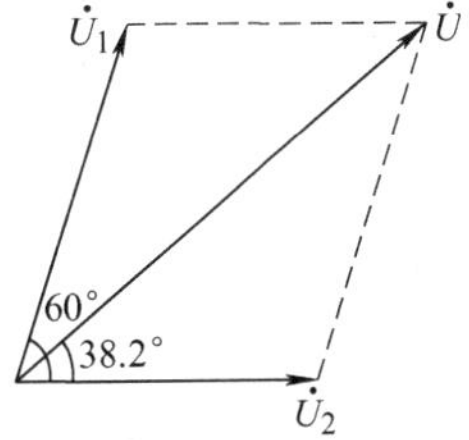

图 2-6　例 2.3 的相量图

（2）由所得结果，可以求得 u 与 u_2 及 u 与 u_1 的相位差分别为

$$\Delta\varphi_2 = 38.2°$$

$$\Delta\varphi_1 = 38.2° - 60° = -21.8°$$

两个相位差说明，u 滞后 $u_1$21.8°，超前 $u_2$38.2°。

【例 2.4】 已知 $u_1 = 20\sqrt{2}\sin 314t\text{V}$，$u_2 = 15\sqrt{2}\sin(314t + 90°)\text{V}$。求（1）$u = u_1 + u_2$ 的瞬时值表达式；（2）画出总电压 u 的相量图。

解： 先画出 u_1、u_2 的相量图，如图 2-7 所示

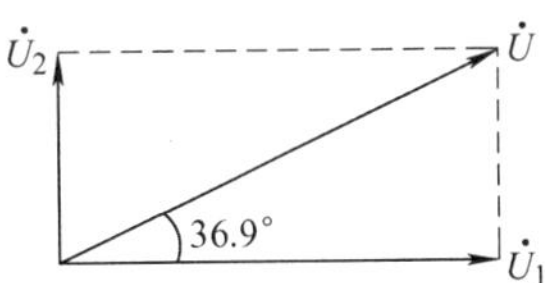

图 2-7　例 2.4 的相量图

由于两者频率相同，相位相差 90°，所以可直接应用勾股定理得

$$U = \sqrt{U_1^2 + U_2^2} = \sqrt{20^2 + 15^2}\text{V} = 25\text{V}$$

$$\varphi = \arctan\frac{U_2}{U_1} = \arctan\frac{15}{20} \approx 36.9°$$

所以
$$u = 25\sqrt{2}\sin(314t + 36.9°)\text{V}$$

在近代电工技术中正弦量的应用极为广泛，在强电方面，可以说电能几乎都是以正弦交流的形式生产出来的，即使是好多电子产品所需要的直流电，主要也是将正弦交流电通过整流设备变换得到的。在弱电方面，也常用各种正弦信号发生器作为信号源。

2.2　单一参数的交流电路

分析各种正弦交流电路，无外乎要确定电路中电压与电流之间的关系，并讨论电路中能量的转换和功率问题。

最简单的交流电路是由电阻、电容或电感中任一个元件组成的交流电路，这些电路元件

仅由 R、L、C 三个参数中的一个来表征其特性，这样的电路称为单一参数的交流电路。掌握了单一参数交流电路的分析方法，混合参数交流电路的分析就容易了，因为混合参数交流电路无非是单一参数元件的组合而已。

2.2.1 纯电阻电路

日常生活中所用的白炽灯、电饭锅、热水器等在交流电路中都可以看成是电阻元件，图 2-8a 就是一个线性电阻元件的交流电路，电压和电流参考方向如图中所示。

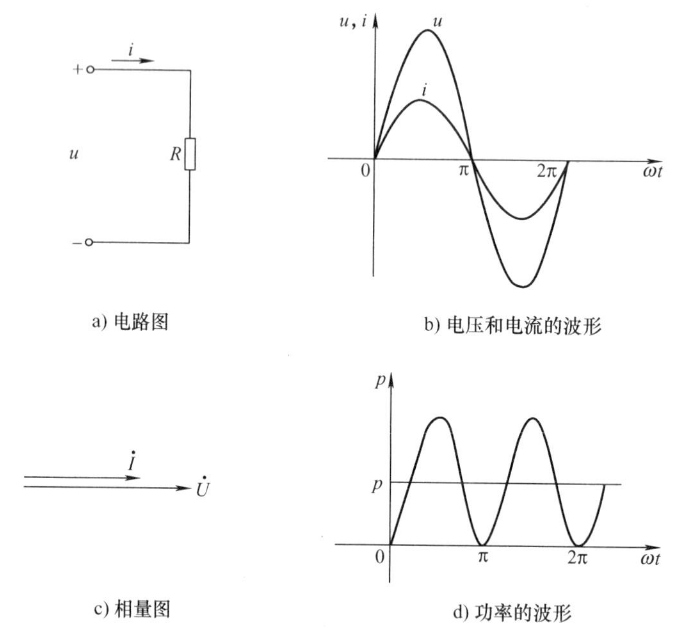

图 2-8　电阻电路

1. 电压与电流的关系

如选择电流为参考正弦量，即电流的初相为 0°，则其瞬时值表达式为

$$i = I_m \sin\omega t \tag{2-13}$$

电阻两端的电压

$$u = Ri = RI_m \sin\omega t = U_m \sin\omega t \tag{2-14}$$

其波形图如图 2-8b 所示。由上式及波形图可知，电阻电路中 u 与 i 同频率同相位。其有效值及相量关系分别为

$$U = RI \tag{2-15}$$

$$\dot{U} = R\dot{I} \tag{2-16}$$

此即为电阻电路中欧姆定律的相量形式和有效值形式。电压与电流的相量图如图 2-8c 所示。

2. 电阻电路中的功率

电阻上的瞬时功率为

$$p = ui = U_m I_m \sin^2\omega t = UI(1-\cos2\omega t) = UI - UI\cos2\omega t \tag{2-17}$$

由此可见：功率 p 的频率是 i 的频率的 2 倍，其波形如图 2-8d 所示。

由波形图可见功率虽然随时间变化，但均为正值。瞬时功率为正，这表示外电路从电源取用能量，在这里就是电阻元件从电源取用电能转换成热能，是一个不可逆的转换过程。由波形图和式(2-17) 即可得出平均功率：

$$P = \frac{1}{T}\int_0^T p\mathrm{d}t = UI = I^2R = \frac{U^2}{R} \tag{2-18}$$

P 是电路在一个周期内消耗电能的平均速率，即瞬时功率的平均值，说明电阻是吸收功率的元件，它把电功率转换成其他有用的功率消耗掉了，所以称电阻为耗能元件。其平均功率又称为有功功率，单位是瓦（W）或千瓦（kW）。

【例 2.5】 已知某白炽灯的额定参数为 220V/100W，其两端所加电压为 $u=220\sqrt{2}\sin(314t+60°)$V，试求：（1）白炽灯的工作电阻；（2）流过白炽灯的电流 i；（3）白炽灯的有功功率。

解：（1）白炽灯的工作电阻为

$$R = \frac{U^2}{P} = \frac{220^2}{100}\Omega = 484\Omega$$

（2）白炽灯可看作纯电阻，因此，电流与电压同相位，则流过白炽灯的电流 i 为

$$i = \frac{U_m}{R}\sin(314t+60°) = \frac{220}{484}\sqrt{2}\sin(314t+60°)\,\mathrm{A} = 0.46\sqrt{2}\sin(314t+60°)\,\mathrm{A}$$

（3）白炽灯的有功功率等于它的额定功率，则

$$P = 100\mathrm{W}$$

2.2.2　纯电感电路

在生产和生活中所接触到的设备中还有将电能转换成动能的设备，如搅拌机、粉碎机、电风扇、洗衣机，还有改变电压大小的变压器等，它们在交流电路中起主要作用的是电感（忽略线圈电阻），图 2-9a 就是一个线性电感元件（非铁心线圈）的交流电路，电压和电流参考方向如图中所示。

1. 电压与电流关系

我们仍选择电流为参考正弦量，即电流 i 的初相为 0°，则其瞬时值表达式为

$$i = I_m\sin\omega t$$

电感两端的电压为

$$u = L\frac{\mathrm{d}i}{\mathrm{d}t} = L\frac{\mathrm{d}I_m\sin\omega t}{\mathrm{d}t} = \omega LI_m\cos\omega t = U_m\sin(\omega t+90°) \tag{2-19}$$

由式(2-19) 可见，对于电感电路，u 与 i 频率相同，相位却不同，u 超前 i 90°。其波形如图 2-9b 所示。有效值的关系为

$$U = X_LI \quad 或 \quad I = \frac{U}{X_L} \tag{2-20}$$

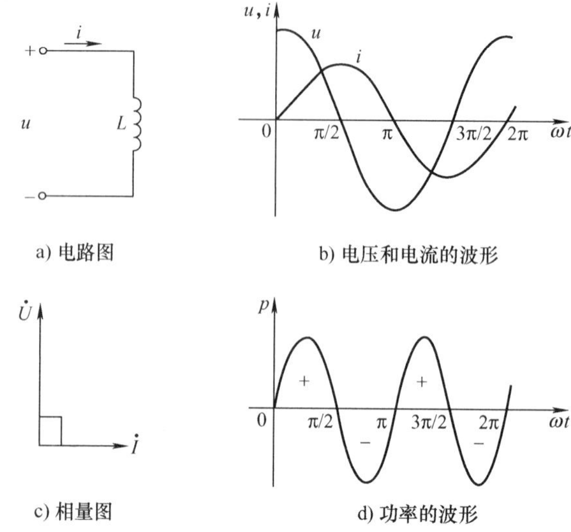

图 2-9　电感电路

$$X_L = \omega L = 2\pi f L \tag{2-21}$$

式中，X_L 为感抗，单位也是欧姆（Ω）。它表示电感对电流阻碍作用的大小。X_L 与电感 L 和频率 f 成正比，如果 L 一定，f 越高 X_L 越大，f 越低 X_L 越小。在直流电路中，$f=0$，$X_L=\omega L=2\pi fL=0$，说明电感在直流电路中可视为短路。而在交流电路中，因为 $f\neq 0$，所以电感对电流是有阻碍作用的，即电感有“通直阻交”的作用。电感两端的电压与电流的相量关系为

$$\dot{U} = \mathrm{j}X_L\dot{I} \quad 或 \quad \dot{I} = \frac{\dot{U}}{\mathrm{j}X_L} \tag{2-22}$$

相量图如图 2-9c 所示。图中 i 的初相 $\varphi=0°$，$\dot{I}=I\angle 0°$，则

$$\dot{U} = \mathrm{j}X_L\dot{I} = \angle 90° X_L I\angle 0° = X_L I\angle 90°+0° = U\angle 90° \tag{2-23}$$

2. 电感电路中的功率

电感的瞬时功率为

$$\begin{aligned} p &= ui = U_\mathrm{m}I_\mathrm{m}\sin(\omega t+90°)\sin\omega t \\ &= U_\mathrm{m}I_\mathrm{m}\cos\omega t\sin\omega t \\ &= UI\sin 2\omega t \end{aligned} \tag{2-24}$$

由式(2-24) 可知：电感上瞬时功率 p 的频率是 u 或 i 频率的 2 倍，并按正弦规律变化，图 2-9d 所示是电感电路的功率波形。

我们分析功率波形，在 $0\sim\pi/2$ 区间，p 为正值，电感吸收功率并把吸收的电功率转换成磁场能量储存起来；在 $\pi/2\sim\pi$ 区间，p 为负值，电感发出功率，是将其储存的磁场能量再转换成电场能量归还给电源。这是一种可逆的能量转换过程。在这里，电感线圈从电源取用的能量一定等于它归还给电源的能量。电感的平均功率 $P=\frac{1}{T}\int_0^T p\mathrm{d}t=0$，电感并不消耗功率，所以称电感为储能元件。

虽然电感不消耗功率，但作为负载的电感与电源之间存在着能量交换，这种能量交换的规模用无功功率 Q 来计量。规定无功功率 Q 等于瞬时功率 p 的最大值，即

$$Q = UI = I^2 X_L = \frac{U^2}{X_L} \tag{2-25}$$

无功功率的单位为乏（var）或千乏（kvar）。

【例 2.6】 在功放机的电路中，有一个高频扼流线圈，用来阻挡高频而让音频信号通过，已知扼流圈的电感 $L = 10\text{mH}$，求它对电压为 5V、频率为 $f_1 = 500\text{kHz}$ 的高频信号及对 $f_2 = 1\text{kHz}$ 的音频信号的感抗及无功功率分别是多少？

解：

$$X_{L1} = 2\pi f_1 L = 2 \times 3.14 \times 500 \times 10\Omega = 31400\Omega$$

$$I_1 = \frac{U}{X_{L1}} = \frac{5}{31400}\text{A} = 0.159\text{mA}$$

$$Q_1 = I_1 U = 0.159 \times 10^{-3} \times 5\text{var} = 7.95 \times 10^{-4}\text{var}$$

$$X_{L2} = 2\pi f L = 2 \times 3.14 \times 1 \times 10\Omega = 62.8\Omega$$

$$I_2 = \frac{U}{X_{L2}} = \frac{5}{62.8}\text{A} = 0.08\text{A}$$

$$Q_2 = I_2 U = 0.080 \times 10^{-3} \times 5\text{var} = 0.4 \times 10^{-3}\text{var}$$

可见，同一电感对 500kHz 的高频信号的感抗要比对 1kHz 的音频信号感抗大很多，即频率越高阻碍越大。

2.2.3　纯电容电路

如图 2-10a 所示，电路中只有电容元件的电路称为纯电容电路。下面讨论电容元件在交流电路中的作用，找出电容与电感作用的区别。电压和电流参考方向如图中所示。

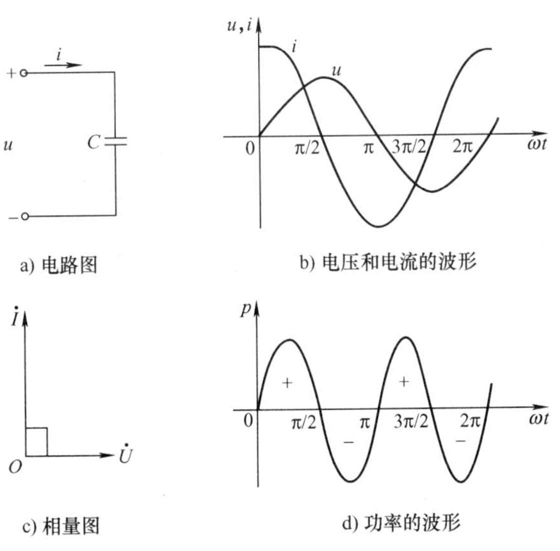

图 2-10　电容电路

1. 电压与电流关系

如选择电压为参考正弦量，即电压的初相为0°，电压 u 的瞬时值表达式为

$$u=U_{\mathrm{m}}\sin\omega t$$

则电容上所流过的电流为

$$i=C\frac{\mathrm{d}u_C}{\mathrm{d}t}=C\frac{\mathrm{d}U_{\mathrm{m}}\sin\omega t}{\mathrm{d}t}=\omega CU_{\mathrm{m}}\cos\omega t=I_{\mathrm{m}}\sin(\omega t+90°) \tag{2-26}$$

由式(2-26) 可知，对于电容电路，u 与 i 也是同频率不同相位，i 超前 u 90°，其波形如图2-10b所示。有效值的关系为

$$U=X_CI \quad 或 \quad I=\frac{U}{X_C} \tag{2-27}$$

$$X_C=\frac{1}{\omega C}=\frac{1}{2\pi fC} \tag{2-28}$$

式中，X_C 称为容抗，单位仍是欧姆（Ω）。它是表示电容对电流阻碍作用大小的物理量。X_C 与频率 f 成反比，如果 C 确定后，f 越高 X_C 越小，f 越低 X_C 越大，即电容具有“通高频阻低频”的作用。在直流电路中，$f=0$，$X_C=1/2\pi fC=\infty$，说明电容在直流电路中可视为开路，即电容具有“隔直通交”作用。电容两端的电压与电流的相量关系为

$$\dot{U}=-\mathrm{j}X_C\dot{I} \quad 或 \quad \dot{I}=\frac{\dot{U}}{-\mathrm{j}X_C}=\mathrm{j}\frac{\dot{U}}{X_C} \tag{2-29}$$

相量图如图2-10c所示。图中 u 的初相 $\varphi=0°$，$\dot{U}=U\angle 0°$，则

$$\dot{I}=\mathrm{j}\frac{\dot{U}}{X_C}=\frac{U}{X_C}\angle 90°+0°=I\angle 90° \tag{2-30}$$

2. 电容电路中的功率

电容的瞬时功率为

$$\begin{aligned}p&=ui=U_{\mathrm{m}}I_{\mathrm{m}}\sin\omega t\sin(\omega t+90°)\\&=U_{\mathrm{m}}I_{\mathrm{m}}\sin\omega t\cos\omega t=UI\sin2\omega t\end{aligned} \tag{2-31}$$

由式(2-31) 可见：电容 p 的频率也是 i 或 u 频率的2倍，并按正弦规律变化，如图2-10d所示。由 p 的波形图可见，在 $0\sim\pi/2$ 区间，p 为正值，电容吸收功率，并把吸收的电功率以电场能量的形式储存起来；在 $\pi/2\sim\pi$ 区间，p 为负值，电容发出功率，是将其储存的电场能量再送回到电源。电容的平均功率 $P=\frac{1}{T}\int_0^T p\mathrm{d}t=0$，电容并不消耗功率，所以电容元件也是储能元件。

为了同电感元件电路的无功功率进行比较，我们设电流为参考正弦量，即 $i=I_{\mathrm{m}}\sin\omega t$，则 $u=U_{\mathrm{m}}\sin(\omega t-90°)$，于是得瞬时功率为

$$p=-UI\sin2\omega t$$

则电容元件的无功功率为

$$Q=-UI=-I^2X_C=-\frac{U^2}{X_C} \tag{2-32}$$

即电容性无功功率取负值，而电感性无功功率取正值，以示区别。

【例 2.7】 在收录机的输出电路中，常利用电容将高频干扰信号短路掉（称滤波），保留音频信号输出。已知高频干扰信号的频率 $f_1 = 1000\text{kHz}$，音频信号的频率 $f_2 = 1\text{kHz}$，用于高频滤波的电容为 0.1μF，求该电容对高频干扰信号和音频信号的容抗分别为多少？

解：

$$X_{C1} = \frac{1}{2\pi f_1 C} = \frac{1}{2\times 3.14\times 1000\times 10^3\times 0.1\times 10^{-6}}\Omega = 1.6\Omega$$

$$X_{C2} = \frac{1}{2\pi f_2 C} = \frac{1}{2\times 3.14\times 1\times 10^3\times 0.1\times 10^{-6}}\Omega = 1.6\text{k}\Omega$$

可见，$X_{C1} < X_{C2}$，频率越低，容抗越大，即电容具有通高频阻低频的作用，可以很有效地滤掉高频干扰信号。

2.3　*RLC* 串联交流电路

电阻、电感、电容串联的电路构成 *RLC* 串联电路如图 2-11 所示。下面讨论 *RLC* 串联电路的电压、电流、阻抗及功率的关系。

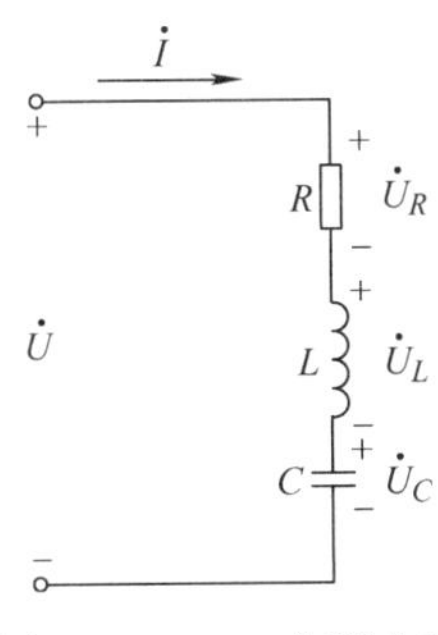

图 2-11　*RLC* 串联电路

2.3.1　电压与电流的关系

在如图 2-11 所示电路中，设电路中通过的交流电流为参考正弦量，$\dot{I} = I\angle 0^\circ$，则

电阻两端电压与电流同相：　$\dot{U}_R = U_R\angle 0^\circ$，

电感两端电压超前电流 90°：　$\dot{U}_L = U_L\angle 90^\circ$，

电容两端电压滞后电流 90°：　$\dot{U}_C = U_C\angle -90^\circ$

据 KVL 有

$$\dot{U} = \dot{U}_R + \dot{U}_L + \dot{U}_C = U\angle\varphi \tag{2-33}$$

1. 电路性质分析

根据纯电阻电路、纯电感电路和纯电容电路中的电压与电流间的相位关系，以电流为参考相量，画出 *RLC* 串联电路的相量图如图 2-12 所示（假设 $U_L > U_C$）。图中 φ 表示总电压 $\dot{U}$ 与总电流 $\dot{I}$ 的相位差。

当电流的频率一定时，电路的性质由总电压与总电流的相位差 φ 决定。

若 $\varphi>0$，表明总电压超前总电流 φ 角。如图 2-12 所示，电感电压 U_L 补偿电容电压 U_C 后仍有余量，即电感的作用大于电容的作用，此时电路呈电感性。

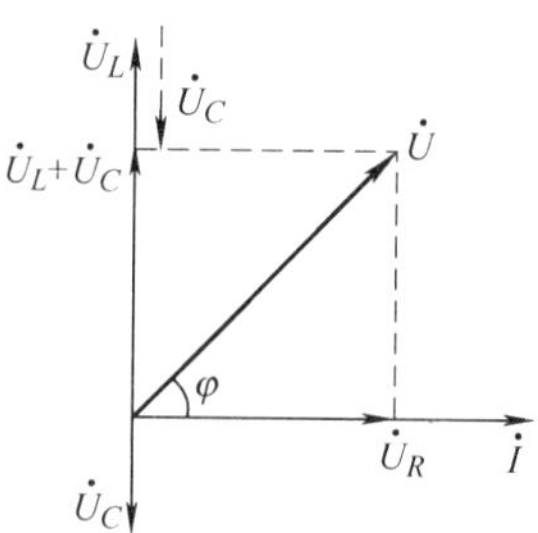

图 2-12　*RLC* 串联电路电压、电流相量图

若 $\varphi<0$，表明总电压滞后总电流 φ 角。电容电压 U_C 补偿电感电压 U_L 后仍有余量，即电容的作用大于电感的作用，此时电路呈电容性。

若 $\varphi=0$，表明总电压与总电流同相，此时电路呈电阻性。

2. 电压与电流关系

在图 2-12 中，由电压相量 $\dot{U}$、$\dot{U}_R$ 及 $\dot{U}_L+\dot{U}_C$ 构成的直角三角形，称为电压三角形，利用这个三角形，可求电源电压的有效值为

$$U=\sqrt{U_R^2+(U_L-U_C)^2} \tag{2-34}$$

又因 $U_R=IR$、$U_L=IX_L$、$U_C=IX_C$，则有

$$U=I\sqrt{R^2+(X_L-X_C)^2}$$

或

$$\frac{U}{I}=\sqrt{R^2+(X_L-X_C)^2} \tag{2-35}$$

令 $|Z|=\dfrac{U}{I}$，它的单位也是欧姆（Ω），反映 *RLC* 串联电路对电流的阻碍作用，称为电路的总阻抗，则

$$|Z|=\sqrt{R^2+(X_L-X_C)^2}=\sqrt{R^2+X^2} \tag{2-36}$$

式中，$X=X_L-X_C$，称为电抗，单位也是欧姆（Ω），反映 *RLC* 串联电路中电抗元件电感和电容对电流的阻碍作用。

可见，$|Z|$、R、X 三者之间也可以用一个直角三角形来表示，称之为阻抗三角形，如图 2-13 所示。图中 φ 称阻抗角，数值上等于总电压 $\dot{U}$ 与总电流 $\dot{I}$ 的相位差，即

$$\varphi=\arctan\frac{U_L-U_C}{U_R}=\arctan\frac{X_L-X_C}{R} \tag{2-37}$$

分析阻抗三角形得知：

当 $X_L>X_C$ 时，$\varphi>0$，u 超前 i，电路呈电感性。

当 $X_L<X_C$ 时，$\varphi<0$，u 滞后 i，电路呈电容性。

当 $X_L=X_C$ 时，$\varphi=0$，u 与 i 同相，电路呈电阻性。

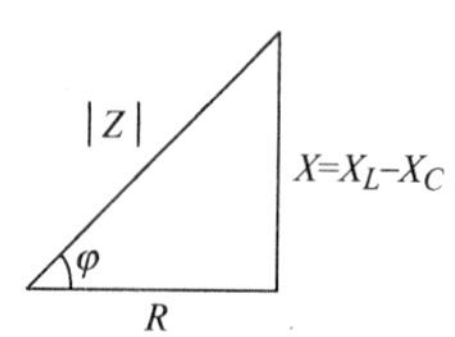

图 2-13　阻抗三角形

可见，电路参数不同，总电压与总电流之间的相位差 φ 就不同，因此说，φ 角的大小由电路（负载）的参数决定。

2.3.2　*RLC* 串联电路的功率

将阻抗三角形的各个边分别乘以电流 I^2，就可得到功率三角形，如图 2-14 所示。图中 $P = RI^2 = U_R I$ 称有功功率，即电阻所消耗的功率，单位是瓦（W）或千瓦（kW）；$Q = XI^2 = U_X I$ 称无功功率，反映电感与电容串联后与电源之间交换能量的规模，单位是乏（var）或千乏（kvar）；$S = |Z|I^2$ 称视在功率，它等于电压与电流有效值的乘积，即

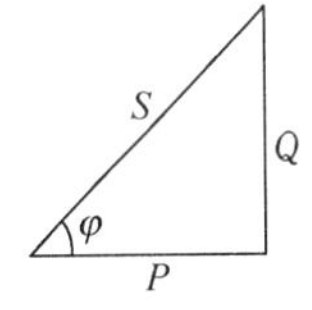

图 2-14　功率三角形

$$S = |Z|I^2 = UI \tag{2-38}$$

视在功率的单位为伏安（V·A）或千伏安（kV·A）。通常交流电器设备是按照规定了的额定电压 U_N 和额定电流 I_N 来设计和使用的，变压器的容量就是以额定电压和额定电流的乘积，即额定视在功率 $S_N = U_N I_N$ 来表示的。

由功率三角形我们可以得出三个功率的关系：

$$P = S\cos\varphi = UI\cos\varphi \tag{2-39}$$

$$Q = S\sin\varphi = UI\sin\varphi \tag{2-40}$$

$$S = \sqrt{P^2 + Q^2} \tag{2-41}$$

图 2-14 中的 φ 称为功率因数角，在数值上功率因数角、阻抗角和总电压与电流之间的相位差，三者之间是相等的，且

$$\varphi = \arctan\frac{U_L - U_C}{U_R} = \arctan\frac{X_L - X_C}{R} = \arctan\frac{Q}{P} \tag{2-42}$$

可见，阻抗三角形、电压三角形和功率三角形是相似三角形，并且它们是分析计算 *RLC* 串联电路的重要依据。

【例 2.8】 将电感为 25.5mH、电阻为 6Ω 的线圈接到电压有效值 $U = 220\text{V}$、角频率 $\omega = 314\text{rad/s}$ 的电源上。求：(1) 线圈的阻抗；(2) 电路中的电流；(3) 电路中的 P、Q 和 S；(4) 以电流为参考量作相量图。

解：(1) 感抗为　$X_L = \omega L = 314 \times 25.5 \times 10^{-3}\Omega \approx 8\Omega$

则　$|Z| = \sqrt{R^2 + X_L^2} = \sqrt{6^2 + 8^2}\Omega = 10\Omega$

(2) 电流为

$$I = \frac{U}{|Z|} = \frac{220}{10}\text{A} = 22\text{A}$$

(3) 功率为

$$P = I^2 R = 22^2 \times 6\text{W} = 2904\text{W}$$

$$Q = I^2 X_L = 22^2 \times 8\text{var} = 3872\text{var}$$

$$S = UI = 220 \times 22\text{V·A} = 4840\text{V·A}$$

(4) 阻抗角为

$$\varphi = \arctan\frac{X}{R} = \arctan\frac{8}{6} = 53.1°$$

以电流为参考相量作相量图如图 2-15 所示。

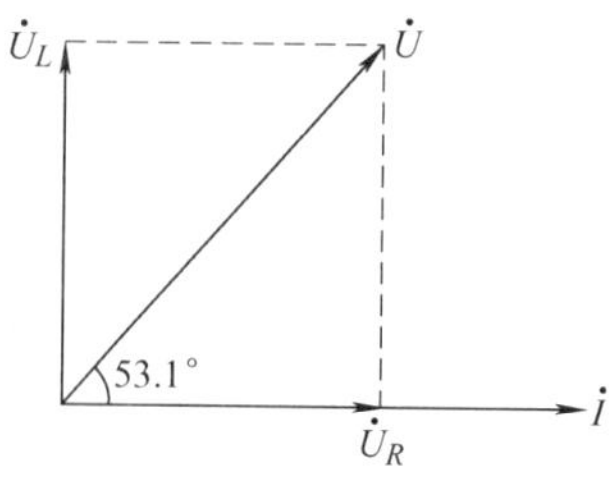

图 2-15　例 2.8 图

【例 2.9】 已知 *RLC* 串联电路的电路参数为 $R=100\Omega$、$L=300\text{mH}$、$C=100\mu\text{F}$，接于 100V、50Hz 的交流电源上，试求电流 I，并以电源电压为参考相量写出电压和电流的瞬时值表达式。

解： 感抗为 $$X_L=2\pi fL=2\pi\times50\times300\times10^{-3}\Omega=94.2\Omega$$

容抗为 $$X_C=\frac{1}{2\pi fC}=\frac{1}{2\times3.14\times50\times100\times10^{-6}}\Omega=31.8\Omega$$

阻抗为

$$|Z|=\sqrt{R^2+(X_L-X_C)^2}=\sqrt{100^2+(94.2-31.8)^2}\Omega=117.8\Omega$$

故电流为

$$I=\frac{U}{|Z|}=\frac{100}{117.8}\text{A}=0.85\text{A}$$

以电源电压为参考相量，则电源电压的瞬时值表达式为

$$u=100\sqrt{2}\sin314t\text{V}$$

又因阻抗角

$$\varphi=\arctan\frac{X}{R}=\arctan\frac{94.2-31.8}{100}=32°$$

即电压超前电流 32°，电流滞后电压 32°，故电流的瞬时值表达式为

$$i=0.85\sqrt{2}\sin(314t-32°)\text{A}$$

2.3.3　*RLC* 串联谐振电路

含有电容和电感的电路中，电路两端的电压与流过其中的电流一般是不同相的，当调节电路的参数或电源的频率，使电路的总电压和总电流相位相同时，电路就发生了谐振。谐振在计算机、收音机、电视机、手机等电子线路中都有应用。研究谐振的目的就是要认识这种现象，并充分利用它的特性。但有时谐振也会带来干扰和损坏元器件等不利现象。所以学习它就可以取其利而避其害。谐振分为串联谐振和并联谐振。下面首先讨论串联谐振。

1. 串联谐振条件和谐振频率

如图 2-11 所示 *RLC* 串联电路中，当

$$X_L=X_C\quad\text{或}\quad\omega_0L=\frac{1}{\omega_0C}\tag{2-43}$$

时，阻抗角 $\varphi=\arctan\frac{X_L-X_C}{R}=0$。

即电源电压 $\dot{U}$ 与电路中电流 $\dot{I}$ 同相，这时电路发生谐振现象。因为发生在串联电路中，故称串联谐振。串联谐振时的相量图如图 2-16 所示。

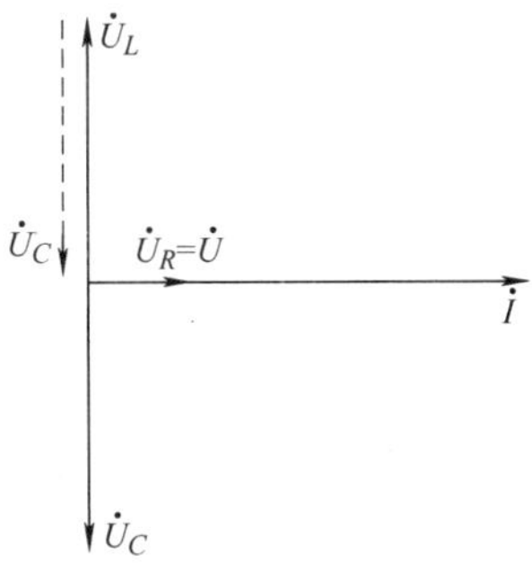

图 2-16　串联谐振时的相量图

式(2-43) 是发生谐振的条件，由此可得谐振角频率 ω_0 为

$$\omega_0=\frac{1}{\sqrt{LC}} \tag{2-44}$$

用 f_0 表示，则

$$f_0=\frac{1}{2\pi\sqrt{LC}} \tag{2-45}$$

可见，只要调节电路参数 L、C 或电源的频率 f，使 $f=f_0$，就可使电路产生谐振。

2. 串联谐振的特点

1）电流与电压同相位，电路呈电阻性。

2）串联谐振时电路的阻抗最小，电压一定时，电路中电流最大。

阻抗
$$|Z_0|=\sqrt{R^2+\left(2\pi f_0L-\frac{1}{2\pi f_0C}\right)^2}=R$$

电流为
$$I_0=\frac{U}{|Z_0|}=\frac{U}{\sqrt{R^2+\left(2\pi f_0L-\frac{1}{2\pi f_0C}\right)^2}}=\frac{U}{R}$$

图 2-17a 是 RLC 串联电路阻抗和电流随频率变化的特性曲线，也称串联谐振曲线。

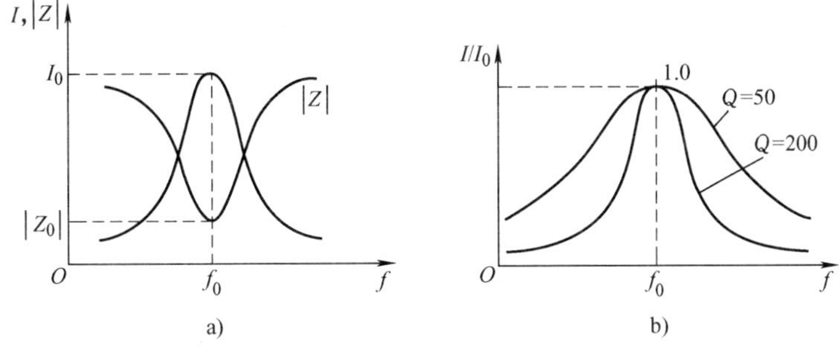

图 2-17　串联谐振曲线

3）电感两端电压与电容两端电压大小相等，相位相反。电阻两端电压等于电源电压。

因为 $X_L = X_C$，所以 $U_L = U_C$。而 $\dot{U}_L$与 $\dot{U}_C$在相位上相反，互相抵消，因此电源电压等于电阻两端电压，即 $\dot{U} = \dot{U}_R$。

4）串联谐振可以在电容和电感两端产生高电压，这个电压可能远远大于电源电压，故又称其为电压谐振。

当 $X_L = X_C \gg R$ 时，会有 $U_L = U_C \gg U$，过高的电压，会击穿线圈和电容的绝缘。因此，在电力工程中一般应避免发生串联谐振。但在无线电工程中则常利用串联谐振以获得较高电压。通常电感或电容上的电压会高出电源电压几十或几百倍，常用品质因数 Q 来反映。

谐振电感线圈两端的电压 U_L 或电容两端的电压 U_C 与总电压 U 的比值，称为串联谐振电路的品质因数，用字母 Q 表示，简称 Q 值，则

$$Q = \frac{U_C}{U} = \frac{U_L}{U} = \frac{1}{\omega_0 CR} = \frac{\omega_0 L}{R} \tag{2-46}$$

品质因数 Q 是衡量谐振回路选择性好坏的参数，如图 2-17b 所示，Q 越大，谐振曲线越尖锐，回路选择性越好，反之越差。

串联谐振在通信工程中应用较多，例如在接收机里常被用来选择信号。图 2-18a 是接收机典型的输入电路，它的作用是将从天线接收到的不同频率的信号中选出所需要的信号。输入回路主要由天线线圈 L_1 和由电感线圈 L 与可变电容 C 构成的串联电路组成。天线所接收到的各种频率不同的信号都会在 LC 回路中感应出相应的电动势 e_1、e_2、e_3、…，如图 2-18b 所示。图中 R 是线圈 L 的电阻，改变 C 就可改变回路的谐振频率，对应频率的输入信号就可以在回路中有最大的电流，电容两端的输出电压也就最高，从而实现了信号的选择。

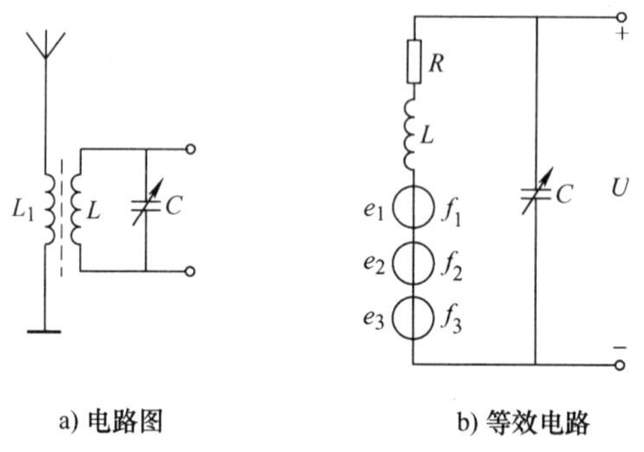

图 2-18　接收机的输入电路

【例 2.10】如图 2-18a 所示。各地电台发射的无线电波在天线线圈中分别产生感应电动势 e_1、e_2、e_3 等。已知线圈的电阻为 16Ω，电感为 0.3mH，今欲收听某电台 560kHz 的广播，应将可变电容 C 调到多少？如果调谐回路中感应电压为 2μV，求回路电流、电容两端输出电压 U 及回路的品质因数 Q。

解：由串联谐振频率 $f_0 = \frac{1}{2\pi\sqrt{LC}}$可得电容

$$C = \frac{1}{(2\pi f_0)^2 L} = \frac{1}{(2\times 3.14\times 560)^2\times 0.3\times 10^3}\text{F} = 269\text{pF}$$

即将电容调到 269pF 时，560kHz 信号使 LC 回路产生谐振，感应出电压 $E=2\mu V$，此时回路中电流最大，则

$$I_0=\frac{E}{R}=\frac{2}{16}\mu A=0.13\mu A$$

谐振时　　　$X_C=X_L=2\pi f_0 L=2\times 3.14\times 560\times 0.3\Omega=1k\Omega$

所以电容两端输出电压为 $U=I_0X_C=0.13\times 1mV=0.13mV$

品质因数为　　　$Q=\dfrac{0.13\times 10^{-3}}{2\times 10^{-6}}=65$

2.4　*RLC* 并联交流电路

RLC 并联电路一般常见的为电感线圈（等效为 *RL* 串联电路）与电容的并联电路，如图 2-19 所示。下面讨论 *RLC* 并联电路的电压、电流、阻抗及功率的关系。

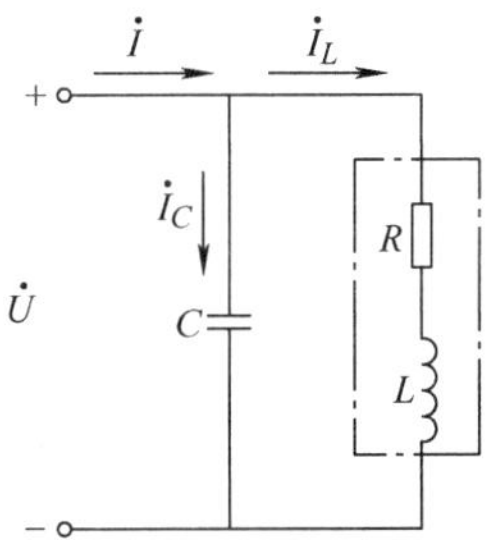

图 2-19　*RLC* 并联电路

2.4.1　电压与电流的关系

在如图 2-19 所示电路中，*RL* 串联支路电流大小为

$$I_L=\frac{U}{\sqrt{R^2+X_L^2}}$$

设电路中各支路电压为参考正弦量，即 $\dot{U}=U\angle 0°$，由于 *RL* 串联支路呈电感性，所以电流 $\dot{I}_L$滞后电压 $\dot{U}$ 一个 φ_1 角，则

$$\varphi_1=\arctan\frac{X_L}{R}$$

电容支路电流 I_C 的大小为

$$I_C=\frac{U}{X_C}$$

且 $\dot{I}_C$超前 $\dot{U}$ 90°。

据 KCL 有　　　$\dot{I}=\dot{I}_C+\dot{I}_L$

画出 *RLC* 并联电路的相量图如图 2-20 所示，由相量图可知总电流 I 的大小

$$I=\sqrt{(I_L\cos\varphi_1)^2+(I_L\sin\varphi_1-I_C)^2} \tag{2-47}$$

从相量图中比较 $\dot{I}$ 与 $\dot{I}_L$的大小，发现并联电路的总电流 I 比线圈支路的电流 I_L还要小，这在直流电路中是不可能的，但在交流电路却是存在的。

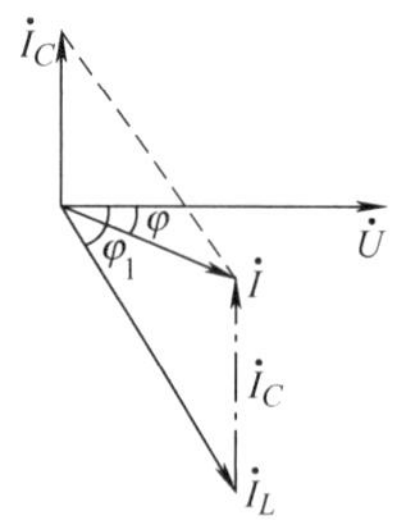

图 2-20 *RLC* 并联电路相量图

总电流 $\dot{I}$ 与电压 $\dot{U}$ 的相位差 φ

$$\varphi=\arctan\frac{I_L\sin\varphi_1-I_C}{I_L\cos\varphi_1} \tag{2-48}$$

由式(2-48) 及图 2-20 可以看出：

1）当 $I_L\sin\varphi_1>I_C$ 时，$\varphi>0$，总电流 $\dot{I}$ 滞后于电压 $\dot{U}$，电路呈电感性；

2）当 $I_L\sin\varphi_1<I_C$ 时，$\varphi<0$，总电流 $\dot{I}$ 超前于电压 $\dot{U}$，电路呈电容性；

3）当 $I_L\sin\varphi_1=I_C$ 时，$\varphi=0$，总电流 $\dot{I}$ 与电压 $\dot{U}$ 同相，电路呈电阻性。

2.4.2 并联谐振

由上面的结论 3)，在图 2-19 所示的 *RLC* 并联电路中 当 $I_L\sin\varphi_1=I_C$ 时，$\varphi=0$，总电流 $\dot{I}$ 与电压 $\dot{U}$ 同相，我们称电路产生了并联谐振。发生并联谐振时，整个电路呈电阻性。

1. 并联谐振条件和谐振频率

由图 2-19 可知，电路的总阻抗为

$$Z=\frac{1}{\mathrm{j}\omega C}/\!/(R+\mathrm{j}\omega L)=\frac{\dfrac{1}{\mathrm{j}\omega C}(R+\mathrm{j}\omega L)}{\dfrac{1}{\mathrm{j}\omega C}+(R+\mathrm{j}\omega L)}$$

考虑到通常 R 很小，一般在谐振时，$R\ll\omega L$，则上式可以写成

$$Z\approx\frac{L/C}{R+\mathrm{j}\left(\omega L-\dfrac{1}{\omega C}\right)}=\frac{L/C}{R+\mathrm{j}(X_L-X_C)} \tag{2-49}$$

由于发生并联谐振时，整个电路呈电阻性。由式(2-49) 得知电路呈电阻性，必有 $X_L=X_C$，即当满足条件 $\omega_0L=\dfrac{1}{\omega_0C}$时，电路出现并联谐振，谐振频率为

$$\omega_0 = \frac{1}{\sqrt{LC}} \quad \text{或} \quad f_0 = \frac{1}{2\pi\sqrt{LC}} \tag{2-50}$$

2. 并联谐振的特点

1）电流与电压同相位，电路呈电阻性。

2）并联谐振时电路的阻抗最大，电流一定时，输出电压最大。

由式(2-49) 可求当发生谐振时阻抗为

$$|Z_0| = \frac{L}{RC} \tag{2-51}$$

电路中电流为

$$I_0 = \frac{U}{|Z_0|}$$

3）谐振总电流 $\dot{I}_0$和支路电流 $\dot{I}_L$和 $\dot{I}_C$的相量关系如图 2-21 所示。谐振时各支路电流大于总电流，所以并联谐振又称为电流谐振。

I_L或 I_C与总电流 I_0 的比值为电路的品质因数，则

$$Q = \frac{I_L}{I_0} = \frac{I_C}{I_0} = \frac{\omega_0 L}{R} = \frac{1}{R\omega_0 C} \tag{2-52}$$

即在谐振时，支路电流 I_L或 I_C是总电流的 Q 倍，也就是谐振时电路的阻抗是支路阻抗的 Q 倍，这种现象在直流电路中是不会发生的。

如果图 2-19 所示的并联电路由恒流源供电，如图 2-22 所示，当电源为某一频率时电路发生谐振，电路阻抗最大，电流通过时在电路两端产生的电压也最大，这就是并联谐振电路选频的原理。而且 Q 值越大，谐振曲线越尖锐，选择性越好。

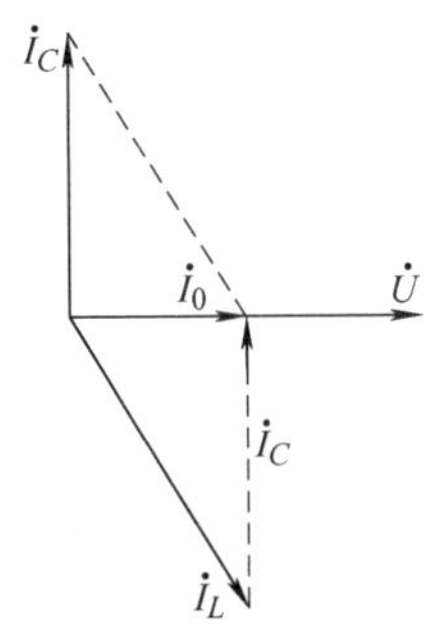

图 2-21　并联谐振时的相量图

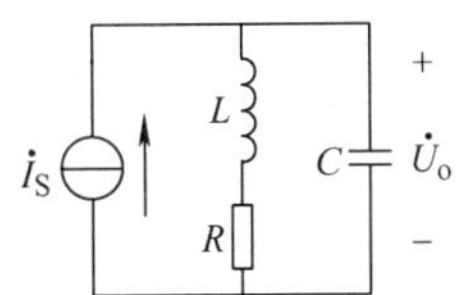

图 2-22　恒流源供电的并联谐振电路

2.4.3　功率因数的提高

1. 功率因数

我们知道，直流电路的功率等于电压与电流的乘积，即 $P = UI$，而在交流电路中，有功功率 $P = S\cos\varphi = UI\cos\varphi$，除了要考虑电压与电流以外，还要考虑电压与电流的相位差 φ，式中 $\cos\varphi$ 是电路的功率因数，定义为有功功率与视在功率之比：

$$\cos\varphi = \frac{P}{S} \tag{2-53}$$

如图 2-14 所示，φ 称功率因数角，即电压与电流相位差，也即阻抗角，大小取决于电路的参数，见式(2-37)。在纯电阻电路中（负载为白炽灯、电熨斗等），$\varphi=0$，$P=S$，$\cos\varphi=1$，功率因数最高，电源利用率最高。在其他感性负载或容性负载电路中，电路中出现无功功率 Q，$\cos\varphi$ 介于 0 和 1 之间，功率因数较低。

在工厂里，使用的电动机较多，电感量很大，也即感性负载较多，如果不采取措施，功率因数则较低，因此工厂占用的无功功率很大，虽然无功功率并没消耗掉，但是这部分功率也无法供给其他用电户使用，这样会引起以下问题：

（1）电源设备的容量不能充分利用

交流电源（发电机）的容量为视在额定功率 $S=U_N I_N$，如果接电阻性负载，$\cos\varphi=1$，$P=S$，电源只需输出负载所需要的有功功率；若接感性负载，$\cos\varphi<1$，$P<S$，电源不仅要输出有功功率 P，还要提供无功功率 Q，供负载和电源之间进行能量互换，无功功率 Q 越大，电路中能量互换的规模越大，则电源发出的能量就不能充分利用。

（2）将增加发电机绕组和输电线路上的电能损耗

当电源电压 U 和有功功率 P 一定时，电源供给负载的电流为

$$I = \frac{P}{U\cos\varphi} \tag{2-54}$$

该电流也是流过发电机绕组和输电线路上的电流，而发电机绕组和输电线路有一定的电阻，显然，功率因数越低，该电流越大，发电机绕组和输电线路的电能损耗越大，用户获得的能量越低。

因此，提高功率因数对国民经济的发展有着极为重要的意义。

2. 提高功率因数的方法

通常电业部门对无功功率的占用量有一定的限制，为了减少电感对无功功率的占用量，提高功率因数，常采用在感性负载两端并联电容的方法，如图 2-23 所示。从图 2-20 的相量图分析来看，这种方法不会改变负载原来的工作状态，但负载的无功功率从电容支路得到了补偿，从而使功率因数提高了（$\cos\varphi>\cos\varphi_1$），总电流减少了（$I<I_L$），电源设备利用率提高了，损耗变小了。因此变电室内常并联有专用的电力电容，用来提高该变电室所供负载线路的功率因数。

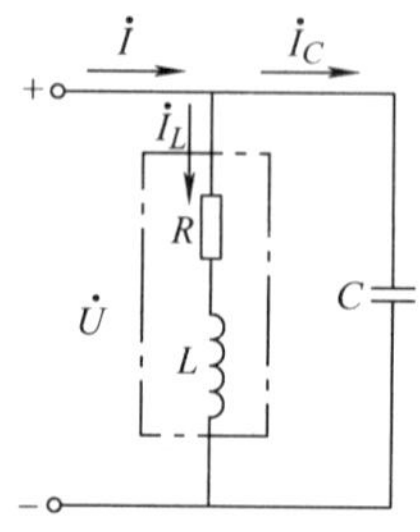

图 2-23　提高功率因数的方法

如果已知功率因数 $\cos\varphi$，由图 2-20 的相量图可求得并联电容的电容值。电容支路电流的有效值为

$$\begin{aligned}I_C &= I_L\sin\varphi_1 - I\sin\varphi \\ &= \frac{P}{U\cos\varphi_1}\sin\varphi_1 - \frac{P}{U\cos\varphi}\sin\varphi \\ &= \frac{P}{U}(\tan\varphi_1 - \tan\varphi)\end{aligned}$$

电容电路中有

$$I_C = \frac{U}{X_C} = \omega CU$$

代入得
$$\omega CU = \frac{P}{U}(\tan\varphi_1 - \tan\varphi)$$

并联的电容为
$$C = \frac{P}{\omega U^2}(\tan\varphi_1 - \tan\varphi) \tag{2-55}$$

式中，φ_1 为没并联电容时的功率因数角；φ 为并入电容后的功率因数角。一般要求 $0.9 \leq \cos\varphi < 1$，太大不经济，如 $\cos\varphi = 1$ 电路还会产生谐振，损坏电器设备。

应用训练

1. 正弦交流电的三要素分别是什么？各自的含义是什么？

2. 已知三个正弦交流电动势 e_1、e_2、e_3 的幅值均为 311V，频率为 50Hz，初相分别为 90°、0°、-90°，写出这三个交流电动势的表达式。

3. 求下列正弦量的周期、频率、初相位、幅值、有效值。

（1）$100\sin 628t$

（2）$10\sin(3\pi t + 15°)$

4. 已知某正弦交流电有效值为 15A，频率为 50Hz，初相 45°。（1）写出该正弦交流电的瞬时值表达式，并画出波形图；（2）求该交流电在 2ms 时的相位和瞬时值。

5. 两正弦交流电流 $i_1 = 14\sin(314t + 90°)$，$i_2 = 14\sin 628t$，由此可以得出 i_1 超前 i_2 90°的结论吗？

6. 将下列每一个正弦量变换成相量形式，并画出相量图。

（1）$i_1 = 10\sin\omega t$

（2）$i_2 = 5\sin(\omega t + 60°)$

7. 已知 $u_1 = 220\sqrt{2}\sin(314t - 30°)\text{V}$，$u_2 = 220\sqrt{2}\sin(314t + 60°)\text{V}$，画出 u_1、u_2 的波形，写出它们的相量表达式并画出相量图，求两正弦量的相位差。

8. 在如图 2-24 所示的相量图中，已知 $U = 220\text{V}$，$I_1 = 10\text{A}$，$I_2 = 5\sqrt{2}\text{A}$，它们的角频率是 314rad/s，试写出各正弦量的瞬时值表达式及相量表达式。

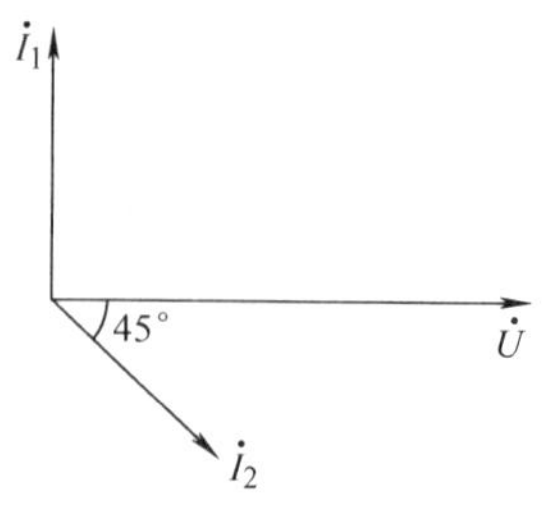

图 2-24 题 8 图

9. 分别简述电阻、电感、电容电路中的电压与电流的关系，并画出相量图。

10. 在正弦交流电路中，电阻、电感、电容元件对电流的阻碍作用分别用什么参数来表示？和频率是否有关？能得出什么结论？

11. 已知某电阻阻值为5Ω，其两端电压为 $u=20\sqrt{2}\sin(\omega t-90°)$ V，求电阻上电流的有效值、瞬时值及其消耗的功率 P。

12. 无功功率如何定义？元件上的无功功率是不是实际消耗的功率？哪些元件上有无功功率？写出其表达式。

13. 提高供电电路功率因数的意义是什么？

14. 白炽灯电路中加在白炽灯两端的电压瞬时值表达式为 $u=110\sqrt{2}\sin(200t+60°)$ V，白炽灯电阻 $R=50\Omega$，求通过白炽灯的电流 i 和白炽灯消耗的功率。

15. 一个40mH 的电感线圈，内阻可忽略不计，接在电源 $u=220\sqrt{2}\sin 100\pi t$ V 上，求线圈的感抗 X_L、流过线圈的电流 I、有功功率 P、无功功率 Q_L，画出电压、电流相量图，写出电流瞬时值表达式。

16. 已知电容 $C=22\mu F$，加在电容两端的电压 $u=55\sqrt{2}\sin(\omega t+30°)$ V，电压频率 $f=50Hz$，求容抗 X_C、通过电容的电流 I 及无功功率 Q_C。

17. 已知一线圈的电感为200mH（电阻不计），先后接在 $f=50Hz$ 及 $f=500Hz$、电压为220V 的电源上，试分别计算在上述两种情况下的感抗、通过线圈的电流及无功功率。

18. 有一 RLC 串联电路，已知 $R=X_L=X_C=5\Omega$，端电压 $U=10V$，求电路中的电流。

19. 已知某感性负载的阻抗 $|Z|=7.07\Omega$，$R=5\Omega$，则其功率因数为多少？

20. 一只耐压为400V，容量为220μF 的电容，能否接在有效值为400V 的交流电压上使用？为什么？如果接在 $u=220\sqrt{2}\sin(314t+\pi/3)$ V 的电源上，通过的电流是多少？写出电流的瞬时值表达式。

21. 一个线圈接在 $U=120V$ 的直流电源上，$I=20A$；若接在 $f=50Hz$、$U=220V$ 的交流电源上，则 $I=28.2A$。试求线圈的电阻 R 和电感 L。

22. 已知 RLC 串联电路中 $R=17\Omega$，$L=0.14H$，$C=106\mu F$，接到220V、50Hz 的交流电源上，求电流 I，电压 U_R、U_L、U_C，有功功率 P、无功功率 Q 和视在功率 S。

23. 在 RLC 串联电路中，已知电阻 $R=10\Omega$，$L=0.2H$，$C=10\mu F$，在频率分别为200Hz 和300Hz 时，电路分别呈现什么性质？

24. 谐振状态的 RLC 串联电路，若减小其 L 值，则电路将呈现什么性质？

25. RLC 串联电路原处于容性状态，若调节电源频率使其发生谐振，则应该怎样改变电源频率？

26. 如图2-25所示电路中，除 A_0 和 V_0 外，其余电流表和电压表的读数在图上都已标出（都是正弦量的有效值），试求电流表 A_0、电压表 V_0 的读数。

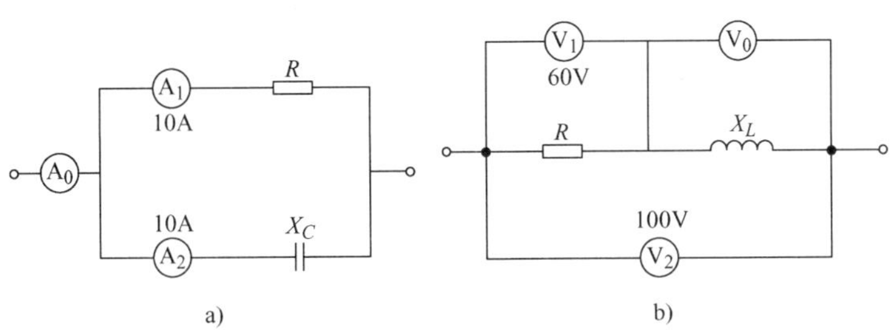

图2-25 题26图

27. 荧光灯电源的电压为220V，频率为50Hz，灯管相当于200Ω的电阻，与灯管串联的镇流器在忽略电阻的情况下相当于500Ω感抗的电感，试求灯管两端的电压和工作电流，并画出相量图。

28. 某 RC 串联电路，已知 $R=8\Omega$，$X_C=6\Omega$，总电压 $U=10\text{V}$，取电压 $\dot{U}$ 为参考相量，求电流 $\dot{I}$ 和电压 $\dot{U}$。

29. 某 RL 串联电路，已知 $R=50\Omega$，$L=25\mu\text{H}$，若通过它的电流 $i=\sqrt{2}\sin(10^6t+30°)\text{A}$，试求总电压 $\dot{U}$，并画出相量图。

30. 图2-26所示为测量扬声器线圈电感 L 的电路，已知信号源 u 的频率 $f=400\text{Hz}$，测量时调节电阻 R，使开关S合于1或2端时电压表的读数相同，此时测得 $R=6\Omega$，求 L（设电压表的内阻为无穷大）。

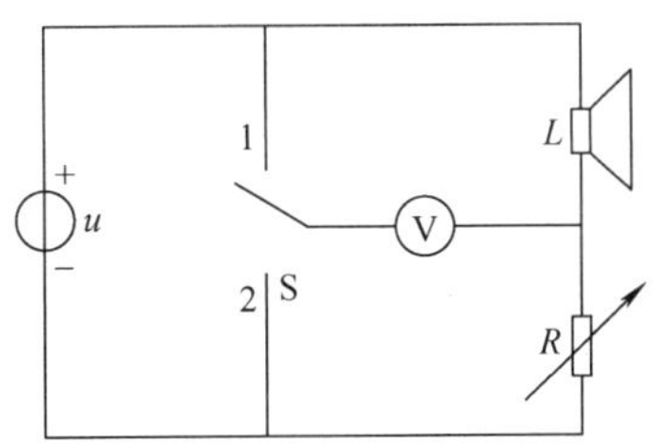

图2-26 题30图

31. RLC 组成的串联谐振电路，已知 $U=10\text{V}$，$I=2\text{A}$，$U_C=80\text{V}$，试问电阻 R 为多大？品质因数 Q 又是多大？

32. 在图2-27所示电路中，$R=100\Omega$，$L=10\text{mH}$，$U=100\text{V}$，且频率可调，已知当 $f=5\text{kHz}$ 时，电流达最大值，试求电容 C 的值及各元件两端电压 U_{12}、U_{23}、U_{34}。

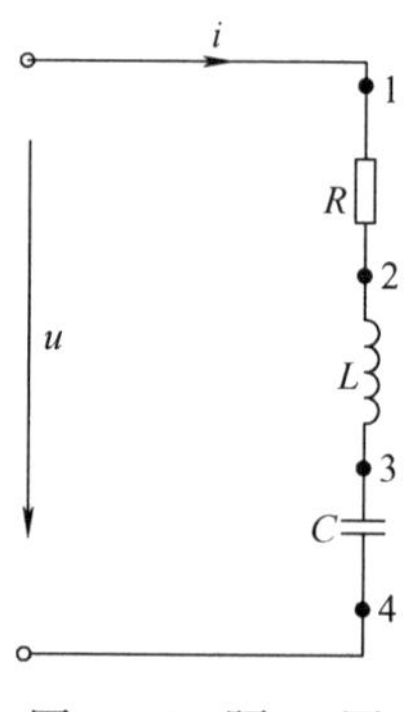

图 2-27　题 32 图

33. RLC 串联谐振电路中，已知 $R=5\Omega$，$L=40\text{mH}$，$C=0.0025\mu\text{F}$，电源电压为 10V，求电路谐振时的频率、电路电流、电感和电容两端电压、电路的 Q 值。

34. 一台单相电动机接在 220V、频率为 50Hz 的交流电源上，吸收 1.4kW 的功率，功率因数为 0.7，欲将功率因数提高到 0.9，需并联多大的电容，补偿的无功功率为多少？

第 3 章　三相交流电路

知识目标：

★ 了解三相交流电的产生；
★ 掌握三相交流电源的星形联结和三角形联结方法，掌握线电压和相电压的关系；
★ 掌握三相对称负载星形联结和三角形联结方法，会分析计算三相交流电路；
★ 掌握三相功率的计算方法。

技能目标：

★ 会验证三相负载星形联结和三角形联结时线电压与相电压、线电流与相电流的关系；
★ 掌握三相负载星形联结和三角形联结时的故障分析方法；
★ 会正确使用交流电流表、功率表。

内容描述：

现代电力系统的发电和输配电几乎都采用三相交流电。因为与单相交流电相比，三相交流电具有结构简单、节省材料、性能可靠等优点。在相同的输电条件下采用三相输电比单相输电经济。在日常生活中所使用的交流电，也是三相交流电的一相。工厂生产所用的交流电动机多数是三相电动机。本章主要学习三相交流电的产生、输出，三相负载的连接，线电压与相电压、线电流与相电流的关系以及三相功率的计算等。

内容索引：

★ 三相交流电的产生
★ 三相电源的连接
★ 三相负载的连接
★ 三相功率

3.1　三相交流电的产生

三相交流电是由三相交流发电机产生的，图 3-1a 是三相交流发电机示意图。它的主要组成部分是电枢和磁极。

电枢是固定的，又称定子，定子铁心内圆上冲有槽，用以嵌放三相绕组，三相绕组完全相同，放置时，位置互差 120°对称分布，分别称 U 相、V 相和 W 相绕组，每相首尾两个端子分别用符号 U_1U_2、V_1V_2和 W_1W_2表示。

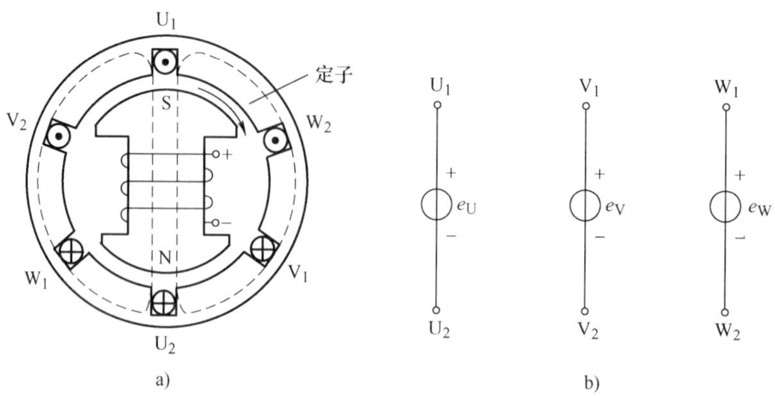

图 3-1　三相交流发电机示意图

磁极也称转子，转子铁心上绕有励磁绕组，用直流供电，使铁心产生很强的磁场，当转子在原动机（如水轮机、汽轮机等）带动下匀速旋转时，三个定子绕组在同一旋转磁场中切割磁感线，就会产生三个按正弦规律变化的感应电动势，这三个电动势频率和幅度相同，相位互差 120°，相当于三个独立的交流电压源。这三个电动势称为三相对称电动势。三相电动势的方向是从绕组的末端指向始端，如图 3-1b 所示。它们的瞬时值表达式分别是

$$
\begin{aligned}
e_U &= E_m \sin\omega t \\
e_V &= E_m \sin(\omega t - 120°) \\
e_W &= E_m \sin(\omega t + 120°)
\end{aligned} \tag{3-1}
$$

用相量形式来表示，则

$$
\begin{aligned}
\dot{E}_U &= E \angle 0° \\
\dot{E}_V &= E \angle -120° \\
\dot{E}_W &= E \angle 120°
\end{aligned} \tag{3-2}
$$

它们的波形和相量图如图 3-2 所示。

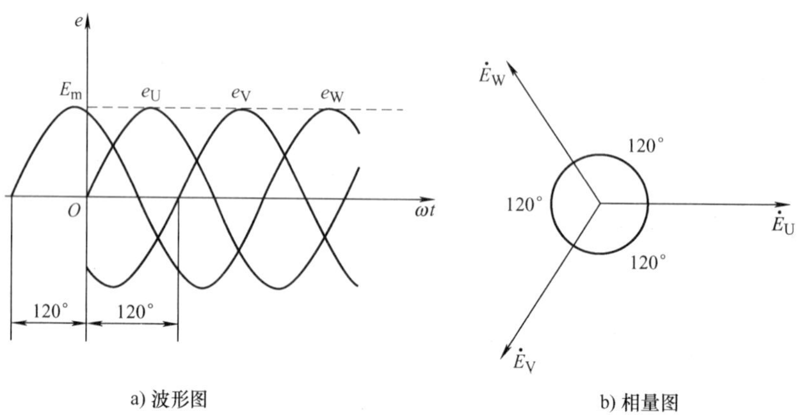

图 3-2　三相对称电动势的波形图和相量图

三相交流电依次达到正最大值（或相应零值）的先后顺序称为相序。上述三相对称电动势的相序是 U→V→W。把 U→V→W 的相序称为顺相序，如果三相交流电源相序为 U—W—V，称这种相序为逆相序。通常都是采用顺相序。

相序是一个十分重要的概念，为使电力系统能够安全可靠地运行，通常统一规定技术标准，一般在配电盘上用黄色标出 U 相，用绿色标出 V 相，用红色标出 W 相。

在三相绕组中，把哪一个绕组当作 U 相绕组是无关紧要的，但 U 相绕组确定后，电动势比 e_U 滞后 120°的绕组就是 V 相，电动势比 e_U 滞后 240°（超前 120°）的那个绕组则为 W 相。

3.2 三相电源的连接

三相电源的每相绕组都可以作为一个单独电源供电，而每相需要两根输电线，三相共需六根输电线。这样就构成了彼此相互独立，互不关联的三个单相交流供电系统，但这很不经济，也不能体现出三相供电系统的优点。

三相电源绕组的连接通常有星形（Y）联结和三角形（△）联结两种方式。

3.2.1 星形（Y）联结

如图 3-3 所示，将三相发电机三相绕组的末端 U_2、V_2、W_2（相尾）连接在一点，这一点称中性点，用 N 表示，从中性点引出的导线叫中性线，俗称零线；从始端 U_1、V_1、W_1（相头）引出三根输电线，称相线或端线，俗称火线，这种连接方法称为三相电源的星形（Y）联结。由三根相线和一根中性线组成的输电方式称为三相四线制输电方式(通常在低压配电中采用)。

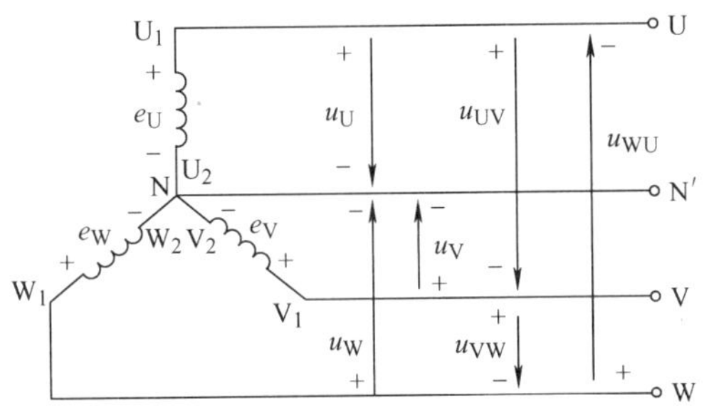

图 3-3　三相交流电源的星形联结

三相四线制输电方式可以提供两种电压：相电压和线电压。相线与中性线之间的电压称相电压，如图 3-3 中的 u_U、u_V、u_W。由于三相电动势是对称的，故相电压也是对称的。相线与相线之间的电压称线电压，如图 3-3 中的 u_{UV}、u_{VW}、u_{WU}。根据 KVL，线电压与相电压的相量关系为

$$
\begin{aligned}
\dot{U}_{UV} &= \dot{U}_U - \dot{U}_V \\
\dot{U}_{VW} &= \dot{U}_V - \dot{U}_W \\
\dot{U}_{WU} &= \dot{U}_W - \dot{U}_U
\end{aligned}
\tag{3-3}
$$

画出它们的相量关系图如图 3-4 所示，由相量图可知线电压也是对称的，在相位上，线电压比相电压超前 30°，并且线电压是相电压的$\sqrt{3}$倍。如果线电压有效值用 U_l 表示，相电压有效值用 U_p 表示，则有

$$U_l = \sqrt{3}U_p \tag{3-4}$$

如我国在低压配电系统中相电压为 220V，线电压 $U_l = \sqrt{3} \times 220V = 380V$。

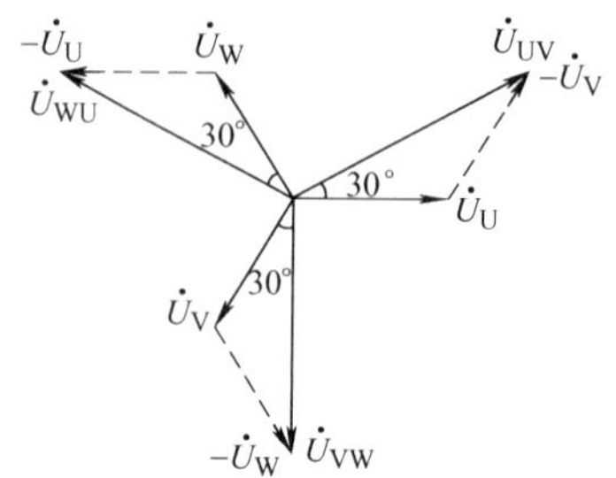

图 3-4　相电压与线电压的相量图

3.2.2　三角形（△）联结

将三相绕组的始端和末端依次连接，构成一个闭合回路，再从三个连接点引出三根相线，这种连接方式称为三相电源的△联结，如图 3-5 所示。这种连接方式属于三相三线制。

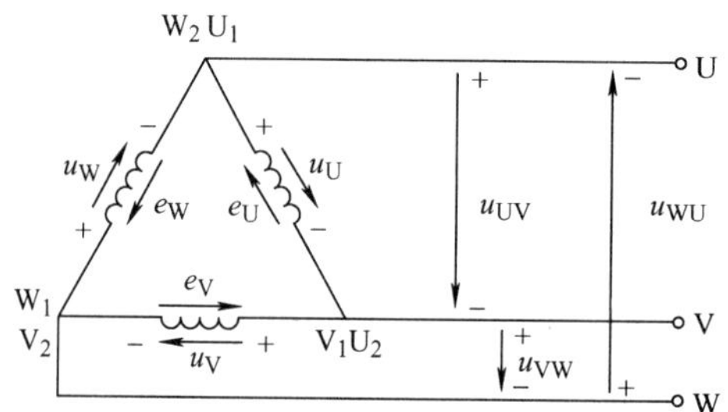

图 3-5　三相交流电源的三角形联结

三相电源按△联结时，对应的线电压等于相电压，即

$$U_l = U_p \tag{3-5}$$

在三相对称电源采用三角形联结时，在三相绕组组成的闭合回路中，因为回路中的各相瞬时电动势的和为零，所以，三相绕组中的电流代数和也为零，即电源内部无环流。若接错，由于三相电源绕组本身内阻抗很小，将可能形成很大的环流，以至于烧坏绕组，因此发电机绕组一般不采用三角形联结，而采用星形联结。

3.3　三相负载的连接

用电器按其对供电电源的要求，可分为单相负载和三相负载。工作时只需单相电源供电的用电器称为单相负载，例如照明灯、电视机、小功率电热器、电冰箱等。需要三相电源供电才能正常工作的电器设备称为三相负载，例如三相异步电动机等。

负载的连接方式有两种：一种是星形（丫）联结，另一种是角形（△）联结。

3.3.1　负载的星形（丫）联结

三相四线制供电系统中常见的照明电路和动力电路，包括大批量的单相负载和对称的三相负载。为了使三相电源的负载比较均衡，大批量的单相负载不能集中接在一相上，它们一般分成三组，比较均匀地分配在各相之中，如图 3-6 中的照明灯，这种接法称为星形联结。

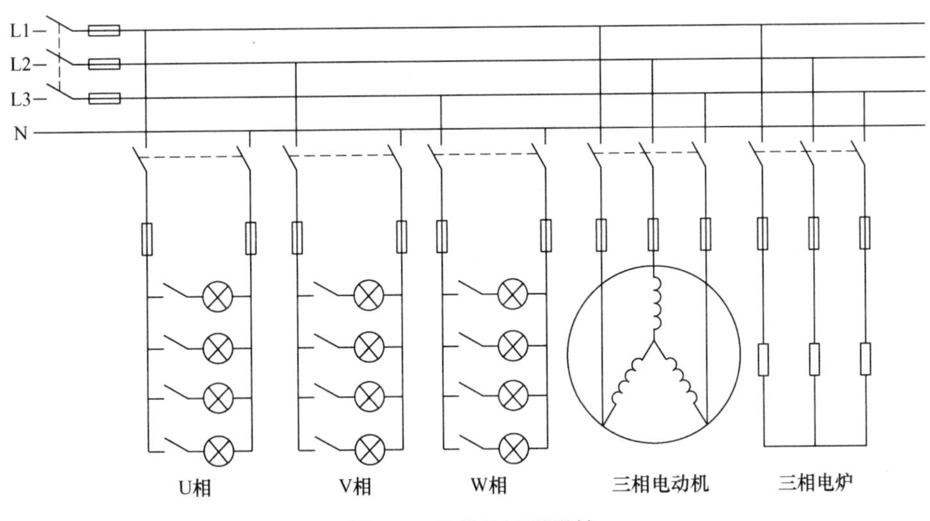

图 3-6　负载的星形联结

负载星形联结的三相四线制电路一般可用图 3-7 所示电路表示，三相四线制各相电源与各相负载经中性线构成各自独立的回路，可以利用单相交流电的分析方法对每相负载进行独立的分析。

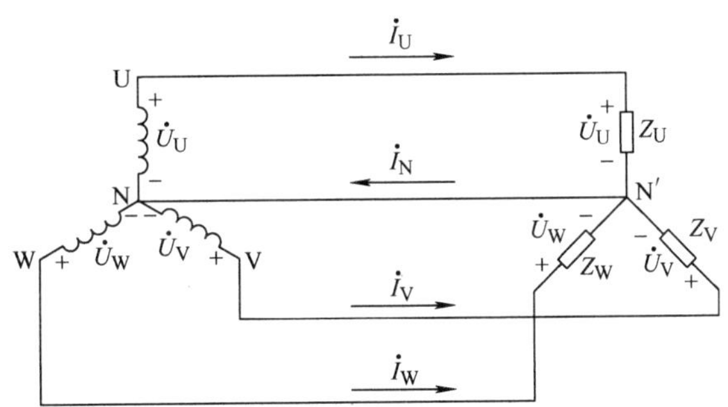

图 3-7　负载星形联结的三相四线制电路

每相负载所流过的电流称为相电流，其有效值用 I_p 表示，流过相线的电流称为线电流，其有效值用 I_l 表示，$|Z_p|$表示每相负载的阻抗模。负载丫联结时的特点是：

相电流等于线电流：

$$I_l = I_p = \frac{U_p}{|Z_p|} \tag{3-6}$$

线电压是相电压的$\sqrt{3}$倍：

$$U_l = \sqrt{3}\,U_p \tag{3-7}$$

各相电流与各相电压及各相负载之间的相量关系为

$$\dot{I}_{U}=\frac{\dot{U}_{U}}{Z_{U}}$$
$$\dot{I}_{V}=\frac{\dot{U}_{V}}{Z_{V}} \tag{3-8}$$
$$\dot{I}_{W}=\frac{\dot{U}_{W}}{Z_{W}}$$

中性线上的电流可根据 KCL 得

$$\dot{I}_{N}=\dot{I}_{U}+\dot{I}_{V}+\dot{I}_{W} \tag{3-9}$$

如果三相负载是对称的，即

$$Z_{U}=Z_{V}=Z_{W}=Z_{p}$$

则三相电流也是对称的，即

$$I_{U}=I_{V}=I_{W}=I_{p}$$

且相位彼此互差 120°。此时中性线电流等于零，即

$$\dot{I}_{N}=\dot{I}_{U}+\dot{I}_{V}+\dot{I}_{W}=0$$

以 $\dot{I}_{U}$ 为参考相量，画出电流相量关系如图 3-8 所示。此时中性线可以省略，构成丫联结三相三线制，如图 3-6 中的三相电动机和三相电炉都没有中性线。工厂中使用的额定功率 $P_{N}\leqslant 3\text{kW}$ 的三相异步电动机，均采用丫联结三相三线制。

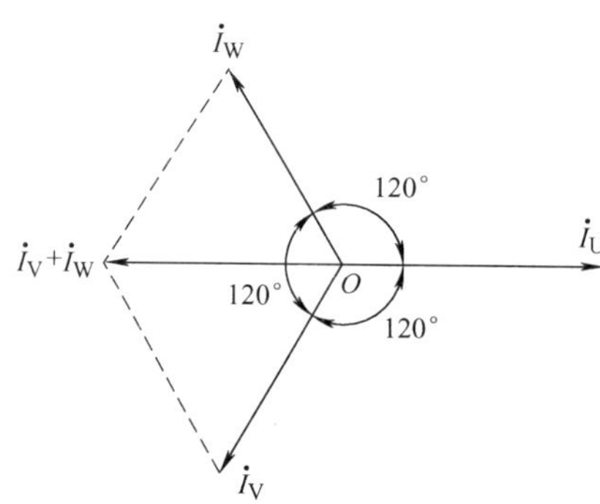

图 3-8　对称负载星形联结电流相量图

如果三相负载不对称，采用星形联结接入三相电源时一定要有中性线，如图 3-9 所示相量图，此时中性线是有电流流过的，它的作用是可以使星形联结的不对称负载的相电压保持对称，以保证各相负载正常工作。设想如果没有中性线，不对称负载的相电压将不对称，这势必会引起有的负载相电压过高（可能高于额定电压），有的负载相电压过低（可能低于额定电压）。过高的电压使电器设备损坏或烧毁，过低的电压使电器设备不能正常工作。因此三相四线制的中性线不能断开，中性线上不允许安装熔断器和开关。实际配电线路中如果中性线断开，会使大片用户电器设备损坏或烧毁，还可能进一步引起火灾，造成严重的责任事故。

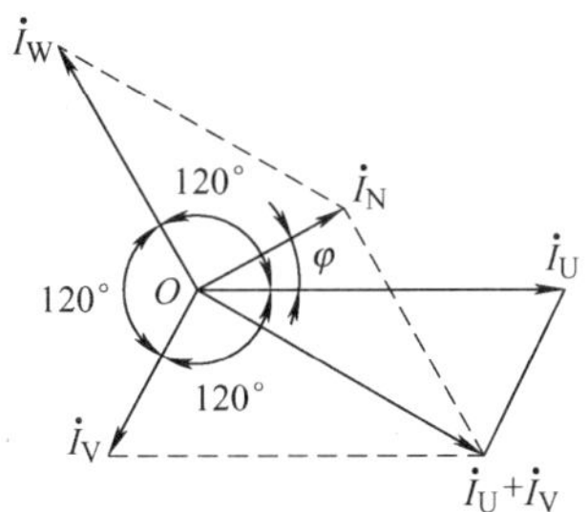

图 3-9　不对称负载星形联结相量图

【例 3.1】 在负载丫联结的三相对称电路中，已知每相负载均为 $|Z|=20\Omega$，设线电压 $U_1=380\text{V}$，试求各相电流和线电流。

解： 在对称丫联结负载中，相电压为

$$U_p=\frac{U_1}{\sqrt{3}}=\frac{380}{\sqrt{3}}\text{V}=220\text{V}$$

相电流等于线电流，则

$$I_p=I_1=\frac{U_p}{|Z|}=\frac{220}{20}\text{A}=11\text{A}$$

【例 3.2】 如图 3-10 所示的三相四线制电路中，电源线电压为 380V，负载为电灯，三相电阻分别为 $R_1=20\Omega$，$R_2=5\Omega$，$R_3=10\Omega$。求各相电压、各线电流。此电路中性线是否能省略？

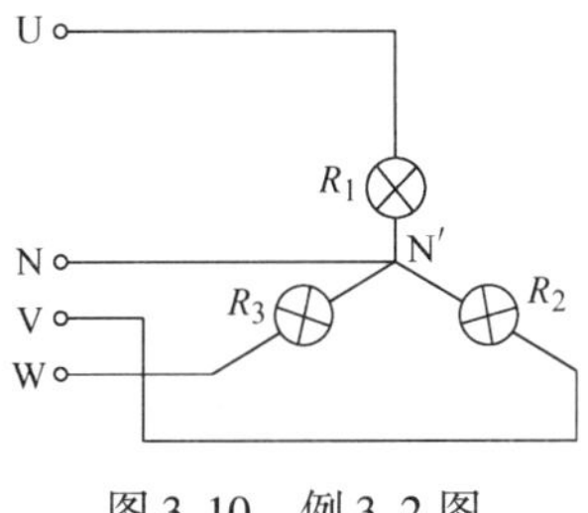

图 3-10　例 3.2 图

解： 每相负载所承受的相电压为

$$U_p=\frac{U_1}{\sqrt{3}}=\frac{380}{\sqrt{3}}\text{V}=220\text{V}$$

各相电流等于线电流，分别为

$$I_U=\frac{U_p}{R_1}=\frac{220}{20}\text{A}=11\text{A}$$

$$I_V=\frac{U_p}{R_2}=\frac{220}{5}\text{A}=44\text{A}$$

$$I_W=\frac{U_p}{R_3}=\frac{220}{10}\text{A}=22\text{A}$$

此电路为三相不对称负载，因此，中性线不能省略。

3.3.2 负载的三角形（△）联结

对于大功率的三相用电设备，如三相异步电动机的额定功率 $P_N \geqslant 4kW$ 时，则应采用△联结，负载的△联结电路如图 3-11 所示。

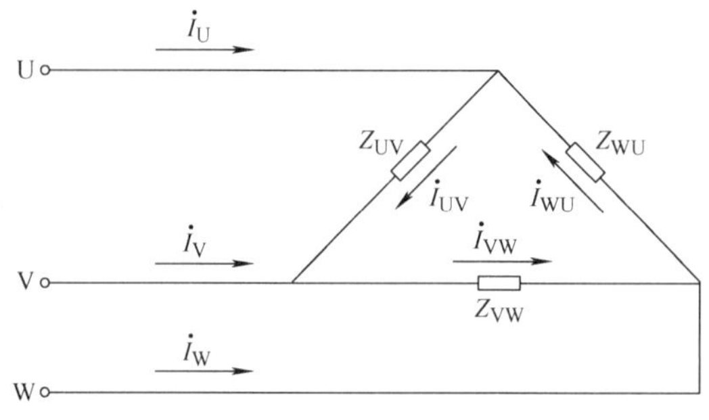

图 3-11　负载的△联结

图中 Z_{UV}、Z_{VW}、Z_{WU} 分别为三相负载，$\dot{I}_{UV}$、$\dot{I}_{VW}$、$\dot{I}_{WU}$ 分别为每相负载流过的电流，称相电流，有效值用 I_p 表示。$\dot{I}_U$、$\dot{I}_V$、$\dot{I}_W$ 是线电流，有效值用 I_l 表示。负载△联结时的特点是：

相电压等于线电压，即

$$U_p = U_l \tag{3-10}$$

相电流不再等于线电流，相电流有效值为

$$I_p = \frac{U_p}{|Z_p|} = \frac{U_l}{|Z_p|} \tag{3-11}$$

各相电流与各相电压及各相负载之间的相量关系为

$$\begin{aligned} \dot{I}_{UV} &= \frac{\dot{U}_{UV}}{Z_{UV}} \\ \dot{I}_{VW} &= \frac{\dot{U}_{VW}}{Z_{VW}} \\ \dot{I}_{WU} &= \frac{\dot{U}_{WU}}{Z_{WU}} \end{aligned} \tag{3-12}$$

据 KCL，线电流与相电流关系如下

$$\begin{aligned} \dot{I}_U &= \dot{I}_{UV} - \dot{I}_{WU} \\ \dot{I}_V &= \dot{I}_{VW} - \dot{I}_{UV} \\ \dot{I}_W &= \dot{I}_{WU} - \dot{I}_{VW} \end{aligned} \tag{3-13}$$

如果负载对称，负载的相电流也是对称的，通过上式可得出线电流和相电流之间的相量关系如图 3-12 所示。图中的 φ 是相电压与相电流的相位差。

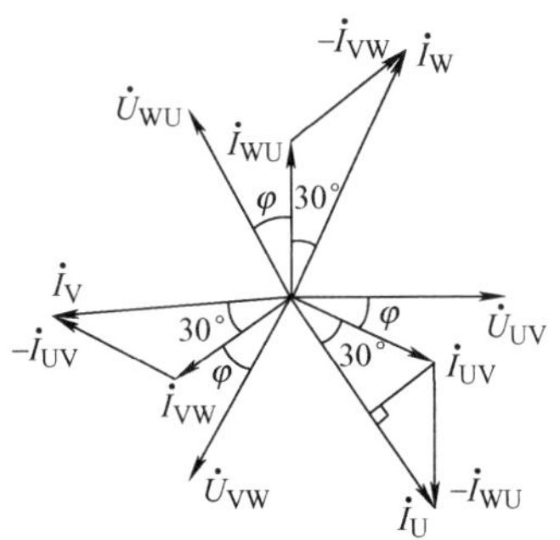

图 3-12　负载△联结时的相量图

从图中不难看出

$$I_1 = \sqrt{3} I_p \tag{3-14}$$

即线电流是相电流的$\sqrt{3}$倍，且滞后于相应的相电流 30°。

【例 3.3】 在三相对称电路中，负载采用△联结，已知每相负载均为 $Z = (3 + j4)\Omega$，已知线电压 $U_1 = 380$ V，求各相电流 I_p 和线电流 I_1。

解：在△联结负载中，相电压等于线电压，即 $U_p = U_1$，则相电流为

$$I_p = \frac{U_p}{|Z|} = \frac{380}{\sqrt{3^2 + 4^2}}\text{A} = \frac{380}{5}\text{A} = 76\text{A}$$

线电流是相电流的$\sqrt{3}$倍：

$$I_1 = \sqrt{3} I_p \approx 132\text{A}$$

3.4　三相功率

三相负载总功率与负载的连接方式无关。三相负载总的有功功率等于各相有功功率之和：

$$P = P_U + P_V + P_W \tag{3-15}$$

三相负载总的无功功率等于各相无功功率的代数和：

$$Q = Q_U + Q_V + Q_W \tag{3-16}$$

三相负载总的视在功率根据功率三角形可得

$$S = \sqrt{P^2 + Q^2} \tag{3-17}$$

负载与三相电源连接时应尽可能对称分布。若负载对称，则三相负载总功率分别为

$$\left.\begin{aligned} P &= 3U_pI_p\cos\varphi = \sqrt{3}U_1I_1\cos\varphi \\ Q &= 3U_pI_p\sin\varphi = \sqrt{3}U_1I_1\sin\varphi \\ S &= 3U_pI_p = \sqrt{3}U_1I_1 \end{aligned}\right\} \tag{3-18}$$

式中，φ 为相电压 U_p 与相电流 I_p 之间的相位差；$\cos\varphi$ 为各相的功率因数。

应该注意，虽然丫联结和△联结计算功率的形式相同，但其具体的计算值并不相等，接在同一电源上的同一三相对称负载，当其连接方式不同时，其三相有功功率是不同的，接成三角形的有功功率是接成星形的有功功率的 3 倍，现举例证明。

【例 3.4】图 3-13 所示的三相对称负载，每相负载的电阻 $R=6\Omega$，感抗 $X_L=8\Omega$，接入 380V 三相三线制电源。试比较Y和△联结时三相负载总的有功功率。

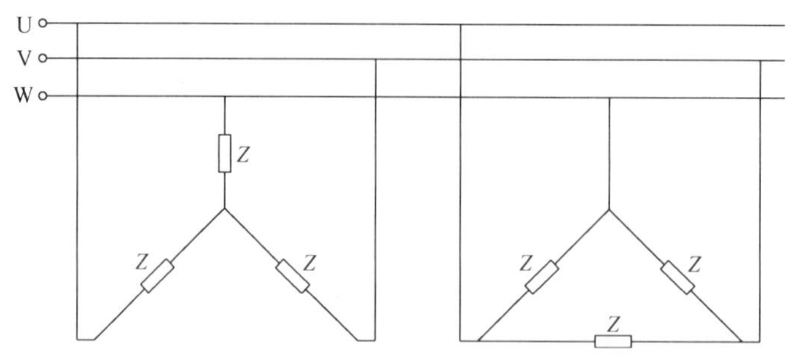

图 3-13 例 3.4 图

解：各相负载的阻抗为

$$|Z|=\sqrt{R^2+X_L^2}=\sqrt{6^2+8^2}\Omega=10\Omega$$

Y联结时，负载的相电压为

$$U_p=\frac{U_l}{\sqrt{3}}=\frac{380}{\sqrt{3}}\text{V}=220\text{V}$$

线电流等于相电流，即

$$I_l=I_p=\frac{U_p}{|Z|}=\frac{220}{10}\text{A}=22\text{A}$$

负载的功率因数为

$$\cos\varphi=\frac{R}{|Z|}=\frac{6}{10}=0.6$$

故Y联结时三相负载总的有功功率为

$$P_Y=\sqrt{3}U_lI_l\cos\varphi=\sqrt{3}\times380\times22\times0.6\text{W}=8.7\text{kW}$$

改为△联结时，负载的相电压等于电源的线电压，则

$$U_l=U_p=380\text{V}$$

负载的相电流为

$$I_p=\frac{U_p}{|Z|}=\frac{380}{10}\text{A}=38\text{A}$$

则线电流为 $$I_l=\sqrt{3}I_p=\sqrt{3}\times38\text{A}=66\text{A}$$

若负载的功率因数不变，仍为 $\cos\varphi=0.6$，则△联结时的三相负载总的有功功率为

$$P_\triangle=\sqrt{3}U_lI_l\cos\varphi=\sqrt{3}\times380\times66\times0.6\text{W}=26.1\text{kW}$$

可见

$$P_\triangle=3P_Y \tag{3-19}$$

此例结果表明，在三相电源线电压一定的条件下，对称负载△联结的功率是Y联结的 3 倍。这是由于，△联结时负载相电压是Y联结时的$\sqrt{3}$倍，因而使相电流增加为$\sqrt{3}$倍；又由于△联结时线电流是相电流的$\sqrt{3}$倍，因此使△联结时的线电流是Y联结时线电流的 3 倍，因此 $P_\triangle=3P_Y$。

三相电动机用何种接法，要按铭牌来定，若铭牌要求Y联结，却接成△，则会使保护电路动作，或者电动机因过电流发热而烧毁；若铭牌要求接成△，却接成Y，则电动机起动力矩不足，可能使起动过慢或不能起动，也会使保护电路动作，或者因过热而烧毁。

应用训练

1. 三相对称交流电动势的幅值、频率、相位满足什么关系？

2. 已知三相电源星形联结供电给三相对称负载，输出正弦交流电电流 $i_U = 28\sin(314t + 30°)$A，求 i_V、i_W。

3. 三相四线制供电系统的中性线上是否可以接入熔断器或开关？为什么？

4. 星形联结和三角形联结的负载其线电压与相电压、线电流与相电流的大小与相位分别是什么关系？

5. 一台三相异步电动机，三角形联结，每相绕组等效电阻 $R = 3\Omega$，感抗 $X_L = 4\Omega$，接在线电压为 380V 的电源上，求电动机的相电流和线电流。

6. 已知三相电源的线电压为 380V，某三相对称负载每相额定电压为 220V，则负载应怎样连接？若每相负载额定电压为 380V，则负载应怎样连接？

7. 在三相对称负载中，每相阻抗 $Z = (6 + j8)\Omega$，每相负载额定电压为 380V，已知三相电源相电压为 380V，问三相负载应如何连接？并计算相电流和线电流。

8. 三相电源星形联结时，若线电压 $u_{UV} = 380\sqrt{2}\sin(\omega t + 30°)$V，写出线电压、相电压的相量表达式，并画出相量图。

9. 一台三相电动机功率为 3.46kW，功率因数 $\cos\varphi = 0.8$，若该电动机接在线电压是 380V 的电源上，求电动机的线电流。

10. 三个阻抗相同的负载，先后接成星形和三角形，并由同一对称电源供电，试比较两种接线方式的相电流、线电流、有功功率大小关系。

11. 三相对称电路的相电压 $u_U = 220\sqrt{2}\sin(314t + 30°)$V，相电流 $i_U = 44\sqrt{2}\sin(314t + 30°)$A，则该三相电路的有功功率 P 和无功功率 Q 分别为多少？

12. 一台三相交流电动机，定子绕组采用星形联结，额定电压 380V，额定电流 2.2A，功率因数为 0.8。试求该电动机每相绕组的电阻和电抗。

13. 电路如图 3-14 所示，已知线电压 $U_l = 380$V，每相负载电阻 $R = 50\Omega$。分别求下列情况下各相电流、中性线电流及三相负载的功率。（1）电路正常工作；（2）中性线断开；（3）中性线和 U 相负载均断开；（4）有中性线，但 U 相负载断开。

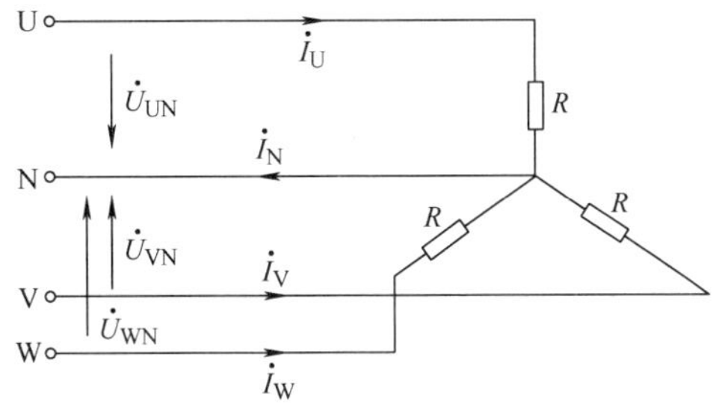

图 3-14　题 13 图

14. 如图3-15所示电路中，电流表在正常工作时的读数是25A，电压表读数是380V，电源电压对称。在下列情况之一时，求各相负载电流。（1）正常工作；（2）UV相负载断路；（3）U相线断路。

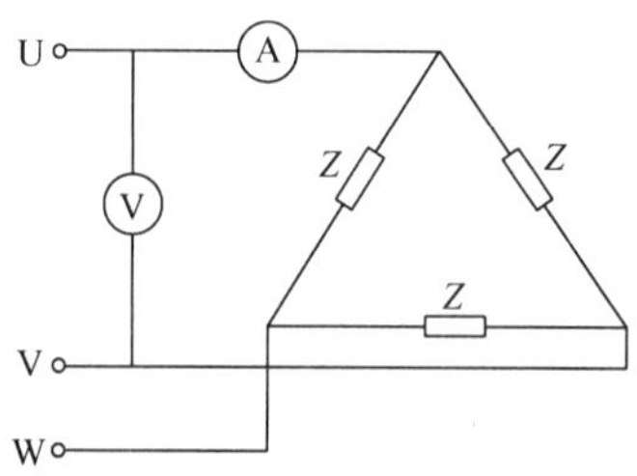

图3-15　题14图

15. 如图3-16所示电路，对称负载为△联结，已知三相对称线电压等于380V，电流表读数等于17.3A，每相负载的有功功率为1.9kW，求每相负载的电阻和电抗。

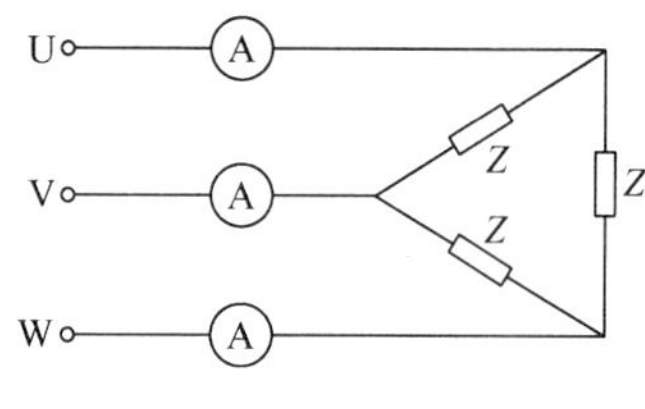

图3-16　题15图

第 4 章　磁路与变压器

知识目标：

★ 了解磁路的概念和磁路所遵循的基本规律；
★ 掌握描述磁场的几个基本物理量；
★ 掌握交流铁心线圈电路的特点；
★ 掌握变压器的结构、作用、特性、额定值及同名端的判断方法。

技能目标：

★ 了解变压器的结构特征，会应用变压器的变换作用；
★ 掌握判断变压器同名端的实验方法。

内容描述：

前面我们讨论和学习了各种电路的基本定律和基本方法，但在很多电工设备（如电机、变压器、电磁铁、电工测量仪表等）中，不仅有电路问题，还有磁路问题，只有同时掌握了电路和磁路的基本理论，才能对各种电工设备进行全面的分析。本章主要介绍磁路的基本概念和基本规律，变压器的结构、类型和工作原理。

内容索引：

★ 磁路
★ 交流铁心线圈电路
★ 变压器

4.1　磁路

顾名思义，磁路就是磁的通路，磁场的磁感线在铁心的限定范围内形成的闭合路径，即是磁路，如图 4-1 所示。

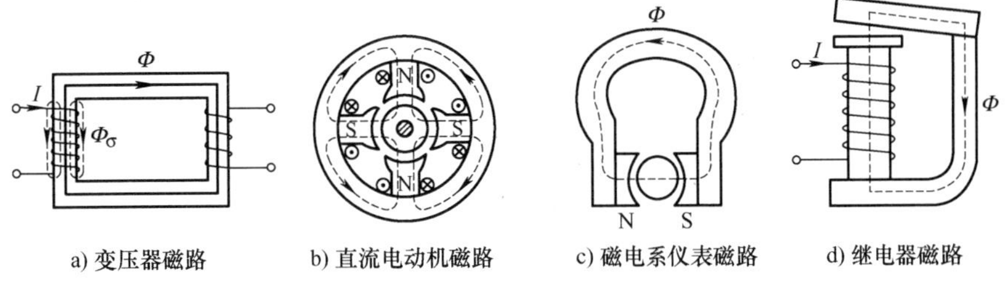

a) 变压器磁路　b) 直流电动机磁路　c) 磁电系仪表磁路　d) 继电器磁路

图 4-1　磁路

磁路问题是局限于一定路径内的磁场问题，因此磁场的各个基本物理量都适用于磁路，磁场的特征可以用磁感应强度、磁通、磁场强度和磁导率等概念来描述。

4.1.1 磁场的基本物理量

1. 磁感应强度（$\boldsymbol{B}$）

磁感应强度 $\boldsymbol{B}$ 是描述磁场中某点磁场强弱和方向的物理量，它是一个矢量。磁场的强弱和方向也可用磁感线来形象描述。磁场中任意一点磁感应强度 $\boldsymbol{B}$ 的方向沿磁感线上该点的切线方向。在匀强磁场中，磁感应强度 $\boldsymbol{B}$ 的大小等于垂直放入磁场中的长直导体所受磁场力与导体中电流强度和导体长度乘积的比值，其表达式为

$$B=\frac{F}{Il} \tag{4-1}$$

式中，F 为导体所受磁场力；l 为磁场中导体的长度；I 为通过导体的电流。在国际单位制中 $\boldsymbol{B}$ 的单位为特斯拉（T）。

如果磁场中各点的磁感应强度的大小相等、方向相同，则称此磁场为匀强磁场。

磁感应强度 $\boldsymbol{B}$ 的方向就是该点的磁场方向，即该点磁感线的切线方向。

2. 磁通（Φ）

磁通可以定义为穿过某一面积的磁感线的条数。如图 4-2 所示，Φ 为穿过面积 A 的磁通。在匀强磁场中，磁感应强度 $\boldsymbol{B}$ 与垂直于磁场方向的面积 S 的乘积，称为通过该面积的磁通 Φ，也称磁通量，即

$$\Phi=BS \quad 或 \quad B=\frac{\Phi}{S} \tag{4-2}$$

在国际单位制中，Φ 的单位为韦伯（Wb），所以 $1\text{T}=1\text{Wb/m}^2$。磁感应强度 $\boldsymbol{B}$ 也可以称为磁通密度。

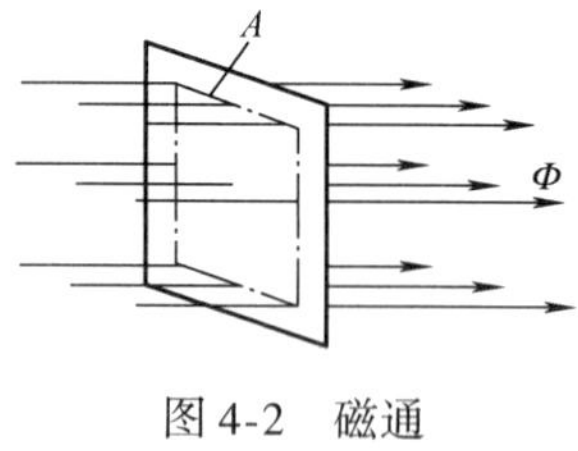

图 4-2 磁通

3. 磁导率

实验证明：在通电线圈中放入铁、钴、镍等物质后，通电线圈周围的磁场大大增强，而放入铜、铝、木材等物质后，线圈周围的磁场却几乎不变。可见通电线圈周围的磁场强弱不仅跟通电电流大小有关，还跟磁场中的介质有关，不同的介质其导磁能力不同。

磁导率 μ 是描述磁场中介质导磁能力的物理量，其单位为 H/m。

磁导率值大的材料，导磁性能好。所谓的导磁性能好，指的是这类材料被磁化后能产生

很大的附加磁场。这类物质有铁、钴、镍及其合金。通常把这类物质称为铁磁性物质或磁性物质。相对而言，各种气体、非金属、铜、铝等材料称非磁性物质。

实验测得真空中的磁导率为

$$\mu_0 = 4\pi \times 10^{-7}\text{H/m}$$

空气、木材、纸、铝等非磁性材料的磁导率与真空磁导率近似相等。某物质的磁导率 μ 与真空磁导率 μ_0 的比值称为该物质的相对磁导率，用 μ_r 表示：

$$\mu_r = \frac{\mu}{\mu_0} \tag{4-3}$$

非磁性物质的相对磁导率近似为 1，而铁磁性物质的相对磁导率却远大于 1。应当说明的是，铁磁性物质的磁导率不是常数，它随线圈中通电电流的改变而改变。

4. *磁场强度*

磁场中某点的磁感应强度在实际中很难求得，因为它不仅和通电导体的几何形状以及位置等有关，而且还和物质的磁导率有关。为了便于计算，引入一个计算磁场的辅助物理量，称为磁场强度，用 $\boldsymbol{H}$ 表示。它与磁感应强度的关系是

$$\boldsymbol{H} = \frac{\boldsymbol{B}}{\mu} \tag{4-4}$$

在国际单位制中，$\boldsymbol{H}$ 的单位为 A/m。

在磁场中 $\boldsymbol{H}$ 与 $\boldsymbol{B}$ 的方向相同，但数值上不相等。在通电线圈所产生的磁场中，$\boldsymbol{H}$ 代表电流本身所产生的磁场的强弱，反映了电流的励磁能力，其大小只与电流成正比，而与介质的性质无关。$\boldsymbol{B}$ 代表电流所产生的以及介质被磁化后所产生的总磁场的强弱，其大小不仅与电流的大小有关，而且还与介质的性质有关。由此可见，$\boldsymbol{H}$ 相当于激励，$\boldsymbol{B}$ 相当于响应。

4.1.2　磁性材料的磁性能

自然界的物质按磁导率的不同，大体上可分为两大类：磁性物质（也称铁磁性物质）和非磁性物质。

非磁性物质分子电流的磁场方向杂乱无章，几乎不受外磁场的影响而互相抵消，不具有磁化特性。而磁性物质内部形成许多小区域，其分子间存在一种特殊的作用力使每一区域内的分子磁场排列整齐，显示磁性，称这些小区域为磁畴，这是磁性物质特有的结构。非磁性物质没有磁畴结构，所以不具备磁化的特性。

磁性物质具有高导磁性、磁饱和性和磁滞性等三种磁性能。

1. 高导磁性

在没有外磁场作用的铁磁性物质中，各个磁畴排列杂乱无章，磁场互相抵消，整体对外不显磁性，如图 4-3a 所示。在外磁场作用下，磁畴方向发生变化，使之与外磁场方向趋于一致，物质整体显示出磁性来，称为磁化。磁化后的铁磁性物质内部的磁感应强度大大增加，如图 4-3b 所示。

磁性材料中，铁的相对磁导率为 200 ~ 400，硅钢片的相对磁导率可达 $7\times10^3 \sim 10^4$，而玻莫合金的相对磁导率可达 $2\times10^4 \sim 2\times10^5$ 以上。由于铁磁性物质具有高导磁性，在这种具

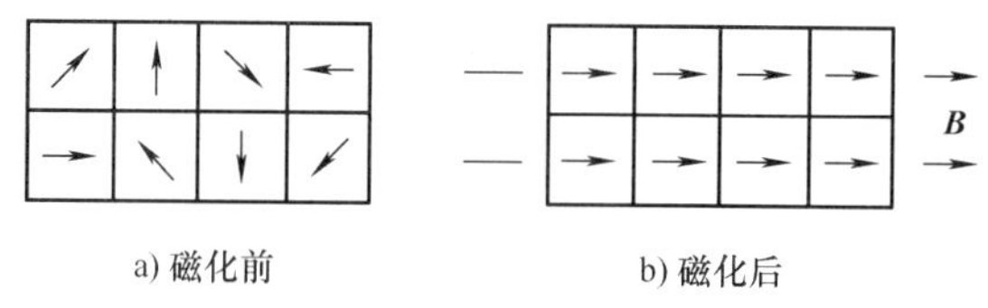

图 4-3　铁磁性材料的磁化

有铁磁性材料的线圈中通入不太大的励磁电流，便可以产生较大的磁通和磁感应强度，因此被广泛应用于发电机、电动机、变压器、继电器及各种铁磁元件的线圈中。利用优质的磁性材料，可使同一容量电机的重量和体积大大减轻和减小。

2. 磁饱和性

磁性物质由于磁化所产生的磁化磁场不会随着外磁场的增强而无限增强。当外磁场增大到一定程度时，磁性物质的全部磁畴的磁场方向都转向与外部磁场方向一致，磁化磁场的磁感应强度将趋向某一定值，如图 4-4 所示。

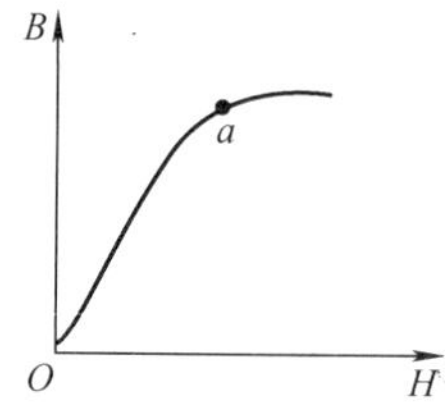

图 4-4　铁磁性物质的磁化曲线

从图 4-4 可以看出，B 与 H 不成正比，表示两者关系的曲线称为磁化曲线。在 H 比较小时，B 差不多与 H 成正比增加；当 H 增加到一定值后，B 的增加缓慢下来，到 a 点之后，随着 H 的继续增加，B 却增加得很少，此即为磁饱和现象。从磁化曲线可以看出，磁性物质的磁导率 μ 不是常数。

3. 磁滞性

磁性物质在大小和方向不断变化的外磁场 $\boldsymbol{H}$ 的反复磁化过程中，磁性物质内的磁感应强度 $\boldsymbol{B}$ 的变化总是落后于外磁场 $\boldsymbol{H}$ 的变化，这一特性称为磁滞性。

磁性物质经过反复磁化后，得到如图 4-5 所示的闭合磁化曲线，称为磁滞回线。

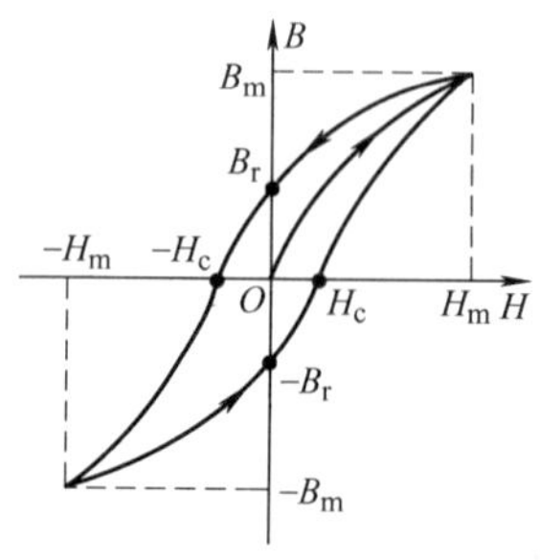

图 4-5　磁滞回线

如图 4-5 所示，当 H 从 0 增加到 H_m 时，B 由 0 增加到 B_m，铁磁性物质进行正向磁化。当 H 由 H_m 减小到 0 时，B 的减小并不是按起始磁化曲线变化，而是沿着稍高于起始磁化曲线的位置下降。当 $H=0$ 时，B 并未回到 0，而是 $B=B_r$，称为剩磁。当 H 继续减小到 $-H_c$ 时，$B=0$，H_c 称为矫顽磁力。可见，B 的变化总是滞后于 H 的变化。当 H 反方向从 $-H_c$ 增至 $-H_m$ 时，B 由 0 变为 $-B_m$。之后令 H 回到 0，再次增至 $+H_m$，从而形成磁滞回线。

根据磁性物质磁滞回线的形状及在工程上的应用，铁磁性物质可分为三类：

（1）软磁材料

如图 4-6a 所示，软磁材料的磁滞回线很窄，B_r 和 H_c 都很小，但磁化曲线较陡，即磁导率较高，所包围的面积较小，既容易磁化也容易退磁，如纯铁、硅钢、铸钢、玻莫合金及非金属软磁铁氧体等，常用于有交变磁场的场合，如镇流器、变压器、电动机及各种中、高频电磁元件的铁心等。

（2）硬磁材料

如图 4-6b 所示，硬磁材料也称永磁材料。硬磁材料的磁滞回线较宽，所包围的面积较大，B_r 和 H_c 都较大，磁损耗大，磁化后不易退磁，易形成较强的稳恒磁场，如碳钢、钨钢、钴钢、铁镍铝钴合金、硬磁铁氧体和近年来发展起来的矫顽力更大的稀土钴、稀土钕铁硼等，常用来制造永久磁铁，用于仪表、扬声器和耳机等通信设备中。

（3）矩磁材料

如图 4-6c 所示，矩磁材料的磁滞回线接近矩形，易磁化，迅速饱和，B_r 大，接近饱和磁感应强度，但 H_c 小，易于翻转，如镁锰铁氧体和某些铁镍合金等，常用来在计算机和控制系统中作记忆元件（存储器）、开关元件及逻辑元件等。

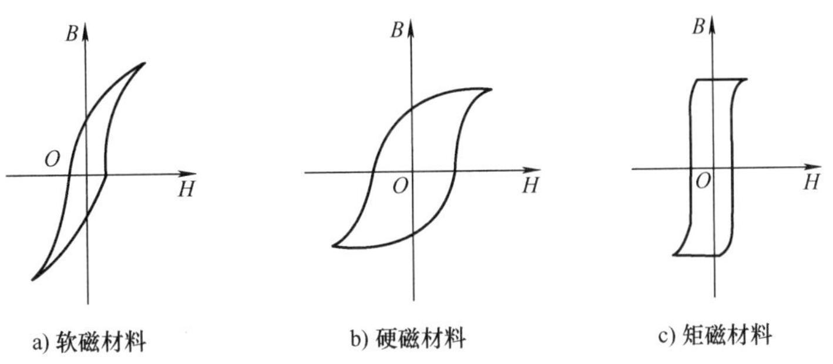

图 4-6　磁性物质磁滞回线

4.1.3　磁路基本定律

对磁路的分析和计算也要用到一些基本定律。

1. 安培环路定律

安培环路定律是计算磁场的基本定律，如图 4-7 所示，可描述为：磁场中任何闭合回路磁场强度的线积分，等于通过这个闭合路径内电流的代数和，即

$$\oint \boldsymbol{H} \mathrm{d}l = \sum I \tag{4-5}$$

应用时，当电流方向和磁场强度的方向符合右手螺旋定则时，电流取正，否则取负。

如图 4-8 所示，在无分支的均匀磁路（磁路的材料和截面积相同，各处的磁场强度相等）中，安培环路定律可直接写成：

$$\boldsymbol{H}l = \sum I \tag{4-6}$$

式中，l 为磁路的长度。若线圈有 N 匝，电流就穿过回路 N 次，因此有

$$\sum I = NI = F$$

所以

$$\boldsymbol{H}l = NI = F \tag{4-7}$$

式中，$F=NI$ 为磁动势；$\boldsymbol{H}l$ 为磁压降。

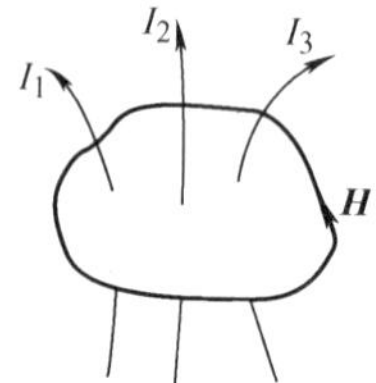

图 4-7　安培环路定律

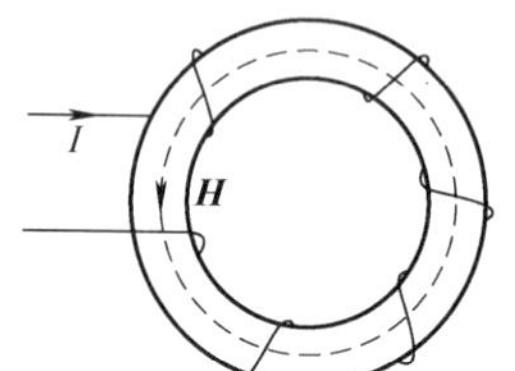

图 4-8　无分支的均匀磁路

2. 磁路欧姆定律

如图 4-9 所示，把线圈集中绕在一段铁心上就可构成无分支磁路。

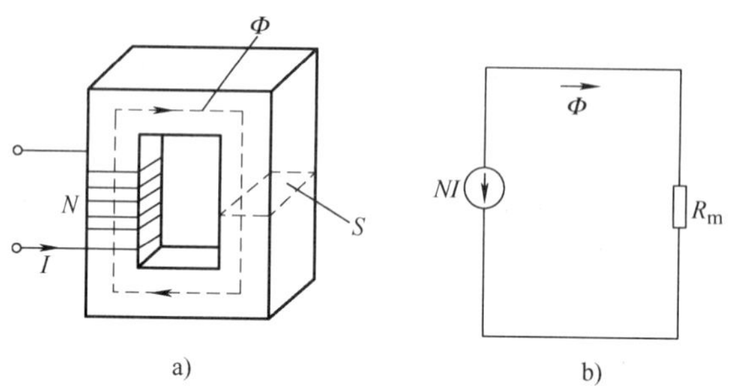

图 4-9　无分支磁路

设磁路长度为 l，铁心截面积为 S，匝数为 N，通过的电流为 I，则磁通为

$$\Phi = \boldsymbol{B}S = \mu\boldsymbol{H}S = \mu\frac{NI}{l}S = \frac{NI}{\dfrac{l}{\mu S}} = \frac{F}{R_m} \tag{4-8}$$

式中，R_m为磁阻，表示磁路对磁通的阻碍作用。

式(4-8) 表明，磁通量为磁动势与磁阻的比值。该式与电路的欧姆定律有类似的形式，磁通 Φ 对应于电流 I，磁动势 F 对应于电动势 E，磁阻 R_m对应于电阻 R。因此，这一关系称为磁路欧姆定律。

表 4-1 列出了电路与磁路对应的物理量及其关系式。

表 4-1　磁路与电路对照

磁路	欧姆定律 $\Phi=\dfrac{F}{R_m}$	磁阻 $R_m=\dfrac{l}{\mu S}$	磁动势 F	安培环路定律	
Φ N				$\sum NI=\sum \boldsymbol{H}L$	$\sum \Phi=0$
电路	欧姆定律 $I=\dfrac{E}{R}$	电阻 $R=\dfrac{\rho l}{S}$	电动势 E	基尔霍夫 电压定律	基尔霍夫 电流定律
I + E − R				$\sum E=\sum U$	$\sum I=0$

需要说明的是，磁路的欧姆定律与电路的欧姆定律只是形式上相似，由于 μ 不是常数，它随励磁电流而变，所以不能直接应用磁路的欧姆定律来计算，它只能用于定性分析如下类似问题。比如对于由不同材料或不同截面的几段磁路串联而成的磁路，如有气隙的磁路，磁路的总磁阻为各段磁阻之和。由于铁心的磁导率 μ 比空气的磁导率 μ_0 大许多倍，故即使空气隙的长度很小，其磁阻 R_m 仍会很大，从而使整个磁路的磁阻大大增加。若磁动势 F 不变，则磁路中空气隙越大，磁通 Φ 就越小；反之，如线圈的匝数 N 一定，要保持磁通 Φ 不变，则空气隙越大，所需的励磁电流 I 也越大。

3. 电磁感应定律

(1) 电磁感应现象

如图 4-10 中 1 所示，把线圈的两端接在电源上，回路中有电流流过。而把线圈两端直接接电流计上，由于回路中没接电源，电流计的指针不偏转。现在把一根磁棒插入线圈或从线圈内拔出（如图 4-10 中 2），电流计的指针都发生了偏转，拔出时指针偏转的方向与插入时相反，这表明线圈中产生了电流，这种电流称为感应电流。而且，磁棒插入或拔出的速度

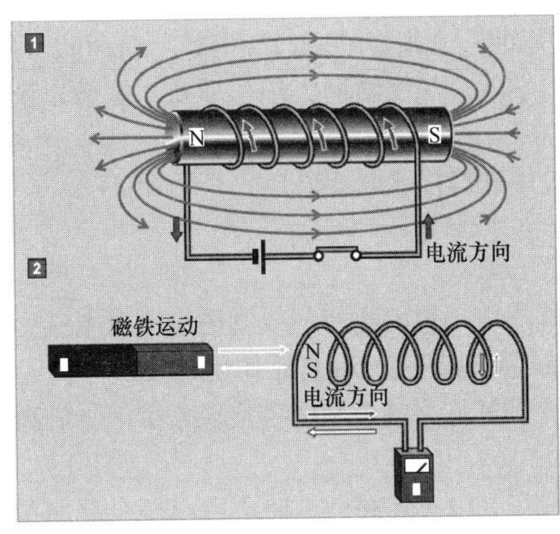

图 4-10　电磁感应现象

越快，电流计指针偏转的角度就越大，也就是感应电流越大。当磁棒插在线圈内不动时，电流计的指针不偏转，这时线圈中没有感应电流。

结论：当穿过闭合回路的磁通量发生变化时，回路中就产生感应电流，这种现象就是电磁感应现象。

（2）电磁感应定律

实验表明，导体回路中感应电动势的大小与磁通量的变化率成正比。这个结论叫法拉第电磁感应定律，用公式表示为

$$e = -\frac{\mathrm{d}\psi}{\mathrm{d}t} = -N\frac{\mathrm{d}\phi}{\mathrm{d}t} \tag{4-9}$$

式中，$\psi = N\phi$，称线圈的磁链，即线圈的总磁通。式中的负号代表感应电动势的方向，可用楞次定律解释。根据楞次定律，感应电流的磁场总是阻碍原磁通的变化。

1）自感现象。有一种电磁感应现象是由于流过线圈本身的电流发生变化而引起的，这种现象叫自感现象，简称自感。由自感产生的感应电动势称自感电动势，用e_L表示，如图4-11所示。

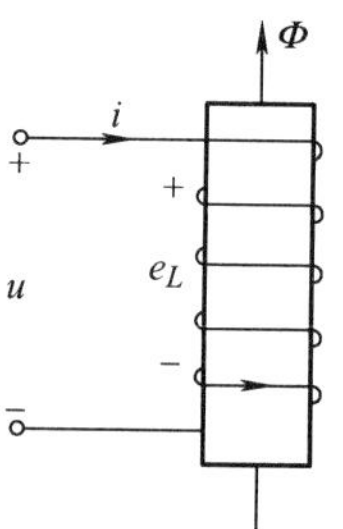

图4-11　自感现象

当电流流过线圈回路时，在回路内要产生磁通，此磁通称为自感磁通，设线圈匝数为N，线圈即产生自感磁链ψ_L，为了表明线圈产生自感磁链的能力，将线圈的自感磁链与电流的比值定义为线圈的自感系数，简称自感或电感，用符号L表示，即

$$L = \frac{\psi_L}{i} \tag{4-10}$$

单位：亨利（H），常用的还有毫亨（mH）和微亨（μH），$1\mathrm{H} = 10^3\mathrm{mH} = 10^6\mu\mathrm{H}$。

电感L与电流i无关，它取决于线圈的大小、形状、匝数以及周围（特别是线圈内部）磁介质的磁导率。

由式(4-9)和式(4-10)可得自感电动势为

$$e = -\frac{\mathrm{d}\psi_L}{\mathrm{d}t} = -L\frac{\mathrm{d}i}{\mathrm{d}t} \tag{4-11}$$

该式表明：线圈中的感应电动势的大小与线圈的电感及电流变化率成正比。对于相同的电流变化率，L越大，自感电动势越大，即自感作用越强。

自感现象有利有弊。荧光灯电路就是利用自感现象所产生的高电压来点燃荧光灯。它的工作原理如图4-12所示。

当接通电源以后，荧光灯并没有点亮，这时电源电压全部加在辉光启动器的两端，使辉光启动器内两个电极（固定触头和U形双金属片）放电，放电产生的热量使双金属片受热

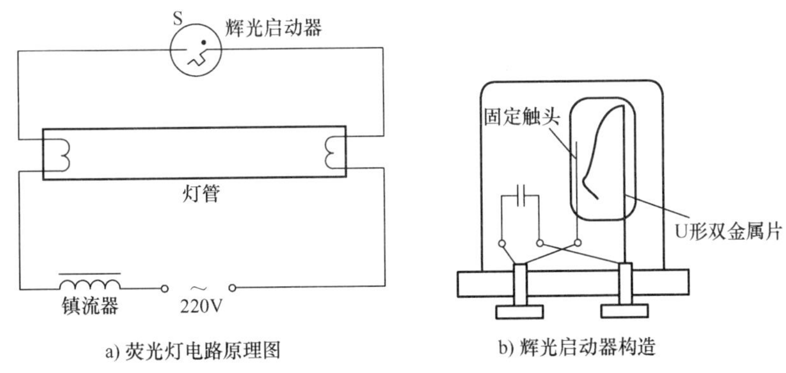

图 4-12　荧光灯电路

趋向伸直，与固定触头接通，这时荧光灯的灯丝与辉光启动器的两个电极以及镇流器构成一个回路，灯丝因通过电流而发热，从而使氧化物发射电子。同时，辉光启动器内两个电极接通时电极之间的电压为零，辉光放电停止。双金属片因温度下降而复原，两电极脱离。在电极脱离的瞬间，回路中的电流因突然切断，使镇流器线圈产生自感现象，镇流器两端感应电压比电源电压高得多。这个感应电压连同电源电压一起加在灯管两端，使灯管内惰性气体分子电离而产生弧光放电，灯管内温度逐渐升高，水银蒸气游离，并猛烈地撞击惰性气体分子而放电，同时辐射出不可见的紫外线，紫外线激发灯管壁的荧光物质发出可见光。

荧光灯点亮后，镇流器、灯管构成回路，镇流器可以限制和稳定电路的工作电流。

目前小功率气体放电光源（40W 以下）以电子镇流器为主，高强度气体放电光源（100W 以上）以节能型电感镇流器为主。

2）互感现象。如图 4-13 所示，由一个线圈中的电流变化引起另一个线圈产生感应电动势的现象叫互感现象。由互感现象产生的感应电动势称为互感电动势。由于一个线圈中的电流所产生的磁通，穿过另一个线圈的现象，称为磁耦合。

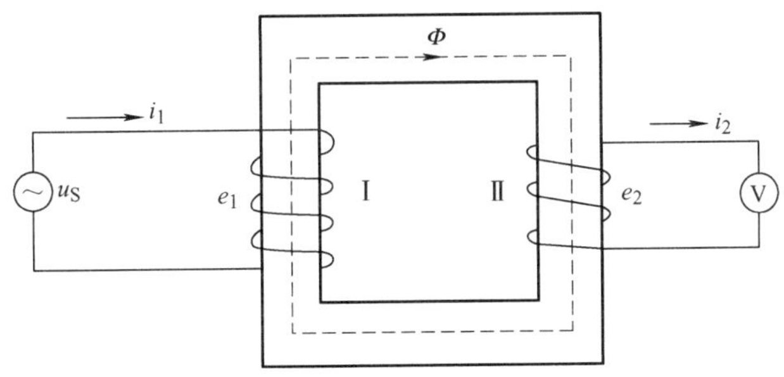

图 4-13　互感现象

在两个有磁耦合的线圈中，由互感磁通产生的磁链称互感磁链，互感磁链与产生该磁链电流的比值，称为这两个线圈的互感系数，简称互感，用符号 M 表示，即

$$M = M_{12} = M_{21} = \frac{\psi_{21}}{i_1} = \frac{\psi_{12}}{i_2} \tag{4-12}$$

互感系数的单位和自感系数一样，也是亨利（H）。互感系数 M 取决于两个耦合线圈的几何尺寸、匝数、相对位置和磁介质。当磁介质为非铁磁性物质时，M 是常数。

由电磁感应定律，可得互感电动势为

$$e_{M2} = -\frac{d\psi_{21}}{dt} = -M\frac{di_1}{dt} \tag{4-13}$$

$$e_{M1} = -\frac{d\psi_{12}}{dt} = -M\frac{di_2}{dt} \tag{4-14}$$

两式表明：线圈中互感电动势的大小与两线圈的互感及互感对方电流变化率成正比。对于相同的电流变化率，M 越大，互感电动势越大，即互感作用越强。

4.2 交流铁心线圈电路

所谓铁心线圈电路就是含有铁心的线圈所构成的电路。当线圈中通入电流时，在铁心中就产生磁通，形成磁路。

铁心线圈电路可分为直流铁心线圈电路和交流铁心线圈电路两种。直流铁心线圈电路是用直流来励磁，如直流电机的励磁线圈。当线圈中通以恒定的直流电时，产生了恒定不变的磁通，在线圈中不会产生感应电动势。线圈中的电流 I 只与线圈上所加的电压 U 和线圈本身的电阻 R 有关，即 $I=\frac{U}{R}$，线圈所消耗的功率也只有线圈本身电阻消耗的功率，即 $P=UI=I^2R$，分析起来比较简单。交流铁心线圈电路通以交流电，产生交变磁通，产生感应电动势，分析起来比直流铁心线圈电路复杂一些，其结论是电磁铁、继电器、变压器和电动机的基础。

4.2.1 电磁关系

如图 4-14 所示，当铁心线圈两端加上交流电压 u 时，线圈中通过交流电流 i，在铁心中将产生交变的磁通，包括主磁通 $\boldsymbol{\Phi}$ 和漏磁通 $\boldsymbol{\Phi}_\sigma$。主磁通集中在铁心内部，形成一个闭合的路径，即磁路。

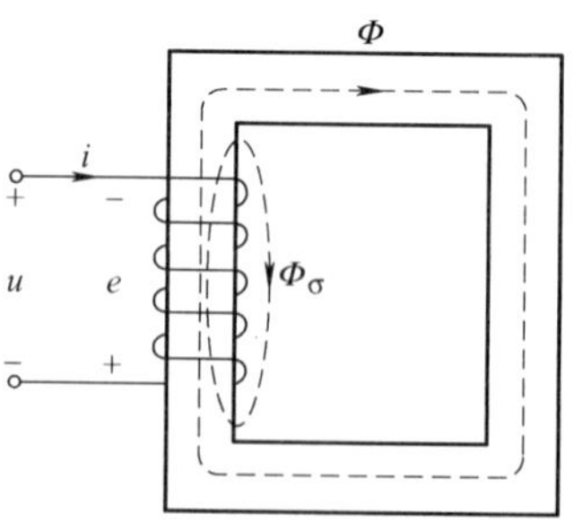

图 4-14 交流铁心线圈电路

设主磁通为

$$\boldsymbol{\Phi} = \boldsymbol{\Phi}_m \sin\omega t$$

则在线圈中产生的感应电动势为

$$
\begin{aligned}
e &= -N\frac{\mathrm{d}\Phi}{\mathrm{d}t} = -N\frac{\mathrm{d}}{\mathrm{d}t}(\Phi_{\mathrm{m}}\sin\omega t) \\
&= -\omega N\Phi_{\mathrm{m}}\cos\omega t = 2\pi fN\Phi_{\mathrm{m}}\sin(\omega t-90^\circ) \\
&= E_{\mathrm{m}}\sin(\omega t-90^\circ)
\end{aligned} \tag{4-15}
$$

可见 e 在相位上滞后于 $\Phi 90^\circ$，e 的有效值为

$$E = \frac{E_{\mathrm{m}}}{\sqrt{2}} = \frac{2\pi Nf\Phi_{\mathrm{m}}}{\sqrt{2}} = 4.44fN\Phi_{\mathrm{m}} \tag{4-16}$$

电流在通过线圈时，除产生主磁通 Φ 外，还会产生漏磁通 Φ_σ，如图 4-14 所示，因为铁心具有汇聚磁通的作用，所以漏磁通 Φ_σ 很少，从而使产生的漏磁感应电动势也很小。和主磁感应电动势相比，漏磁感应电动势及线圈上由线圈电阻产生的压降很小，均可以忽略不计，根据 KVL，有

$$u = -e = N\frac{\mathrm{d}\Phi}{\mathrm{d}t}$$

$$U \approx E = 4.44fN\Phi_{\mathrm{m}} \tag{4-17}$$

该式表明：在忽略线圈电阻 R 及漏磁通的条件下，当线圈匝数 N 及电源频率 f 为一定时，主磁通的最大值 Φ_{m} 由励磁线圈外的电压有效值 U 确定，与铁心的材料及尺寸无关。如果三者都一定时，主磁通的最大值 Φ_{m} 将保持不变。这一点和直流铁心线圈电路不同，直流铁心线圈电路的电压不变时，电流也不变，而磁通却随磁路情况而变化，这个结论对分析交流电机、电器及变压器的工作原理十分重要。

4.2.2　功率损耗

交流铁心线圈的有功功率 P 包括两部分，一部分是由于线圈本身的电阻所消耗的功率，称为铜损 ΔP_{Cu}，其公式为

$$\Delta P_{\mathrm{Cu}} = I^2R \tag{4-18}$$

另一部分是交变的磁通在铁心中产生的功率损耗，称为铁损 P_{Fe}。铁损又包括两部分：

（1）磁滞损耗 ΔP_{h}

铁磁性材料在交变磁化过程中，会存在功率损耗。它是由于铁磁性材料在磁化过程中内部磁畴反复转向，磁畴间相互摩擦引起铁心发热而造成的损耗。可以证明：磁滞损耗正比于磁滞回线所包围的面积。为了减小磁滞损耗，交流铁心线圈应选用磁滞回线狭小的软磁性材料如硅钢等作为铁心。

（2）涡流损耗 ΔP_{e}

铁磁性材料不仅导磁，同时还导电。在交变磁场的作用下，铁心中也会产生感应电动势，从而在垂直于磁通方向的铁心平面内产生图 4-15a 所示的旋涡状的感应电流，称为涡流。涡流使铁心发热，其引起的功率损耗称为涡流损耗。

为了减小涡流损耗，可以把整块的铁心改由图 4-15b 所示的顺着磁场方向彼此绝缘的薄钢片叠成，使涡流限制在狭长的截面积内流动。通常选用软磁性材料如硅钢叠成，因为软磁性材料容易磁化也容易退磁，磁滞损耗小。基于以上原因，变压器等交流电器设备的铁心普遍用彼此绝缘的硅钢片叠成。

涡流虽然会引起不良后果，但在有些场合，人们却可以利用涡流为生产、生活服务。例

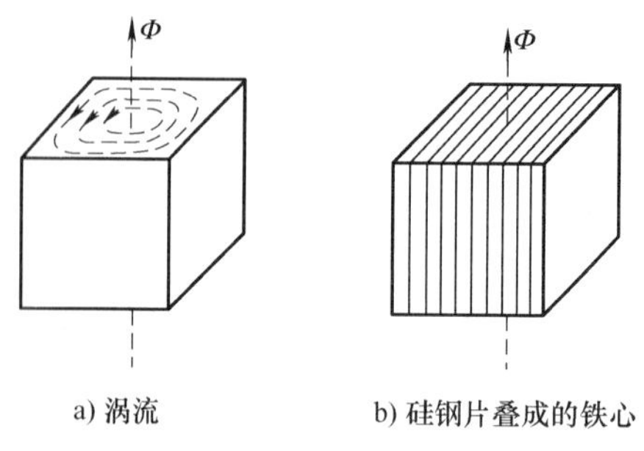

图 4-15　涡流损耗

如工业上利用涡流的热效应来冶炼金属，利用涡流和磁场相互作用而产生电磁力矩的原理来制造感应系仪器、滑差电机及涡流测矩器等，日常生活中的电磁炉、汽车上的传感式车速表等也是利用涡流的原理制成的，它给人们的生活带来很大的便利。

综上，交流铁心线圈电路的功率损耗包括铜损和铁损两部分，铁损又包括磁滞损耗和涡流损耗两种，即

$$\Delta P = \Delta P_{Cu} + \Delta P_{Fe} \tag{4-19}$$

$$\Delta P_{Fe} = \Delta P_{h} + \Delta P_{e} \tag{4-20}$$

4.3　变压器

变压器是利用电磁感应原理制成的，它是传输电能或信号的静止电器，它有变压、变流、阻抗变换及电隔离作用。它的种类很多，应用十分广泛。如在电力系统中把发电机发出的电压升高，以便远途传输，到达目的地后再用变压器把电压降低供用户使用；在实验室里用自耦变压器（调压器）改变电源电压；在测量电路中，利用变压器原理制成各种电压互感器和电流互感器以扩大对交流电压和交流电流的测量范围；在功率放大器和负载之间用变压器连接，可以达到阻抗匹配，即负载上获得最大功率。变压器虽然用途及种类各异，但基本工作原理是相同的。

4.3.1　变压器的结构

变压器由铁心和绕组两部分组成。图 4-16 所示是一个单相双绕组变压器，在一个闭合铁心上套有两个绕组。

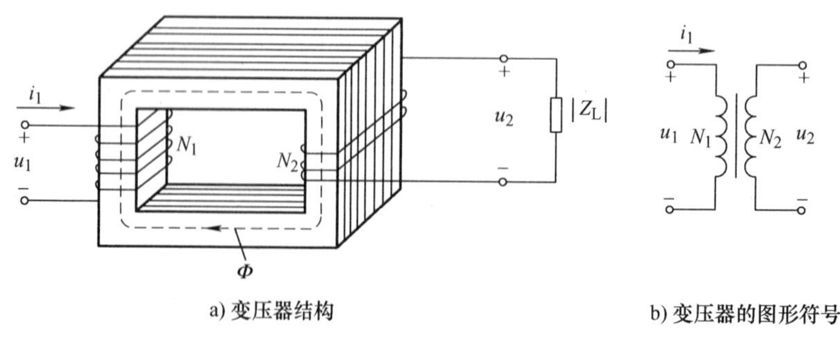

图 4-16　变压器结构示意图

变压器的绕组，接电源的绕组称一次绕组，匝数为 N_1，接负载的绕组称二次绕组，匝数为 N_2。通常小容量的变压器绕组是由高强度的漆包线绕成，大容量的变压器绕组可用包有绝缘的铜线或铝线制成。

为了减少磁滞损耗和涡流损耗，铁心通常是用硅钢片叠压而成，为了降低磁阻，一般用交错叠装的方式，即将每层硅钢片的接缝处错开，图 4-17 所示为几种常见的铁心形状。

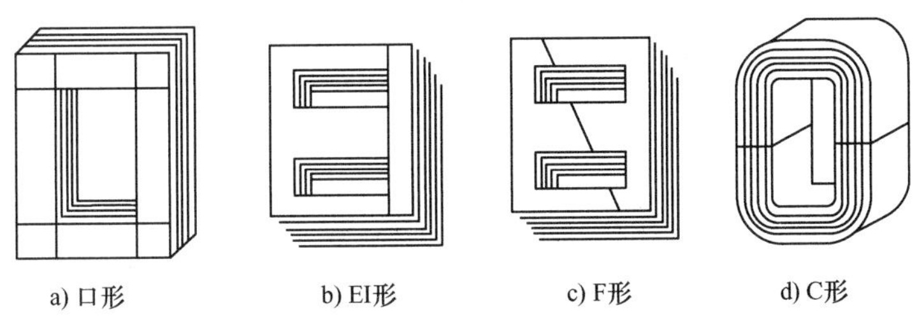

图 4-17　变压器的铁心形状

变压器按铁心和绕组组合方式的不同，可分为心式和壳式两种，如图 4-18 所示。心式变压器用铁量比较少，多用于大容量的电力变压器；壳式变压器用铁量比较多，但不需要专门的变压器外壳，常用于小容量的电子设备和仪器中的变压器。为解决散热问题，大容量的电力变压器还装有油箱、散热管、风扇等冷却装置。

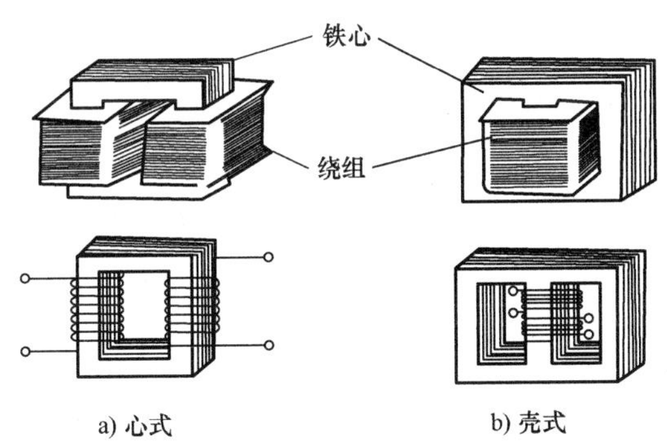

图 4-18　变压器的两种结构

4.3.2　变压器的工作原理

1. 空载运行（变压作用）

变压器一次绕组接上交流电压 u_1，二次绕组开路，这种状态称为空载运行。

此时二次绕组电流为 $i_2 = 0$，电压为开路电压 u_{20}，一次绕组通过电流为 i_{10}（空载电流），一、二次绕组主磁通产生的感应电动势分别为 e_1、e_2，如图 4-19 所示。

根据图 4-19 中标定的各量参考方向，设绕组的电阻为 r_1，其电压方程为

$$u_1 = r_1 i_{10} - e_1 \tag{4-21}$$

由于绕组的电阻 r_1 很小，其电压降 $r_1 i_{10}$ 也很小，因此可忽略不计，此时

$$u_1 \approx -e_1 \tag{4-22}$$

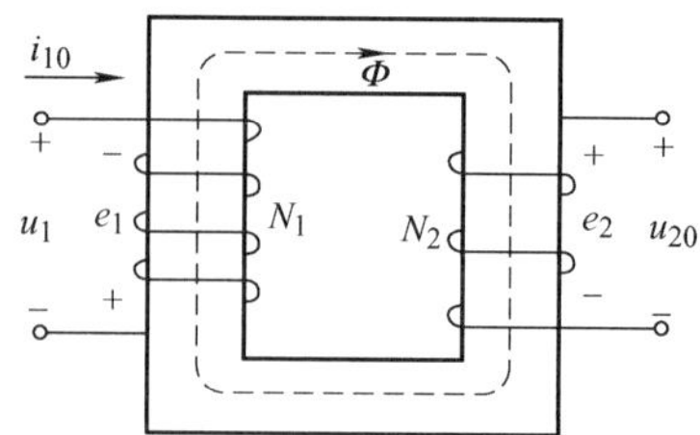

图 4-19　变压器的空载运行

设主磁通为

$$\Phi = \Phi_m \sin\omega t$$

$$\begin{aligned} e_1 &= -N_1 \frac{d\Phi}{dt} = -N_1 \frac{d(\Phi_m \sin\omega t)}{dt} = -\omega N_1 \Phi_m \cos\omega t \\ &= 2\pi f N_1 \Phi_m \sin(\omega t - 90°) = E_{1m} \sin(\omega t - 90°) \end{aligned} \tag{4-23}$$

式中，$E_{1m} = 2\pi f N_1 \Phi_m$，是电动势的最大值，而有效值为

$$E_1 = \frac{E_{1m}}{\sqrt{2}} = 4.44 f N_1 \Phi_m$$

据式(4-22)有，外加电压的有效值为

$$U_1 \approx E_1 = 4.44 f N_1 \Phi_m \tag{4-24}$$

同理

$$U_2 \approx E_2 = 4.44 f N_2 \Phi_m \tag{4-25}$$

将式(4-24)和式(4-25)进行比较，得

$$\frac{U_1}{U_2} \approx \frac{E_1}{E_2} = \frac{4.44 f N_1 \Phi_m}{4.44 f N_2 \Phi_m} = \frac{N_1}{N_2} = K \tag{4-26}$$

可见，变压器空载运行时，一、二次绕组上电压的比值等于两者的匝数比。该比值称为变压器的电压比，用 K 表示。

当输入电压 U_1 不变时，改变变压器的电压比就可以改变输出电压 U_2，这就是变压器的变压作用。若 $N_1 < N_2$，$K < 1$，为升压变压器，反之为降压变压器，

变压器的电压比在变压器铭牌上注明，它表示一、二次绕组的额定电压之比，例如“6000/400”表示 $K = 15$，代表一次绕组额定电压为6000V，二次绕组额定电压为400V。

2. 负载运行（变流作用）

变压器的二次绕组接有负载，称为负载运行。此时在二次绕组电动势 e_2 的作用下，将产生二次绕组电流 i_2，而一次绕组电流由 i_{10} 增加为 i_1，如图 4-20 所示。

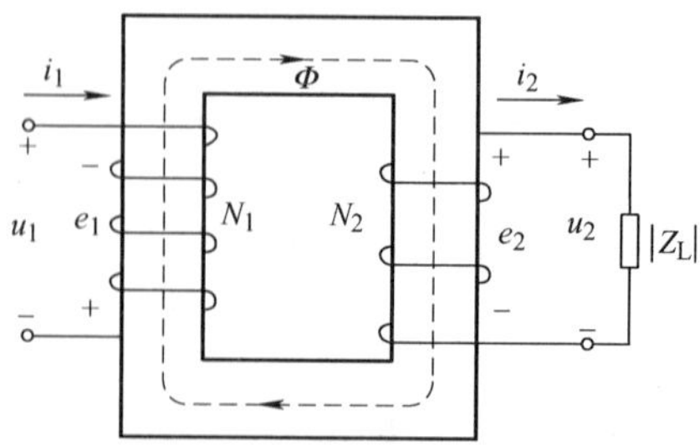

图 4-20　变压器的负载运行

为什么一次绕组的电流会由 i_{10} 增至 i_1 呢？因为二次绕组有电流 i_2 后，二次绕组的磁动势 $N_2 i_2$ 也要在铁心中产生磁通。此时变压器铁心中的主磁通是由一、二次绕组的磁动势共同产生的。$N_2 i_2$ 的出现将改变铁心中原有的主磁通，但据式(4-17) 可知，在一次绕组的外加电压（电源电压）不变的情况下，主磁通基本保持不变，因而一次绕组的电流必须由 i_{10} 增到 i_1，以抵消二次绕组电流 i_2 产生的磁通，这样才能保证铁心中原有的主磁通不变。

其磁动势平衡方程为

$$N_1 \dot{I}_1 + N_2 \dot{I}_2 = N_1 \dot{I}_{10} \tag{4-27}$$

变压器负载运行时，一、二次绕组的磁动势方向相反，即二次绕组电流 i_2 对一次绕组电流 i_1 产生的磁通有去磁作用，当 i_2 增加时，铁心中的磁通将减小，于是一次绕组电流 i_1 必然增加以保持主磁通基本不变。无论 i_2 如何变化，i_1 总能按比例自动调节，以适应负载电流的变化。由于空载电流很小，因此它产生的磁动势 $N_1 \dot{I}_{10}$ 可忽略不计，故

$$N_1 \dot{I}_1 \approx -N_2 \dot{I}_2 \tag{4-28}$$

于是变压器一、二次绕组电流有效值的关系为

$$\frac{I_1}{I_2} = \frac{N_2}{N_1} = \frac{1}{K} \tag{4-29}$$

由上式可知，当变压器负载运行时，一、二次绕组电流之比等于电压比的倒数，即一、二次绕组电流与其匝数成反比。改变一、二次绕组的匝数就可以改变一、二次绕组电流的比值，这就是变压器的变流作用。

【例 4.1】 有一台电力变压器，一次绕组电压 $U_1 = 3000\text{V}$，二次绕组电压 $U_2 = 220\text{V}$，若二次绕组的电流为 150A，求变压器的一次绕组的电流为多大？

解：根据

$$\frac{I_1}{I_2} \approx \frac{N_2}{N_1} = \frac{U_2}{U_1} = \frac{1}{K}$$

解得

$$I_1 = \frac{U_2 I_2}{U_1} = \frac{220 \times 150}{3000}\text{A} = 11\text{A}$$

3. 阻抗变换作用

变压器除了能起变压、变流作用外，它还有变换阻抗的作用，以实现阻抗匹配。如图 4-21 所示，变压器一次侧接电源 U_1，二次侧接负载 $|Z_L|$，对于电源来说，图中点画线内的电路可用另一个等效阻抗 $|Z'_L|$ 来代替。所谓等效，就是它们从电源吸收的电流和功率相等，两者的关系由下式计算得：

$$|Z'_L| = \frac{U_1}{I_1} = \frac{(N_1/N_2)U_2}{(N_2/N_1)I_2} = \left(\frac{N_1}{N_2}\right)^2 |Z_L| = K^2 |Z_L|$$

即

$$|Z'_L| = K^2 |Z_L| \tag{4-30}$$

结论：变压器一次侧的等效阻抗，为二次侧所带负载阻抗的 K^2 倍，K 称为电压比，它等于一、二次绕组的匝数比。

电压比不同，实际负载阻抗 $|Z_L|$ 折算到一次侧的等效阻抗 $|Z'_L|$ 也不同，我们可以选择不同的电压比，把实际负载变换为所需要的比较合适的数值，这种做法通常称为阻抗匹配，在电子电路中经常用到。

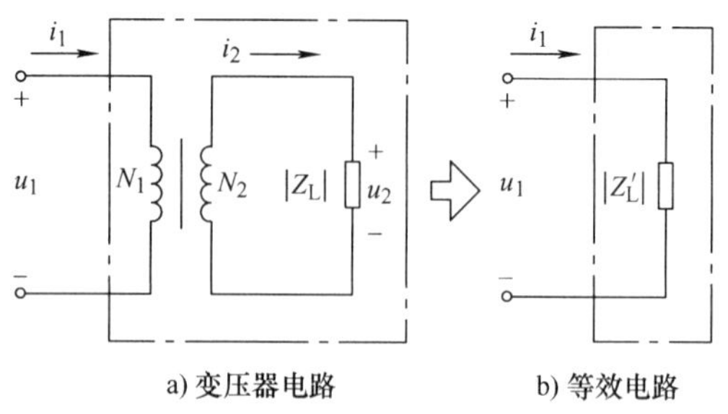

a) 变压器电路　　b) 等效电路

图 4-21　变压器的阻抗变换作用

【例 4.2】 如图 4-22 所示，某交流信号源的输出电压 U_S 为 12V，其内阻 $R_0=200\Omega$，若将电阻 R_L 为 2Ω 的负载与信号源直接连接，负载上获得的功率是多大？若要负载上获得最大功率，用变压器进行阻抗匹配，则变压器的电压比应该是多少？匹配后负载获得的功率是多大？

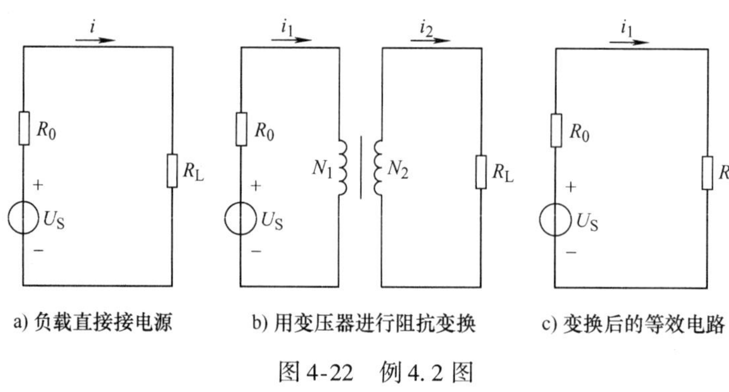

a) 负载直接接电源　　b) 用变压器进行阻抗变换　　c) 变换后的等效电路

图 4-22　例 4.2 图

解：(1) 由图 4-22a 可得负载上的功率为

$$P=I^2R_L=\left(\frac{U_S}{R_0+R_L}\right)^2R_L=\left(\frac{12}{200+2}\right)^2\times2\text{W}=0.007\text{W}$$

(2) 如图 4-22b、c 所示，加入变压器后实际负载折算到变压器一次侧的等效负载为 R_L'，根据负载获得最大功率条件，即 $R_L'=R_0$（内阻等于负载），则

$$R_L'=R_0=\left(\frac{N_1}{N_2}\right)^2R_L$$

故变压器的电压比为

$$\frac{N_1}{N_2}=\sqrt{\frac{R_L'}{R_L}}=\sqrt{\frac{200}{2}}=10$$

此时，负载上获得的最大功率为

$$P=I_1^2R_L'=\left(\frac{U_S}{R_0+R_L'}\right)^2R_L'=\left(\frac{12}{200+200}\right)^2\times200\text{W}=0.18\text{W}$$

可见经变压器的阻抗匹配后，负载上获得的功率增大了约 26 倍。

4.3.3 变压器的额定值

变压器在实际运行中，电压、电流和功率必须在额定状态下，才能保证变压器正常、安全，通常变压器的额定值标注在变压器的铭牌上。

1. 额定电压 U_{1N}、U_{2N}

一次侧额定电压 U_{1N}是根据绕组的绝缘强度和允许发热所规定的加在一次绕组上的正常工作电压的有效值；二次侧额定电压 U_{2N}，在电力系统中是指变压器一次侧施加额定电压 U_{1N}时，二次侧的空载电压有效值。对于三相变压器，额定电压是指线电压的有效值。

2. 额定电流 I_{1N}、I_{2N}

一、二次侧额定电流 I_{1N}和 I_{2N}是指变压器在连续运行时，一、二次绕组允许通过的最大电流，它们是根据绝缘材料允许的温度确定的。对三相变压器，额定电流是指线电流的有效值。变压器的满载运行是指二次电流等于二次侧额定电流的运行方式，也称变压器带额定负载运行。

3. 额定容量 S_N

变压器的额定容量 S_N是指变压器二次侧输出的额定视在功率，即等于二次侧额定电压和额定电流的乘积，由于变压器效率很高，通常也等于一次侧的额定容量，即

$$S_N = U_{2N}I_{2N} = U_{1N}I_{1N} \tag{4-31}$$

对于三相变压器有

$$S_N = \sqrt{3}U_{2N}I_{2N} = \sqrt{3}U_{1N}I_{1N} \tag{4-32}$$

额定容量反映了变压器所能传送电功率的能力，但不要把变压器的实际输出功率与额定容量相混淆。如一台变压器额定容量 $S_N = 1000\text{kV}\cdot\text{A}$，如果负载的功率因数为 1，它能输出功率 1000kW。若负载功率因数为 0.7，则它能输出功率 $P = 1000 \times 0.7\text{kW} = 700\text{kW}$。变压器在实际使用时的输出功率取决于二次侧负载的大小和性质。

4.3.4 变压器的外特性

变压器负载运行时，在电源电压 U_1和负载功率因数 $\cos\varphi$ 保持一定的条件下，变压器二次电压 U_2和二次电流 I_2的关系特性，称为变压器的外特性，用 $U_2 = f(I_2)$ 伏安特性曲线来描绘。实际变压器运行时它的外特性曲线是怎样的呢？

前面变压器工作原理的分析中，我们忽略了漏磁电动势和一、二次绕组内阻产生的压降的影响，讨论了三种理想的变换关系，但实际变压器运行时，保持电源电压 U_1不变，随着二次绕组电流 I_2的增大（负载增加），一、二次绕组阻抗的压降便随之增大，从而使二次绕组输出电压 U_2下降，呈现图 4-23 所示的伏安特性。对电阻性和电感性负载而言，电压 U_2随着电流 I_2的增加而下降，并且功率因数越低，曲线越向下倾斜。可以证明，$I_2 = 0$ 时的二次电压值是变压器空载运行时的电压 U_{20}。

变压器外特性的好坏用外特性曲线倾斜的程度来反映，通常希望在保持输入电压 U_1和

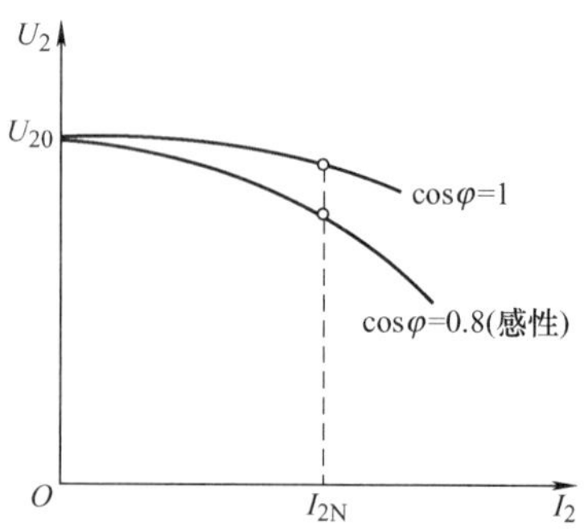

图 4-23　变压器的外特性曲线

负载功率因数 $\cos\varphi$ 一定的条件下，变压器从空载到负载运行，输出电压 U_2 越稳定越好，我们用电压变化率 ΔU 来衡量，即

$$\Delta U=\frac{U_{20}-U_2}{U_{20}}\times 100\% \tag{4-33}$$

电压变化率 ΔU 是变压器负载运行的主要性能指标之一，希望越小越好。在一般变压器中，由于其电阻和漏磁感抗很小，电压变化率很小，为 5% 左右。

4.3.5　变压器的功率损耗与效率

变压器功率损耗包括铁心中的铁损 ΔP_{Fe} 和绕组中的铜损 ΔP_{Cu} 两部分（见式(4-19)），铁损的大小与铁心内磁感应强度的最大值 B_m 有关，与负载大小无关。而铜损则与负载大小有关（正比于电流二次方，见式(4-18)）。变压器的效率常用下式确定：

$$\eta=\frac{P_2}{P_1}=\frac{P_2}{P_2+\Delta P_{Fe}+\Delta P_{Cu}} \tag{4-34}$$

式中，P_2 为变压器输出功率；P_1 为输入功率。

变压器的功率损耗很小，效率很高，一般在 95% 以上。在电力变压器中，当负载为额定负载的 50% ~75% 时，效率达到最大值。

【例 4.3】 有一带有阻性负载的三相电力变压器，其额定数据如下：$S_N=100\text{kV}\cdot\text{A}$，$U_{1N}=6000\text{V}$，$U_{2N}=U_{20}=400\text{V}$，$f=50\text{Hz}$，绕组接成 Yyn，由试验测得，$\Delta P_{Fe}=600\text{W}$，额定负载时的 $\Delta P_{Cu}=2400\text{W}$。试求：(1) 变压器的额定电流；(2) 满载和半载时的效率。

解：(1) 由 $S_N=\sqrt{3}U_{2N}I_{2N}$ 得

$$I_{2N}=\frac{S_N}{\sqrt{3}U_{2N}}=\frac{100\times10^3}{\sqrt{3}\times400}\text{A}=144\text{A}$$

$$I_{1N}=\frac{S_N}{\sqrt{3}U_{1N}}=\frac{100\times10^3}{\sqrt{3}\times6000}\text{A}=9.62\text{A}$$

(2) 满载时和半载时的效率分别为

$$\eta_1=\frac{P_2}{P_2+\Delta P_{Fe}+\Delta P_{Cu}}=\frac{100\times10^3}{100\times10^3+600+2400}=97.1\%$$

$$\eta_{\frac{1}{2}}=\frac{\frac{1}{2}\times100\times10^3}{\frac{1}{2}\times100\times10^3+600+\left(\frac{1}{2}\right)^2\times2400}=97.7\%$$

4.3.6　常用变压器

1. 自耦变压器

如图 4-24a 所示，如果一、二次侧共用一个绕组，使低压绕组成为高压绕组的一部分，就称为自耦变压器。一、二次绕组电压与电流的电压比和电流比规律满足式(4-26) 和式(4-29)。

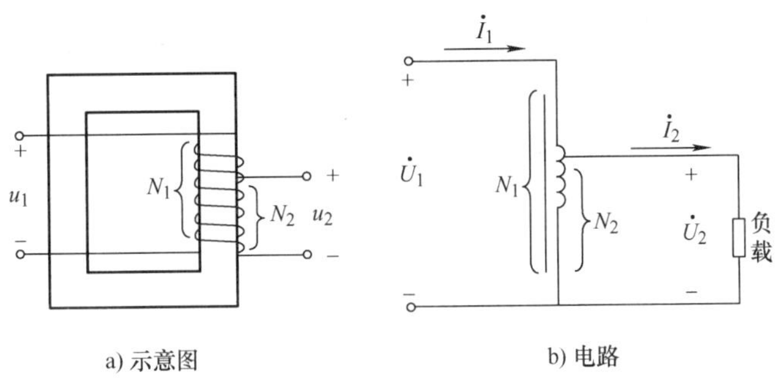

图 4-24　自耦变压器

在实用中为了得到连续可调的交流电压，常将自耦变压器的铁心做成圆形。二次侧抽头做成滑动的触头，可自由滑动。如图 4-25 所示，当用手柄转动触头时，就改变了二次侧匝数，调节了输出电压的大小，这种变压器称为自耦调压器，实验室中常见。

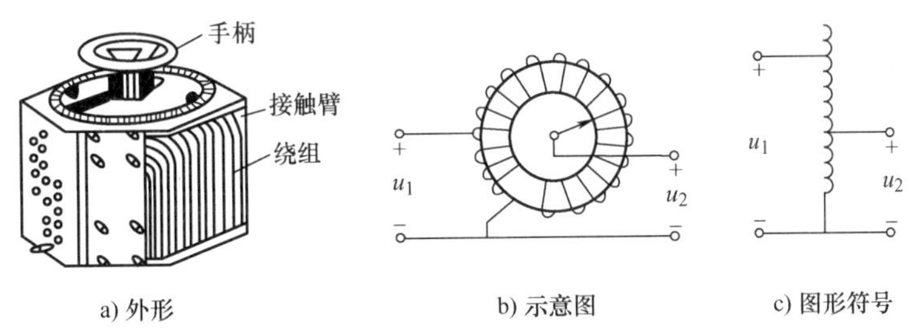

图 4-25　自耦调压器

与普通变压器相比，自耦变压器用料少、质量小、尺寸小，但由于一、二次绕组之间，既有磁的联系又有电的联系，故不能用于要求一、二次侧电路隔离的场合。同时使用时应注意：①它的高压侧和低压侧不能对调使用，即一、二次侧不能对调使用，否则可能会烧坏绕组，甚至造成电源短路；②接通电源前，应先将滑动触头调到零位，接通电源后再慢慢转动手柄，将输出电压调至所需值，用毕，再将手柄转回零位，以备下次安全使用。

2. 三相电力变压器

在电力系统中，用来变换三相交流电压、输送电能的变压器称为三相电力变压器，如图 4-26 所示，它有三个铁心柱，各有一相一、二次绕组。一次侧三相绕组分别用 U_1U_2、V_1V_2、W_1W_2表示，二次侧三相绕组分别用 u_1u_2、v_1v_2、w_1w_2表示。由于三相一次绕组所加的电压是对称的，因此，二次绕组电压也是对称的，为了散热，通常铁心和绕组都浸在装有绝缘油的油箱中，通过油管将热量散发出去，考虑到油的热胀冷缩，故在变压器油箱上安置一个储油柜和油位表，此外还装有一根防爆管，一旦发生故障，产生大量气体时，高压气体将冲破防爆管前端的薄片而释放出来，从而避免发生爆炸。

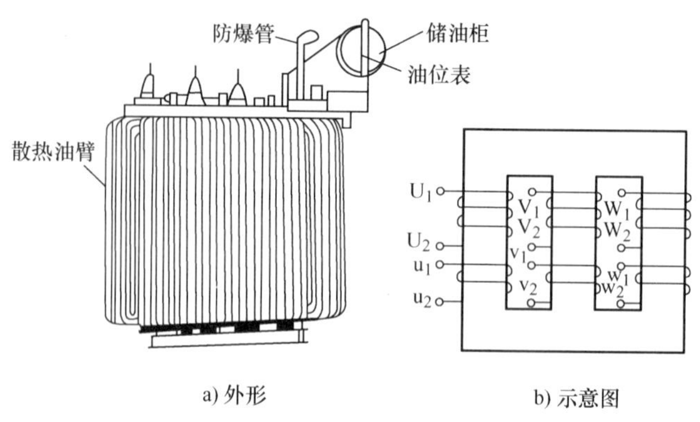

a) 外形　　b) 示意图

图 4-26　三相电力变压器

三相变压器的一、二次绕组可以根据需要分别接成星形或三角形，三相电力变压器的常见连接方式有 Yyn 和 Yd，如图 4-27 所示。Yyn 联结时一、二次线电压之间的变换关系如图 4-28a 所示，$U_{l1}/U_{l2}=K$；Yd 联结时一、二次线电压之间的变换关系如图 4-28b 所示，$U_{l1}/U_{l2}=\sqrt{3}K$。其中 Yyn 联结常用于车间配电变压器，这种接法不仅给用户提供了三相电源，同时还提供了单相电源，通常在动力和照明混合供电的三相四线制系统中，就是采用这种连接方式的变压器供电的，低压一般是 400V，高压不超过 35kV。Yd 联结的变压器主要用在变电站（所）作降压或升压用，低压一般是 10kV，高压不超过 60kV。

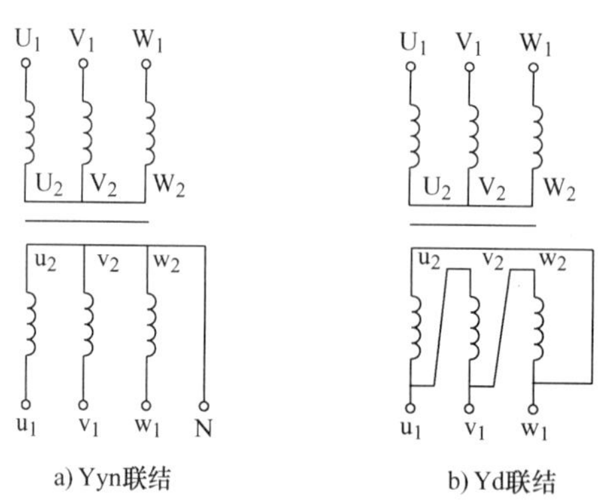

a) Yyn联结　　b) Yd联结

图 4-27　三相变压器的接法

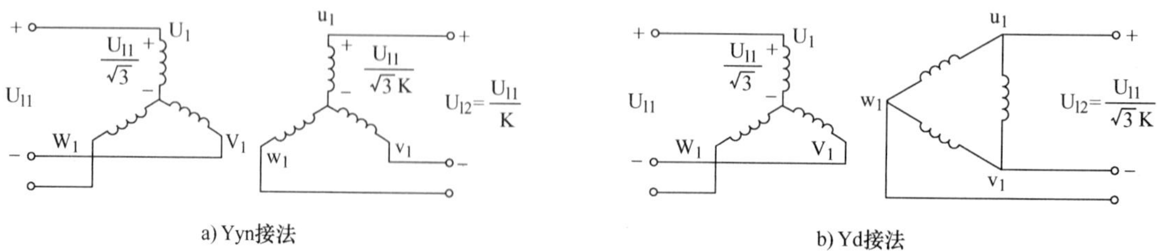

a) Yyn接法　　b) Yd接法

图 4-28　三相变压器不同接法线、相电压关系举例

高压侧接成 Y，相电压只有线电压的 $1/\sqrt{3}$，可以降低每相绕组的绝缘要求；低压侧接成 d，相电流只有线电流的 $1/\sqrt{3}$，可以减小每相绕组的导线截面。

三相电力变压器的铭牌数据包括额定容量、额定电压、额定电流等。例如 SL7—500/10，其中 S—三相，L—铝线，7—设计序号，500—额定容量 500kV・A，10—高压侧电压 10kV。了解铭牌数据的意义，才能正确使用变压器。

3. 仪用互感器

一种用于测量、自动控制、保护用途的变压器称为仪用互感器，简称互感器。它可以使测量仪表与高压电路绝缘，以保证工作安全，扩大测量仪表的量程。

按用途的不同，互感器可分为电压互感器和电流互感器两种。

（1）电压互感器

电压互感器是降压变压器，一次绕组匝数多，二次绕组匝数少，将一次绕组并接在高压电路中，二次绕组接电压表，可实现用低量程的电压表测量高电压，如图 4-29 所示。工作原理与普通变压器空载变压规律相同。被测电压 = 电压表读数 $\times N_1/N_2$，可根据这个关系换算，直接在电压表上刻度出被测端高电压的值。

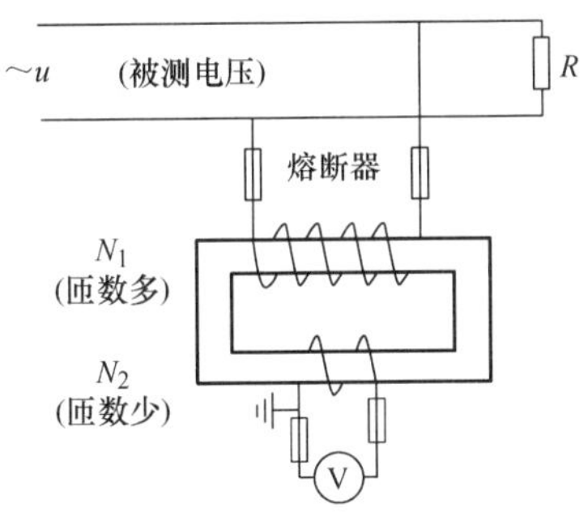

图 4-29　电压互感器

为了工作安全，电压互感器铁心、金属外壳、低压绕组一端必须接地，以防高、低压绕组之间绝缘损坏时，在二次侧出现高压。另外二次侧不能短路，以防产生过电流，烧坏绕组。

（2）电流互感器

电流互感器用于扩大交流电流表的量程，如图 4-30 所示。一次绕组的匝数少（只有一匝或几匝），它串联在被测电路中。二次绕组的匝数多，它与电流表或其他仪表及继电器的电流线圈相连接，可将大电流变换为小电流。工作原理与普通变压器负载变流规律相同。被测电流 = 电流表读数 $\times N_2/N_1$，可根据这个关系换算，在电流表的刻度上直接标出被测电流值。

在电流互感器的一次绕组接入一次侧电路之前，必须先把电流互感器的二次绕组连成闭合回路且在工作中不允许开路，以防在二次侧产生高电压；此外，为了使用安全，电流互感器的铁心、金属外壳、二次绕组的一端同样也要接地。

钳形电流表是电流互感器的一种应用形式，简称测流钳，其构成如图 4-31a 所示。钳形电流表由一只同电流表接成闭合回路的二次绕组和一钳形铁心构成，其铁心靠弹簧压紧，可

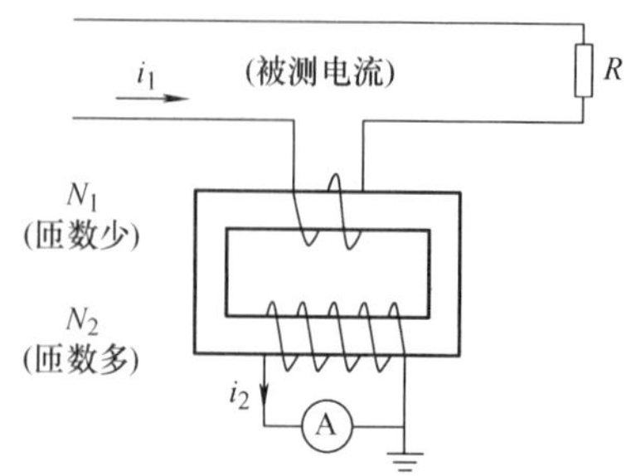

图 4-30　电流互感器

以开合。在测量时，先张开铁心，把待测电流的一根导线放入钳中，再把铁心闭合。这样，载流导线便成为电流互感器的一次绕组，经过变换后，在电流表上可直接指出被测电流的大小。钳形电流表便于携带，测量电流灵活、方便。测量方法如图 4-31b 所示。图 4-32 为测量三相供电系统中地线和相线电流方法图例。

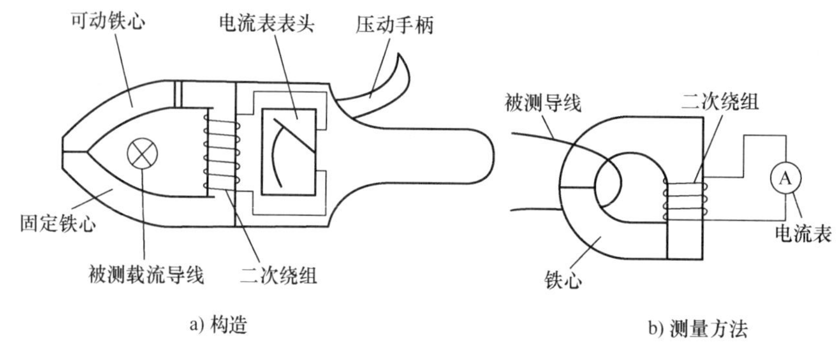

图 4-31　钳形电流表

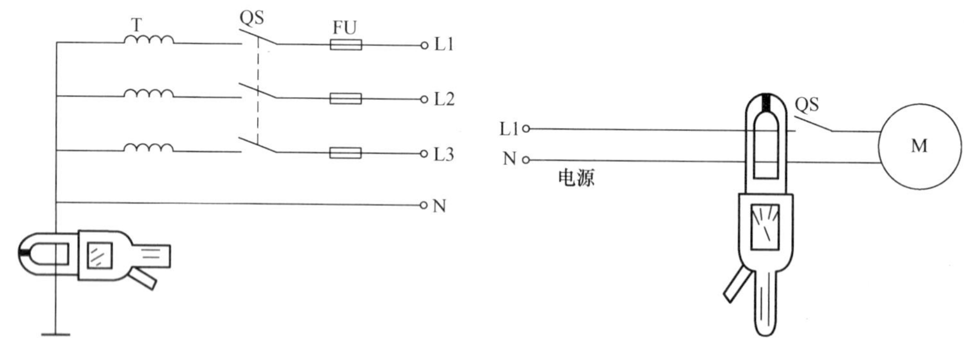

图 4-32　钳形电流表测量举例

4.3.7　变压器的极性

1. 变压器的同名端

使用变压器或磁耦合的互感线圈时，要注意绕组的正确连接。如一台变压器一次绕组有两个匝数相同的绕组，它们的端子分别用 1、2 和 3、4 表示，如图 4-33a 所示；当绕组串联

(2、3 相连) 时可接于较高电压，如图 4-33b 所示；并联（1、3 相连，2、4 相连）可用于较低电压，如图 4-33c 所示。若连接错误，如图 4-33d 所示，两绕组磁动势方向相反，相互抵消，铁心磁通为零，两绕组不感应电动势，绕组中就流过很大电流，把绕组绝缘烧坏，甚至烧毁变压器。

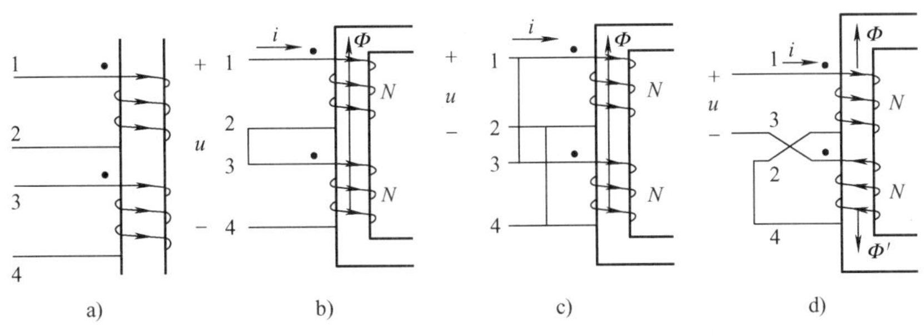

图 4-33　变压器一次绕组的正确连接

为正确接线，绕组需标出同名端，变压器的同名端也叫同极性端，是指变压器的一、二次绕组感应电动势之间的相位关系。当一个绕组的某一端瞬时电位为正，另一绕组必然也有一个瞬时为正的对应端，这两个端称为同名端。在电路中，同名端用“·”标注。具体表示方法如图 4-34 所示。

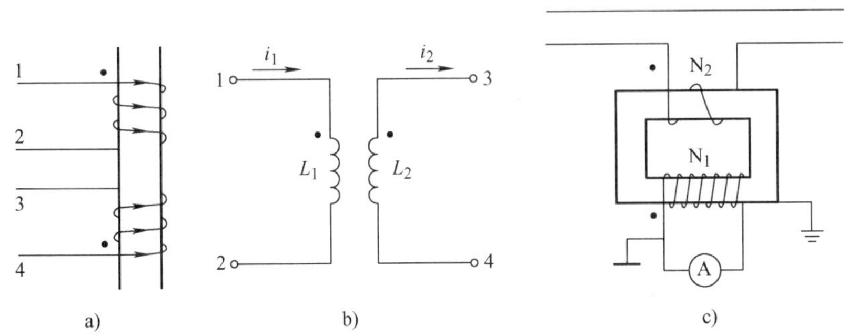

图 4-34　变压器绕组同名端表示方法

2. 同名端的判定

(1) 绕向已知

同名端也可以理解为当电流从两个同名端流入两个绕组（或流出）时，产生的磁通方向相同。或者说，当铁心中磁通变化（增大或减小）时，在两绕组中产生的感应电动势极性相同的两端为同名端。如图 4-33a 中 1 与 3 为同名端，图 4-34a 中 1 与 4 为同名端。可见，同名端和绕组的绕向有关。如果绕向已知，可按以上方法判定。

(2) 绕向未知

已制成的变压器、互感器等，通常无法从外观上看出绕组的绕向，如果使用时需要知道它的同名端，可通过实验方法测定。常用的实验方法有直流法和交流法。

1) 直流法。如图 4-35 所示，将变压器的一个绕组两端 1、2，通过开关 S 接到直流电源上，图中 1 端接电源正极，2 端接电源负极。另一绕组两端 3、4 与一直流毫安表相连，图中 3 端接毫安表“ + ”接线柱，4 端接毫安表“ - ”接线柱。如果 S 闭合瞬间毫安表的指针正向偏转，则 1 和 3 为同名端；如果 S 闭合瞬间毫安表的指针反向偏转，则 1 和 4 为同名端。这是因为，当开关 S 接通的瞬间，一次绕组电流由无到有（瞬间增加）由 1 流向 2，根据楞次定律，一次绕组将产生一个由 2 指向 1 的感应电动势，即 1 为高电位端，2 为低电位端。二次绕组中，如果毫安表指针正偏，说明 3 为高电位端，4 为低电位端，3 与 1 极性相同，则 3 与 1 为同名端。反之，如果毫安表反偏，说明 4 为高电位端，3 为低电位端，4 与 1 极性相同，4 与 1 为同名端。

2）交流法。如图 4-36 所示，用导线将两绕组 1、2 和 3、4 中的任一端（如 2 和 4）连在一起（成等电位点），将一个较低的便于测量的交流电压加在任一绕组（如 1、2 绕组）两端，然后用交流电压表分别测出 U_{12}、U_{34} 及 U_{13}，若满足 $U_{12}=U_{13}+U_{34}$，则 1、3 为同名端；若 $U_{12}=U_{13}-U_{34}$，则 1、4 为同名端。测定原理可依据 KVL 和同名端概念自行分析。

电力变压器在交接和大修理后要进行极性测试，小型变压器可根据需要进行。

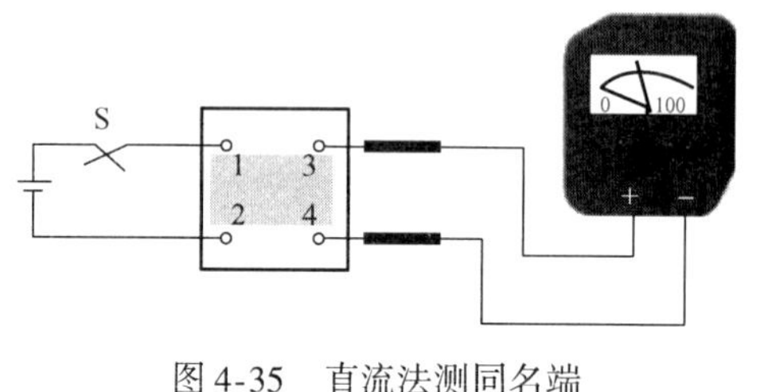

图 4-35　直流法测同名端

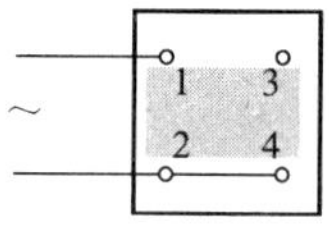

图 4-36　交流法测同名端

应用训练

1. 什么是磁路？
2. 描述磁场的基本物理量都有哪些？
3. 磁导率的意义是什么？
4. 磁性材料有哪三种磁性能？
5. 变压器由哪几部分组成？
6. 变压器的作用有哪些？
7. 为什么变压器的铁心要用硅钢片叠成？
8. 变压器能否用来变换直流电压？如果将变压器接到与额定电压相同的直流电源上，会有输出吗？会产生什么后果？
9. 有一空载变压器，一次侧加额定电压 220V，并测得一次绕组电阻 $R_1=10\Omega$，试问一次电流是否等于 22A？
10. 变压器在运行中包括哪些损耗？它们与哪些因素有关？
11. 变压器的额定容量是怎么定义的？
12. 如果错误地把电源电压 220V 接到调压器的输出端，试分析会出现什么问题？
13. 调压器用毕后为什么必须调回零点？
14. 使用电压互感器和电流互感器，接线时应注意哪些问题？为什么？
15. 简述测流钳的工作原理。

16. 一铁心上绕有线圈 200 匝，已知铁心中磁通量与时间的关系为 $\Phi = 8.0 \times 10^{-5} \times \sin 100\pi t \mathrm{Wb}$，求在 $t = 1.0 \times 10^{-2}\mathrm{s}$ 时，线圈中的感应电动势。

17. 已知某单相变压器的一次电压为 3000V，二次电压为 220V，负载是一台 220V、25kW 的电阻炉，求一、二次绕组中的电流各为多少？

18. 已知汽油发动机点火绕组的二次绕组 23800 匝，一次绕组 340 匝，一般要点燃混合气，二次电压需 15000V 左右，问在点火时一次电压应为多少伏？

19. 有一单相照明变压器，容量为 10kV · A，电压为 3300/220V，今欲在二次侧接上 60W、220V 的白炽灯，如果要求变压器在额定状态下运行，可接多少个白炽灯？并求一、二次绕组的额定电流。

20. 图 4-37 所示是一电源变压器，一次侧有 550 匝，接 220V 电压，二次侧有两个绕组，一个电压 36V，负载 36W，另一个电压 12V，负载 24W。不计空载电流，两个都是纯电阻负载。试求：(1) 二次侧两个绕组的匝数；(2) 一次绕组的电流；(3) 变压器的容量至少为多少？

21. 图 4-38 中信号源 $U_S = 1.0\mathrm{V}$，内阻 $R_0 = 200\Omega$，负载电阻 $R_L = 8\Omega$，今欲使负载从信号源获得最大功率，试求变压器的电压比。

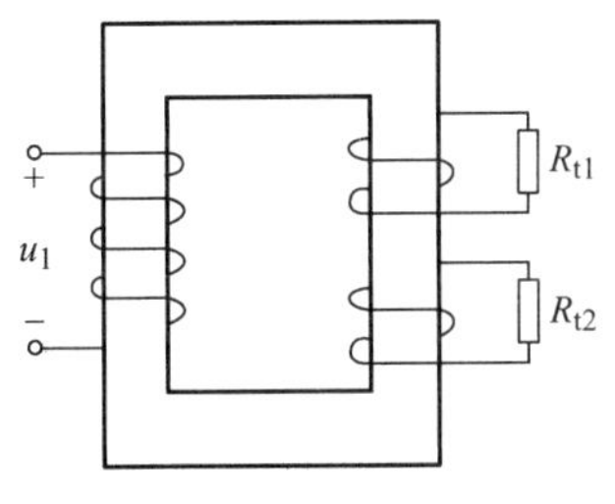

图 4-37　题 20 图

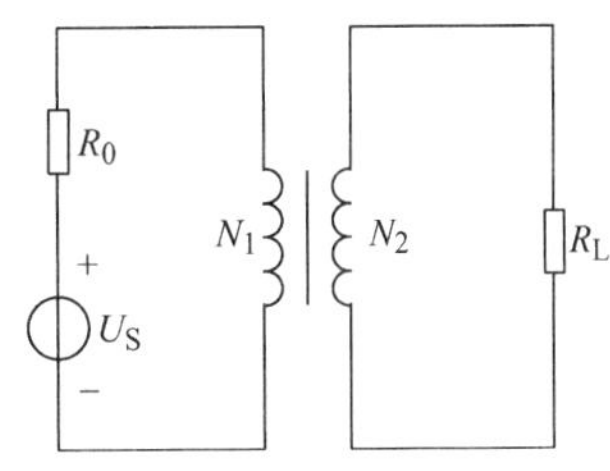

图 4-38　题 21 图

22. 已知信号源的交流电动势 $E = 2.4\mathrm{V}$，内阻 $R_0 = 600\Omega$，通过变压器使信号源与负载完全匹配，若这时负载电阻的电流 $I_2 = 4\mathrm{mA}$，则负载电阻应为多大？

23. 在图 4-39 中，输出变压器的二次绕组有中心抽头，以便接 8Ω 或 3.5Ω 的扬声器，两者都能达到阻抗匹配。试求二次绕组两部分匝数之比 N_2/N_3。

24. 在图 4-40 中，已知信号源的电压 $U_S = 12\mathrm{V}$，内阻 $R_0 = 1\mathrm{k}\Omega$，负载电阻 $R_L = 8\Omega$，变压器的电压比 $K = 10$，求负载上的电压 U_2。

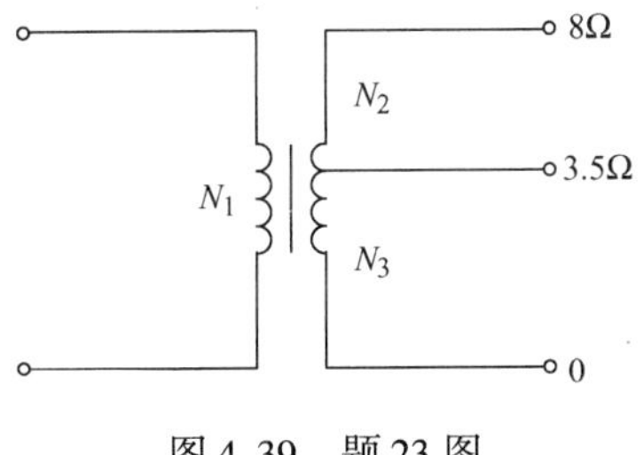

图 4-39　题 23 图

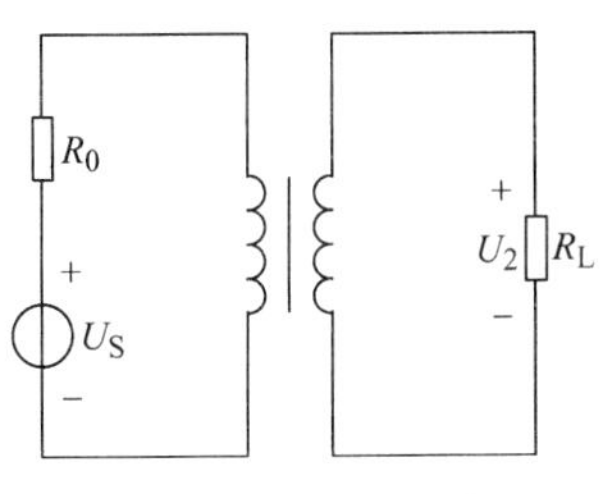

图 4-40　题 24 图

25. 单相变压器一次绕组匝数 $N_1 = 1000$ 匝，二次绕组 $N_2 = 500$ 匝，现一次侧加电压 $U_1 = 220\mathrm{V}$，二次侧接电阻性负载，测得二次电流 $I_2 = 4\mathrm{A}$，忽略变压器的内阻抗及损耗，试求：(1) 一次侧等效阻抗 R_1'；(2) 负载消耗的功率 P_2；

26. 有一额定值为 220V、100W 的电灯 300 盏，接成星形的三相对称负载，从线电压为 10kV 的供电网上取用电能，需用一台三相变压器。设此变压器用 Yyn 接法，求所需变压器的最小额定容量以及额定电压和额定电流。

27. 某机修车间的单相变压器，一次侧的额定电压为 220V，额定电流为 4.55A，二次侧的额定电压为 36V，试求二次侧可接 36V、60W 的白炽灯多少盏？

28. 两个具有耦合的线圈如图 4-41 所示，请标出它们的同名端。

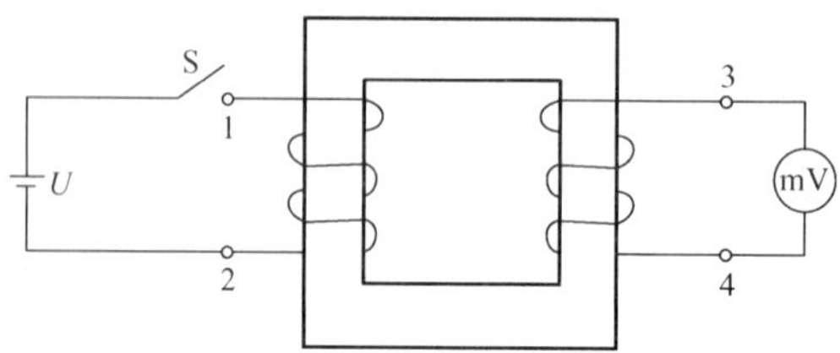

图 4-41　题 28 图

第 5 章　电　动　机

知识目标：

★ 掌握直流电动机的结构、转动原理、分类和机械特性；
★ 掌握三相异步电动机的结构、原理、机械特性；
★ 了解同步电动机、单相异步电动机的结构和工作原理；
★ 理解步进电动机的工作原理及特性。

技能目标：

★ 掌握小型直流电动机的拆装和检测方法；
★ 掌握小型三相异步电动机的拆装和检测方法；
★ 学会正确使用万用表、电流钳、兆欧表对电动机进行检测。

内容描述：

现代各种生产机械普遍利用电动机来驱动，电动机的作用是将电能转换为机械能。它可以简化生产机械结构，提高生产率和产品质量，能实现自动控制和远距离操纵，减轻繁重的体力劳动。

电动机可分为直流电动机和交流电动机两大类。直流电动机按励磁方式可分为他励、并励、串励和复励四种。交流电动机又分异步电动机（也称感应电动机）和同步电动机。生产中主要采用的是交流电动机，其中三相异步电动机被广泛应用于驱动各种金属切削机床、起重机、锻压机、传送带、铸造机械、功率不大的通风机及水泵等。同步电动机主要应用于功率较大、不需要调速、长期工作的各种生产机械，如压缩机、水泵、通风机等。单相异步电动机常用于驱动功率不大的电动工具和某些家用电器。直流电动机运用于需要均匀调速的生产机械，如龙门刨床、轧钢机、某些重型机床的主传动机构、电力牵引和起重设备、汽车上的起动机和各种辅助机械设备的控制等。除上述动力用电动机外，在自动控制系统中还用到各种控制电机。

本章着重介绍直流电动机和三相异步电动机的结构、工作原理及机械特性等。对单相异步电动机、同步电动机和步进电动机作简单介绍。

内容索引：

★ 直流电动机
★ 交流电动机
★ 步进电动机

5.1 直流电动机

直流电机是机械能和直流电能互相转换的旋转机械装置。直流电机用作发电机时，它将机械能转换为电能，用作电动机时，将电能转换为机械能。

直流电动机跟交流电动机相比结构复杂，维护也不方便，但是由于它具有较好的调速和起动性能，因此，对调速要求较高的生产机械或者需要较大起动转矩的生产机械往往采用直流电动机来驱动。

5.1.1 直流电机的工作原理

为了讨论直流电机的工作原理，我们把复杂的直流电机结构简化为如图 5-1 所示的原理模型图，其中包括一对磁极和一个电枢线圈，线圈两端分别连在两个换向器上，换向器上压着电刷。

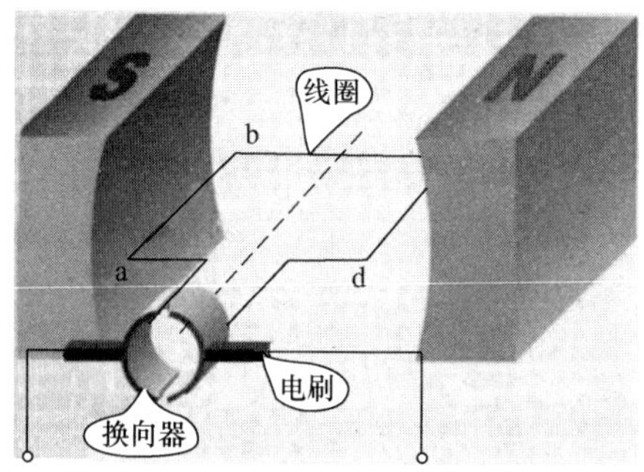

图 5-1　直流电机原理模型图

直流电机作发电机运行时，如图 5-2 所示，电枢线圈由原动机驱动旋转，在线圈的两个有效边便产生感应电动势，但如果没有换向器，每个有效边的电动势是交变的，换向器的作用在于将发电机电枢线圈的交变电动势变换成极性不变的电动势，当电刷之间接有负载时，在电动势的作用下就在电路中产生了一定方向的电流。

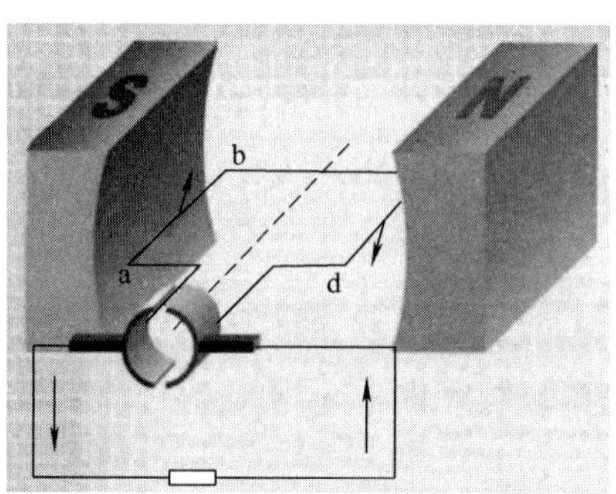

图 5-2　直流发电机工作原理

当直流电机作电动机运行时，将直流电源接在两电刷之间而使电流通入电枢线圈，电流方向如图 5-3a 所示，两个有效边受到电磁力矩的作用而旋转，受力方向可由左手定则确定。

电磁力矩将使电枢线圈按逆时针方向旋转。随着电枢的旋转，线圈转到如图 5-3b 位置处时，换向片交换接触另一电刷，这时流经线圈的电流方向改变，使电磁转矩的大小和方向保持不变，所以，直流电动机通电后能按一定方向连续旋转。

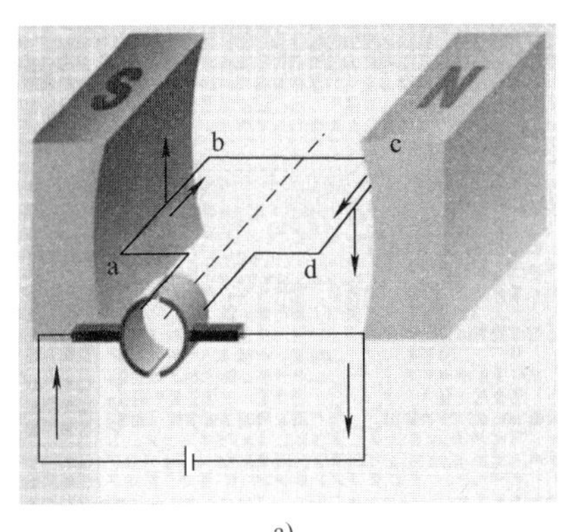

a)

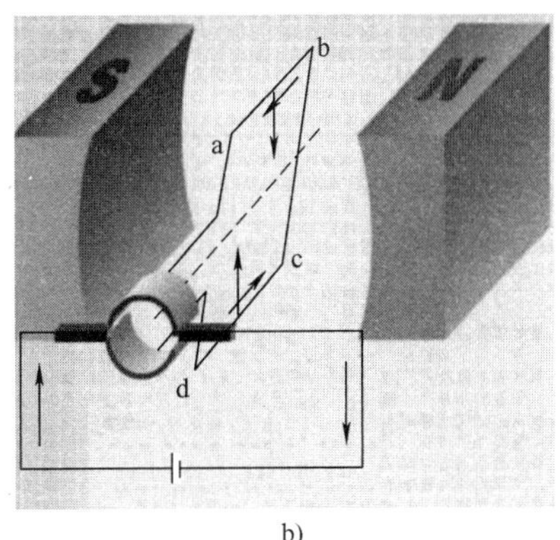

b)

图 5-3　直流电动机工作原理

直流电动机换向器的作用：能改变线圈中电流的方向，使直流电机中保持转子电磁转矩方向始终一致，从而使线圈持续转动下去。

实际的直流电机就是根据上述原理制成的，只是结构复杂一些。下面我们以直流电动机为例讨论。

5.1.2　直流电动机的结构

直流电动机由定子和转子构成，如图 5-4 所示。

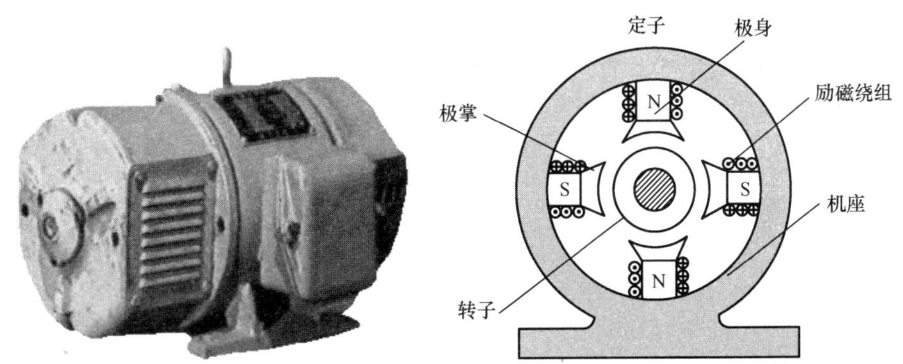

图 5-4　直流电动机的外形和结构

1. 定子

定子由主磁极、换向磁极、机座、端盖和电刷装置等组成，如图 5-5 所示。主磁极由铁心和励磁绕组组成，铁心由极身和极掌构成。励磁绕组套在极身上，极掌用于挡住励磁绕组并使空气隙的磁阻减小，极掌的弧线有一定的形状，以改善气隙磁感应强度的分布。励磁绕组通以励磁电流产生主磁场，它可以是一对、两对或多对磁极。

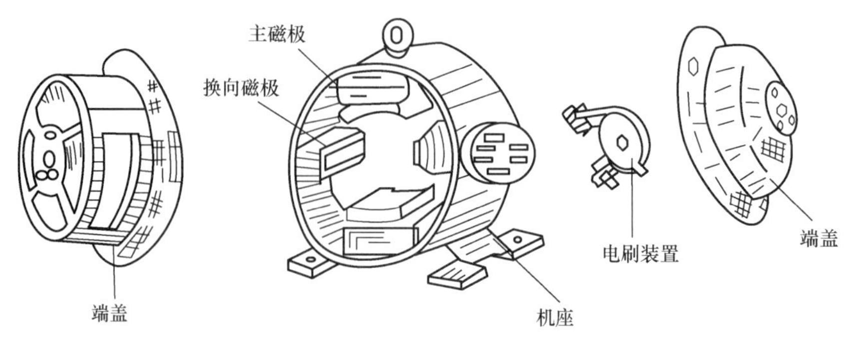

图 5-5 直流电动机定子

在小型直流电动机中，也有用永久磁铁作磁极的，称为永磁电动机，永磁电动机可视为他励电动机的一种。

换向磁极由换向磁极铁心和绕组组成，位于两主磁极之间，并与电枢串联，通以电枢电流，产生附加磁场，以改善电动机的换向条件，减小换向器上的火花，在小功率直流电动机中不装换向磁极。

机座由铸钢或厚钢板制成，用以安装主磁极和换向器等部件，并保护电动机，它既是电动机的外壳又是电动机磁路的一部分。

在机座两端各有一个端盖，端盖中心处装有轴承，用来支持转子和转轴，端盖上还固定有电刷架，用以安装电刷。

2. 转子

直流电动机的转子又称电枢，如图 5-6 所示。它主要由电枢铁心、电枢绕组、换向器、转轴和风扇等部件组成。

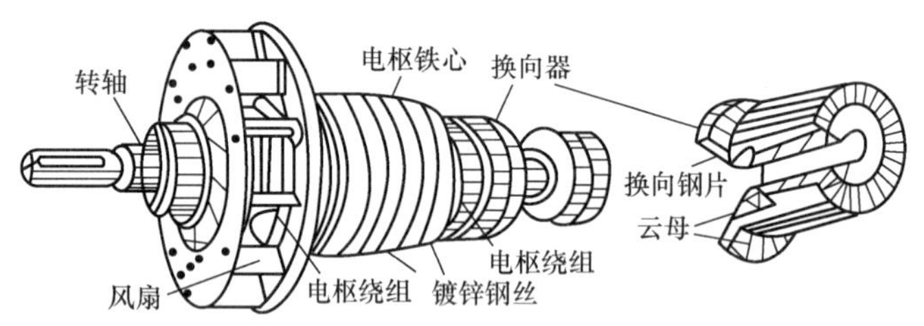

图 5-6 直流电动机转子

电枢铁心由硅钢片叠压而成，其表面有许多均匀分布的槽，用来嵌入电枢绕组。电枢绕组由许多相同的线圈组成，按一定规律嵌入电枢铁心的槽内并与换向器相连，通以电流时在主磁场的作用下产生电磁转矩。

换向器又称整流子，是直流电动机的特有装置，它由许多楔形铜片组成，各片间用云母或其他垫片绝缘，外表呈圆柱形，固定在转轴上，并与轴绝缘。在换向器表面用弹簧压着电刷，电刷安装在电刷架上，电刷架固定在端盖上。电枢绕组通过换向器、电刷与外电路相连，以引入直流电。

5.1.3　直流电动机的励磁方式

直流电动机的主磁场由励磁绕组中的励磁电流产生，根据不同的励磁方式，直流电动机可分为他励电动机、并励电动机、串励电动机和复励电动机，如图 5-7 所示。

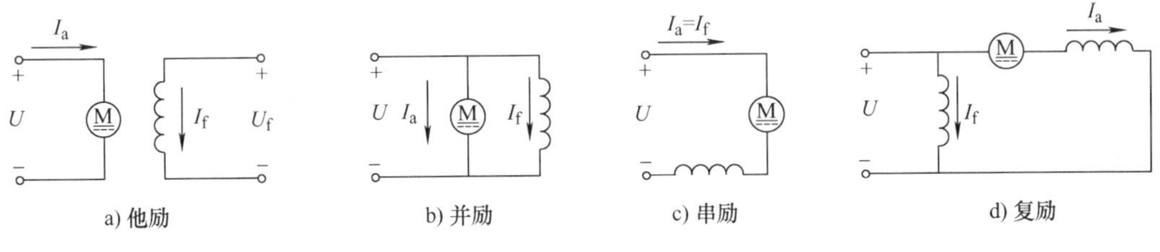

图 5-7　直流电动机的分类

（1）他励电动机

励磁绕组和转子电枢绕组分别由两个直流电源供电。

（2）并励电动机

励磁绕组和电枢绕组并联，由一个直流电源供电。励磁电压就是电枢两端电压。

（3）串励电动机

励磁绕组与电枢绕组串联接到同一电源上。励磁电流等于电枢电流。

（4）复励电动机

励磁绕组分为两组，一组与电枢绕组串联，另一组与电枢绕组并联，并接在同一电源上。

5.1.4　直流电动机的机械特性

1. 电磁转矩

直流电动机的电磁转矩是由电枢绕组通入直流电流后在磁场中受力而形成的，电枢所受磁场力 $F \propto BI_aL$。对于给定的电动机，磁感应强度 B 与每极磁通 Φ 成正比，电枢在磁场中的有效长度 L 及转子半径等都是固定的，取决于电动机的结构，因此直流电动机的电磁转矩 T 的大小可表示为

$$T = C_T \Phi I_a \tag{5-1}$$

式中，C_T为转矩常数，与电动机的结构有关；Φ 为每极磁通，单位是韦伯（Wb）；I_a为电枢电流，单位是安培（A），T 的单位是牛［顿］·米（N·m）。

2. 电枢反电动势和电流

当电枢旋转时，电枢绕组中的导体切割磁感线，因此在导体中又要产生感应电动势，该电动势的方向与电枢电流的方向相反，因此称为反电动势，其大小为

$$E_a = C_E \Phi n \tag{5-2}$$

式中，C_E为电动势常数，与电动机的结构有关；Φ 为每极磁通，单位是韦伯（Wb）；n 为电动机转速，单位是转/分钟（r/min）；E_a的单位是伏［特］（V）。

由此可见，直流电动机在旋转时，电枢反电动势 E_a 的大小与每极磁通 Φ 及电动机转速 n 成正比，它的方向与电枢电流方向相反，所以反电动势在电路中起限制电流的作用。

并励和他励电动机的电枢回路如图 5-8a 所示，设电枢电阻为 R_a，由 KVL 可知

$$U = E_a + I_a R_a \tag{5-3}$$

故电枢电流 $I_a = \dfrac{U - E_a}{R_a}$，此式说明，电枢电流 I_a 的大小不仅与 U、R_a 有关，而且还受到反电动势 E_a 的制约。当 U 和 R_a 一定时，I_a 仅取决于 E_a。

串励电动机的电枢回路如图 5-8b 所示，由于励磁绕组与电枢绕组串联，设励磁绕组电阻为 R_f，则上式应改写为

$$U = E_a + I_a R_a + I_f R_f \tag{5-4}$$

反电动势 E_a 在直流电动机转矩和功率的自动平衡中扮演着重要角色。

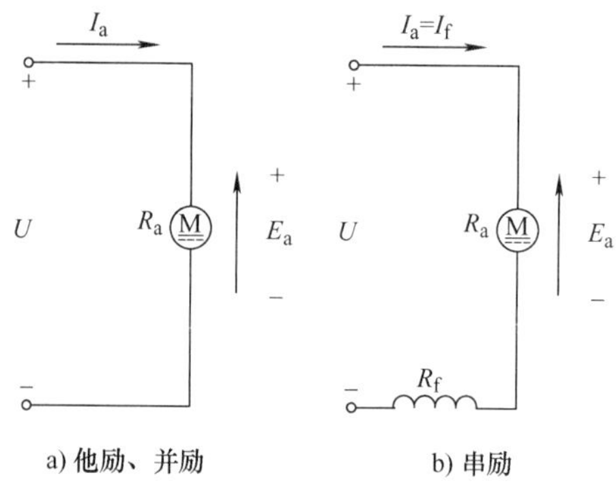

图 5-8　电枢电路

3. 转矩和功率的自动平衡

电动机的电磁转矩是驱动转矩，它使电枢转动。电动机要稳定运行，电磁转矩 T 必须与机械负载转矩 T_L 及空载损耗转矩 T_0 相平衡。当电动机轴上的机械负载发生变化时，电动机的转速、电动势、电流及电磁转矩将自动进行调整，以适应负载的变化，从而保持新的平衡。比如，当机械负载增加时，电动机的电磁转矩便小于负载转矩，于是转速开始下降，反电动势随之减小（据式(5-2)），而电枢电流将增大（据式(5-3)），于是电磁转矩也随着增大（据式(5-1)），直到与阻转矩达到新的平衡，转速不再下降，保持新的较低的速度稳定运行。

上述过程中，当机械负载增加，输出功率也将增大，由于反电动势减小，电枢电流增大，使电枢从电源吸收的电功率也增加，从而达到新的功率平衡。可见反电动势在转矩和功率的平衡中都起着自动调节平衡的作用。

以上转矩和功率的自动平衡过程可归纳如下：

$$T_L\uparrow \rightarrow n\downarrow \rightarrow E_a\downarrow \rightarrow I_a\uparrow \rightarrow T\uparrow$$

$$\llcorner\!\rightarrow P_2\uparrow \longleftrightarrow P_{\text{吸电}}\uparrow \quad (I_a\uparrow\ \downarrow\ P_{\text{吸电}}\uparrow)$$

4. 直流电动机的机械特性

励磁方式不同的电动机，其机械特性也不同。机械特性即满足函数 $n=f(T)$ 的关系曲线。

(1) 他励和并励电动机的机械特性

根据式(5-2) 和式(5-3) 得出直流电动机的转速为

$$n=\frac{E_a}{C_E\Phi}=\frac{U-I_aR_a}{C_E\Phi} \tag{5-5}$$

式(5-5) 表明，直流电动机的转速 n 与电枢电压 U、每极磁通 Φ 及电枢回路电阻 R_a 都有关系。把式(5-1) 代入式(5-5) 中，即可得出直流电动机的转速 n 与电磁转矩 T 的关系为

$$n=\frac{U-I_aR_a}{C_E\Phi}=\frac{U}{C_E\Phi}-\frac{(T/C_T\Phi)R_a}{C_E\Phi}=\frac{U}{C_E\Phi}-\frac{R_a}{C_TC_E\Phi^2}T \tag{5-6}$$

式中每极磁通 Φ 是由励磁绕组中的励磁电流产生的。他励和并励电动机的励磁电流不受负载变化的影响，即当励磁电压 U_f 一定时，Φ 为常数，这时式(5-6) 可写成

$$n=n_0-CT \tag{5-7}$$

式中，$n_0=\dfrac{U}{C_E\Phi}$ 为理想空载转速，即 $T=0$ 时的转速；$C=\dfrac{R_a}{C_EC_T\Phi^2}$，由于 R_a 很小，因此 C 是一个很小的常数，它代表电动机随着负载增加而转速下降的斜率。故他励和并励电动机的机械特性是一条略向下倾斜的直线，如图 5-9 所示。

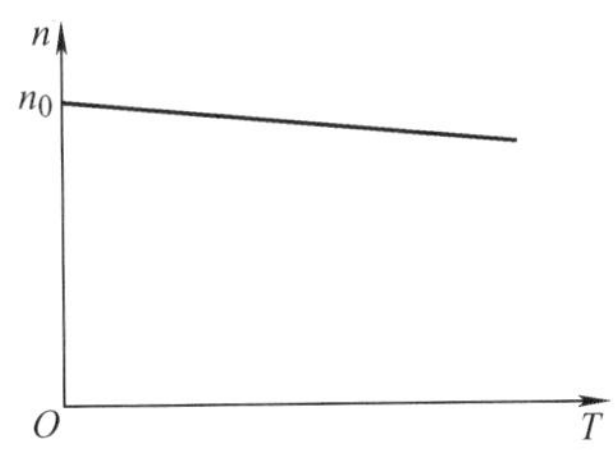

图 5-9　他励和并励电动机的机械特性

显然，并励和他励电动机具有硬的机械特性，在负载变化时，转速变化不明显，因此适用于恒转速类机械，如龙门刨床、大型车床、冶金机械等。

(2) 串励电动机的机械特性

串励电动机中电枢电流就是励磁电流，在电压 U 一定时，每极磁通与电枢电流成正比，即

$$\Phi=C_\Phi I_a \tag{5-8}$$

由式(5-1)、式(5-2)、式(5-4) 和式(5-8) 联立可得

$$n=\frac{U}{C_EC_\Phi\sqrt{\dfrac{T}{C_EC_\Phi}}}-\frac{R_a+R_f}{C_EC_\Phi}\approx\frac{U}{C\sqrt{T}} \tag{5-9}$$

故串励电动机的机械特性是一条双曲线，如图 5-10 所示。串励电动机的转速随着负载的增加而显著下降，这种特性称为软特性，这是串励电动机的特点之一，这种特性特别适用于起重设备。但要注意不允许串励电动机在空载或轻载的情况下运行，因为此时电枢电流很

小，磁通很小，电动机可能会因转速升得过高而损坏，所以，为避免出现空载飞车现象，串励电动机与机械负载之间必须可靠连接，不允许采用皮带等中间环节。

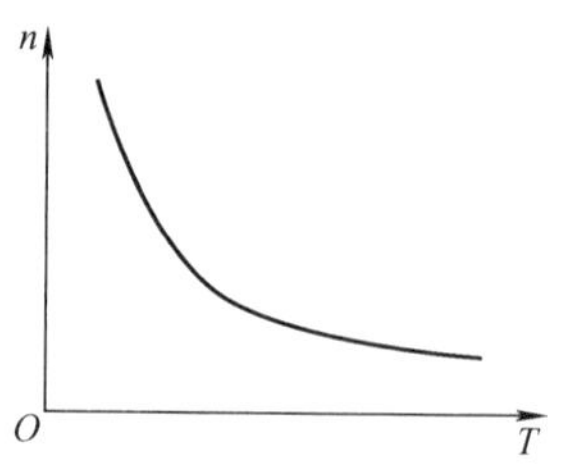

图 5-10　串励电动机的机械特性

由式(5-1）和式(5-8）可知串励直流电动机的电磁转矩与电枢电流的二次方成正比，即

$$T = C_T \Phi I_a = C_T C_\Phi I_a^2 \tag{5-10}$$

故它的起动转矩大，过载能力强，这是串励电动机的另一个特点，特别适合于电车、电动机车及电力牵引设备等起重转矩要求较高的提升运输设备中。

(3）复励电动机的机械特性

复励电动机兼有并励和串励两方面的特性，机械特性介于两者之间，如图 5-11 所示。当并励绕组的作用大于串励绕组的作用时，机械特性接近于并励电动机，反之，接近于串励电动机，所以它既可以用于轻载或空载的情况，也可以用于负载变化较大的场合，应用范围较广。

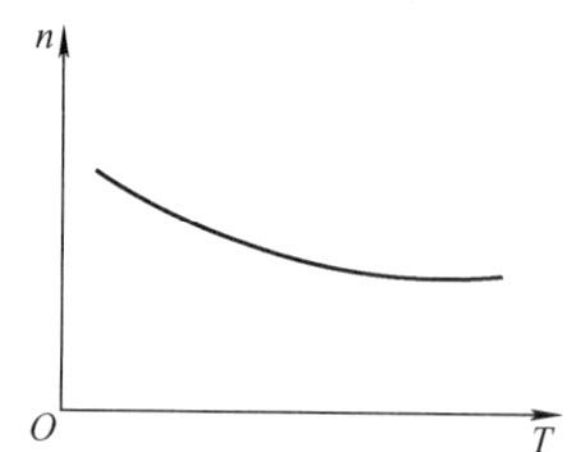

图 5-11　复励电动机的机械特性

5.1.5　直流电动机的铭牌数据

每台直流电动机的外壳上都有一个铭牌，上面标有该电动机的技术数据，主要包括其型号和额定值。

1. 型号

直流电动机的型号如 Z2 - 41，其中 Z—直流电动机，2—第二次统一设计，4—机座号，1—电枢铁心的长度序号。

直流电动机还有其他的型号表示方法，如 ZF2—151—1B、ZD2—121—1B 等，具体可查阅电工手册。

2. 额定电压

额定电压是指电动机额定工作状态下电动机的输入电压。

3. 额定电流

额定电流是指电动机长期连续运行时从电源输入的电流。

4. 额定转速

电动机在额定运行时，转轴的转速称为额定转速。

5. 额定功率

电动机额定运行状态下，电动机轴上输出的机械功率称为额定功率。

6. 额定励磁电流

电动机在额定运行的情况下，通过励磁绕组的电流称为额定励磁电流。

7. 励磁

直流电动机铭牌上的励磁指直流电机的励磁方式。

直流电动机铭牌上还有额定转矩、额定励磁电压、额定温升、工作方式等数据。其中，直流电动机的额定转矩计算公式与交流电动机的额定转矩计算公式相同，为

$$T_N = 9550\frac{P_N}{n_N} \tag{5-11}$$

式中，P_N为额定功率，单位是千瓦（kW）；n_N为额定转速，单位是转/分钟（r/min）；T_N为额定转矩，单位是牛［顿］·米（N·m）。

【例 5.1】 一台直流电动机，技术数据为 $P_N = 5.5$ kW，$U_N = 220$ V，$n_N = 3000$r/min，$I_N = 30$A，求额定转矩和额定效率。

解： 额定转矩为

$$T_N = 9550\frac{P_N}{n_N} = 9550\times\frac{5.5}{3000}\text{N}\cdot\text{m} = 17.5\text{N}\cdot\text{m}$$

电动机的额定效率等于额定输出功率与额定输入功率之比，即

$$\eta_N = \frac{P_N}{P_{1N}} = \frac{P_N}{U_N I_N} = \frac{5.5\times10^3}{220\times30}\times100\% = 83.3\%$$

【例 5.2】 有一并励电动机，其额定数据如下：$P_2 = 22$kW，$U = 110$V，$n = 1000$r/min，$\eta = 84\%$，并已知 $R_a = 0.04\Omega$，$R_f = 27.5\Omega$。试求：（1）额定电流 I、额定电枢电流 I_a及额定励磁电流 I_f；（2）损耗功率 ΔP_{aCu}、ΔP_{fCu}及 ΔP_0；（3）额定转矩 T；（5）反电动势 E_a。

解：（1）P_2是输出（机械）功率，则额定输入（电）功率为

$$P_1 = \frac{P_2}{\eta} = \frac{22}{0.84}\text{kW} = 26.19\text{kW}$$

额定电流为

$$I = \frac{P_1}{U} = \frac{26.19\times10^3}{110}\text{A} = 238\text{A}$$

额定励磁电流为

$$I_f = \frac{U}{R_f} = \frac{110}{27.5}\text{A} = 4\text{A}$$

额定电枢电流为

$$I_a = I - I_f = (238 - 4)\text{A} = 234\text{A}$$

（2）电枢电路铜损为

$$\Delta P_{aCu} = R_a I_a^2 = 0.04 \times 234^2 \text{W} = 2190\text{W}$$

励磁电路铜损为

$$\Delta P_{fCu} = R_f I_f^2 = 27.5 \times 4^2 \text{W} = 440\text{W}$$

总损失功率为

$$\sum \Delta P = P_1 - P_2 = 26190\text{W} - 22000\text{W} = 4190\text{W}$$

空载损耗功率为

$$\Delta P_0 = \sum \Delta P - \Delta P_{Cu} = 4190\text{W} - 2190\text{W} - 440\text{W} = 1560\text{W}$$

（3）额定转矩为

$$T = 9550\frac{P_2}{n} = 9550 \times \frac{22}{1000}\text{N} \cdot \text{m} = 210\text{N} \cdot \text{m}$$

（4）反电动势为

$$E_a = U - R_a I_a = (110 - 0.04 \times 234)\text{V} = 100.6\text{V}$$

5.2 交流电动机

交流电动机分异步电动机和同步电动机。异步电动机（也称感应电机）由于具有结构简单、运行可靠、维护方便、价格低廉等优点，是所有电动机中应用最广泛的一种，如机床、起重机、传送带、鼓风机、水泵及各种农副产品的加工等都普遍采用三相异步电动机。各种家用电器（如冰箱、电扇、洗衣机、排油烟机等）、医疗器械和许多小型机械（如电钻、搅拌器等）则使用单相异步电动机。同步电动机常用于长期连续运行及保持转速不变的场所，如驱动水泵、通风机、压缩机等。

5.2.1 三相异步电动机的结构

三相异步电动机有两个基本组成部分：定子和转子，如图 5-12 所示。

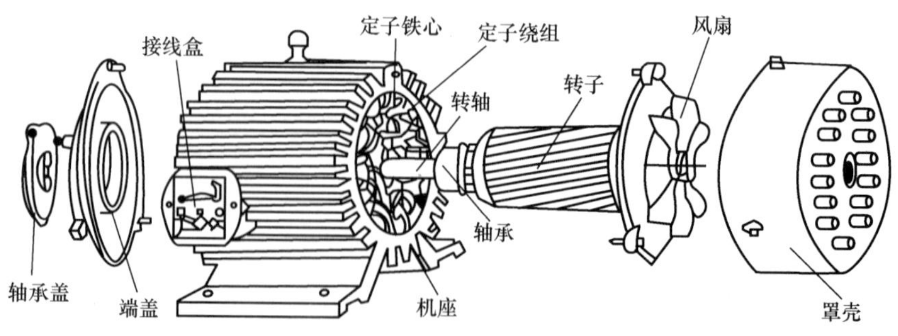

图 5-12　三相异步电动机的结构

（1）定子

如图 5-13 所示，三相异步电动机的定子由机座和装在机座内的圆筒形铁心以及其中的三相定子绕组构成，机座是用铸铁或铸钢所制成，铁心是由相互绝缘的硅钢片叠成（与变压器铁心一样），如图 5-14 所示，铁心圆筒内表面冲有槽，用来放置三相对称绕组。

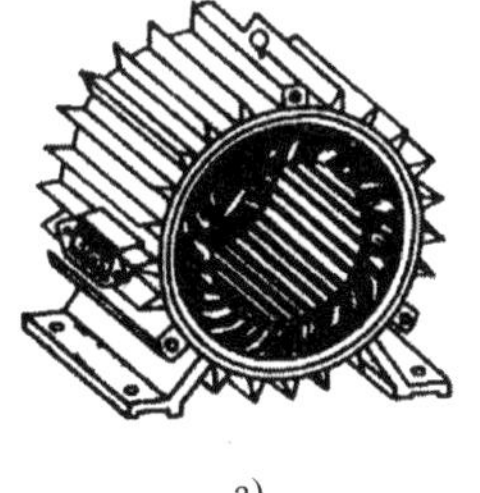

a)

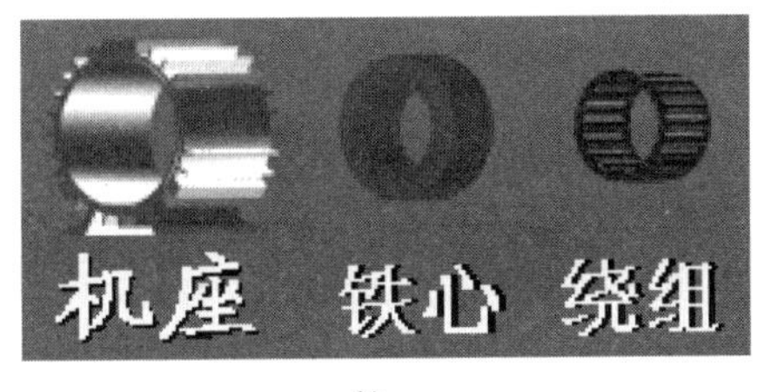

b)

图 5-13　定子结构

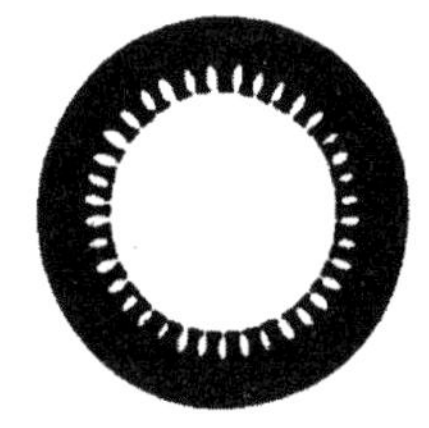

图 5-14　定子铁心硅钢片

三相绕组在定子内圆周空间彼此相隔 120°，共有六个出线端，分别引至电动机接线盒的接线柱上。三相定子绕组可以连接成星形或三角形，如图 5-15 所示。其接法根据电动机的额定电压和三相电源电压而定，通常三个绕组的首端分别用 U_1、V_1、W_1表示，末端分别用 U_2、V_2、W_2表示。

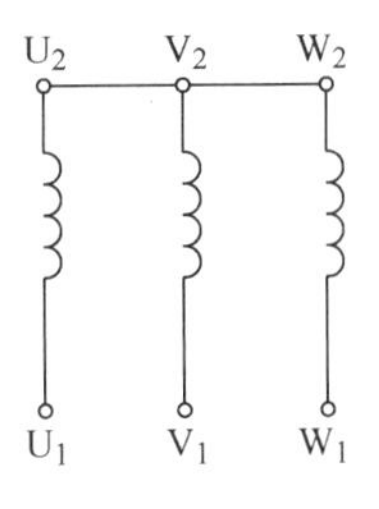

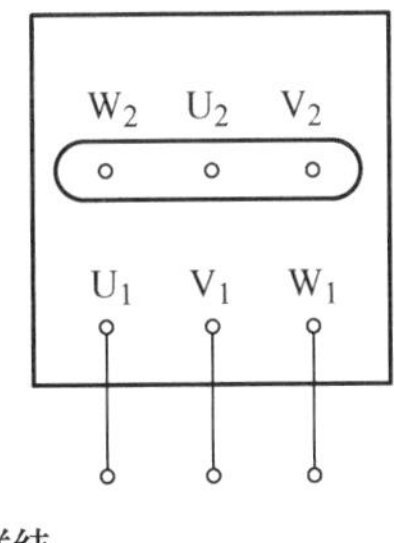

a) 星形联结

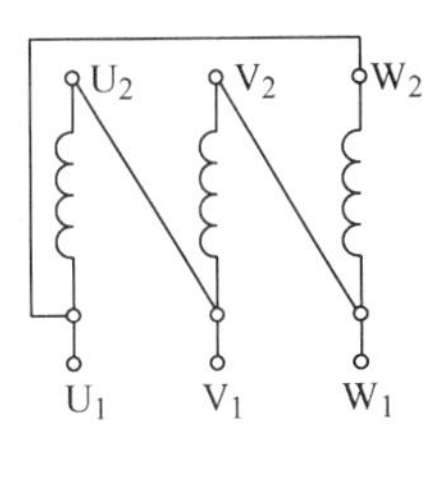

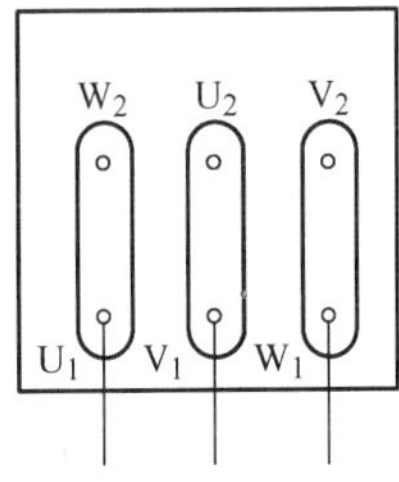

b) 三角形联结

图 5-15　三相异步电动机定子绕组接线

小型异步电动机的定子绕组由高强度漆包圆铜线或铝线绕制而成，一般采用单层绕组；大、中型异步电机的定子绕组用截面较大的扁铜线绕制成形，再包上绝缘，一般采用双层绕组。

（2）转子

三相异步电动机的转子有两种形式，即笼型转子和绕线转子，转子铁心是圆柱状，也用硅钢片叠成（见图 5-16），表面冲有槽，以放置导条或绕组。轴上加机械负载。

图 5-16　转子铁心硅钢片

笼型转子做成鼠笼状，就是在转子铁心的槽中置入铜条或铝条（导条）。其两端用端环连接，称为短路环，如图 5-17a、b 所示。若把铁心拿出来，整个转子绕组外形很像一个鼠笼，如图 5-17c 所示，故称笼型转子。在中小型笼型电动机中，转子的导条多用铸铝制成，常把它与风扇叶片铸在一起。

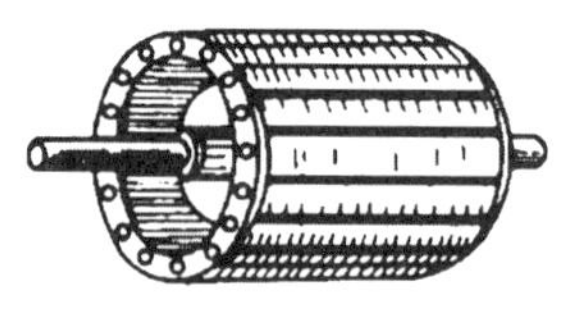
a) 铜条转子

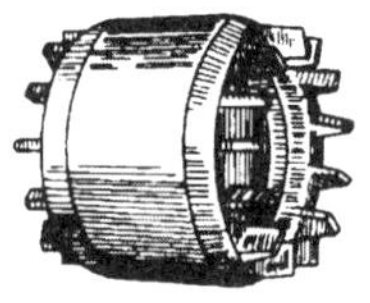
b) 铸铝转子

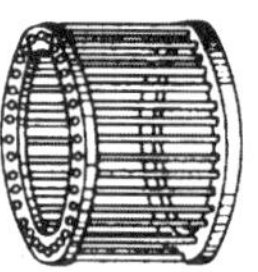
c) 笼型绕组

图 5-17　笼型转子结构

绕线转子的结构如图 5-18 所示，它的转子绕组同定子绕组一样，也为三相对称绕组，嵌放在转子槽内。三相转子绕组通常连接成星形，即三个末端连在一起，三个首端分别与转轴上的三个集电环（集电环与轴绝缘且集电环间相互绝缘）相连（见图 5-19），通过集电环和电刷接到外部起动电阻或调速电阻上，以改善电动机的起动和调速性能。通常就是根据绕线转子异步电动机具有三个集电环的构造特点来辨认它的。图 5-20 和图 5-21 分别是小型笼型和绕线转子异步电动机的实物图比较。

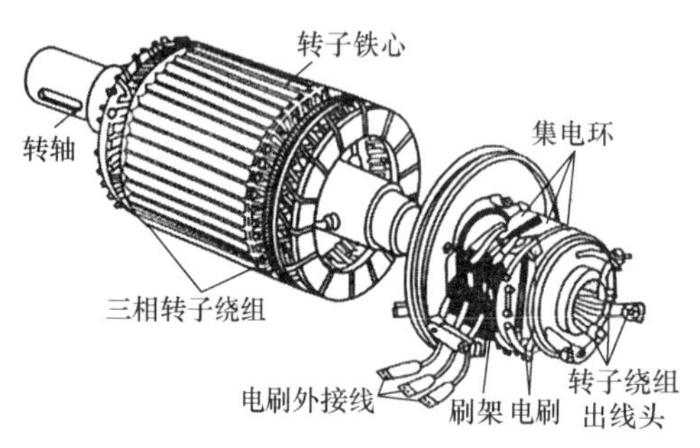

图 5-18　绕线转子结构

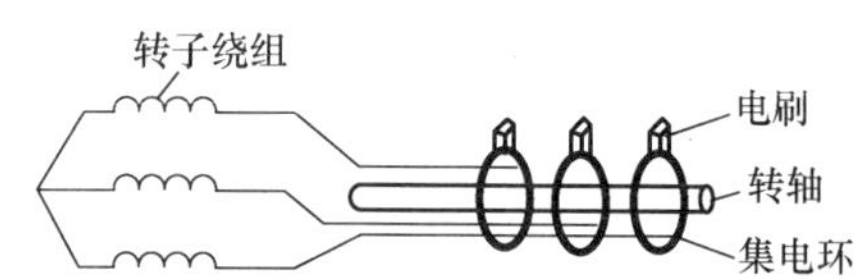

图 5-19　绕线转子绕组的连接

图 5-20　笼型异步电动机

图 5-21　绕线转子异步电动机

绕线转子电动机由于结构复杂、价格较贵，仅适用于要求有较大起动转矩及有调速要求的场合。而笼型电动机由于结构简单、价格低廉、性能可靠及使用维护方便，在生产中应用广泛。

5.2.2　三相异步电动机的工作原理

如图 5-22 所示，装有手柄的蹄形磁铁两极间放有一个可以自由转动的笼型转子。磁极和转子之间没有机械联系。当摇动磁极时，发现转子跟着磁极一起转动，摇得快，转子也转得快，摇得慢，转子转动得也慢，反摇，转子马上反转。

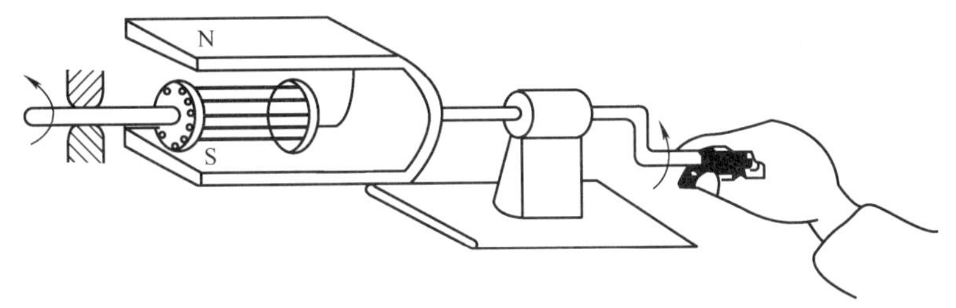

图 5-22　异步电动机原理模型

从这个演示实验中可以得出结论：笼型转子之所以转动，是因为有一个旋转磁场。转子转动的方向和快慢都与旋转磁场有关。异步电动机转动的原理与上述演示类似。那么在三相异步电动机中，旋转磁场是怎么产生的呢？

1. 旋转磁场的产生

在三相异步电动机定子铁心中嵌放着三相对称绕组 U_1U_2、V_1V_2、W_1W_2。设将三相绕组接成星形，接在三相电源上，如图 5-23 所示，绕组中便通入三相对称电流，则

$$I_U = I_m \sin\omega t$$

$$I_V = I_m \sin(\omega t - 120°)$$

$$I_W = I_m \sin(\omega t + 120°)$$

其波形如图 5-24 所示。

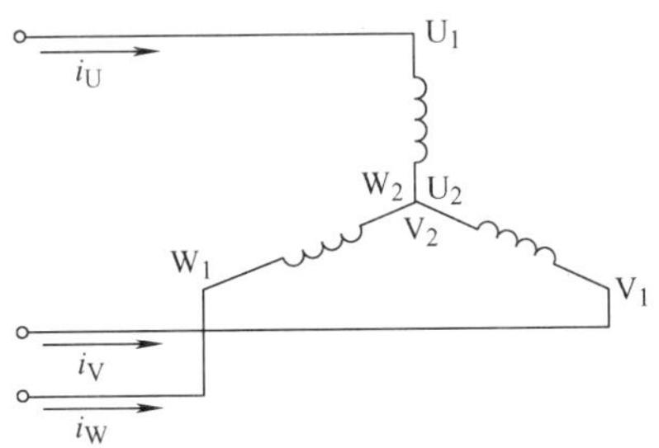

图 5-23　定子绕组星形联结

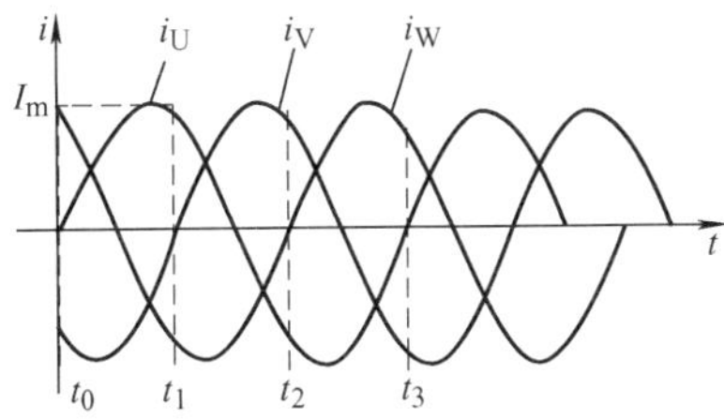

图 5-24　三相对称电流波形

设在正半周时，电流从绕组的首端流入，尾端流出。在负半周时，电流从绕组的尾端流入，首端流出。取 t_0、t_1、t_2、t_3时刻，根据右手定则可以判断定子绕组中电流产生合成磁场的变化情况，如图 5-25 所示。

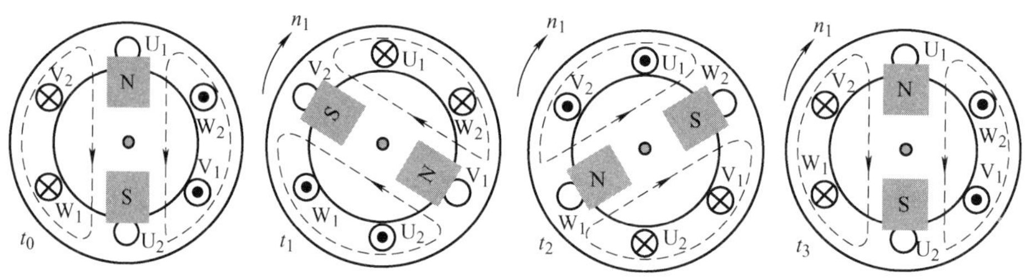

图 5-25　对应电流各时刻的合成磁场方向

由图发现，当定子绕组中通入三相电流后，它们产生的合成磁场随电流的变化在空间不断旋转着，而且，对应一个电流周期，旋转磁场在空间也转过 360°，这就是旋转磁场。旋转磁场同磁极在空间的旋转（见图 5-22）所起的作用是一样的，旋转磁场的方向是什么样，转子就向什么方向转动。

2. 旋转磁场的方向

旋转磁场的方向和三相交流电源相序有关。以上是按 U→V→W 的相序，旋转磁场就按顺时针方向旋转。如改变电源相序（三根电源线中任意两相对调位置，如图 5-26a 对调 V 和 W 两相），就可以改变旋转磁场的方向（见图 5-26b），从而改变三相异步电动机转子的转动方向，实现电动机的反转。

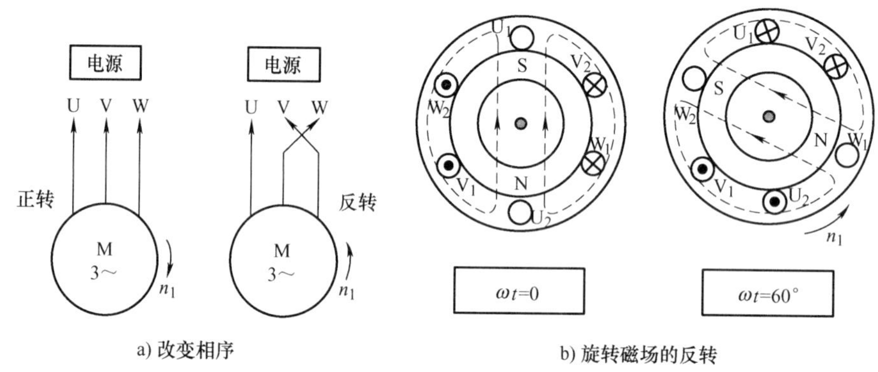

图 5-26　三相异步电动机的反转

综上，我们总结一下三相异步电动机的转动原理：

当在三相异步电动机定子绕组中通入三相对称交流电后，定子绕组产生旋转磁场，使转子导条切割旋转磁场的磁感线，导条中就产生感应电动势，闭合导条就有感应电流产生，该电流受到磁场电磁力的作用，产生电磁转矩，转子就转动起来。又根据楞次定律，感应电流的磁场总是阻碍原磁通的变化，因此转子的转动方向跟旋转磁场的方向相同，改变电源相序可以改变旋转磁场方向，从而实现电动机转子反转。

3. 旋转磁场的极数

旋转磁场的极数与每相绕组的安排有关，以上阐述的是每相有一个绕组，绕组的始端之间相差 120°空间角，合成磁场只有一对磁极（N、S 极），则极对数为 1（$p=1$，p 为极对数），称电动机为两极电动机。

当每相有两个绕组串联时，其绕组首端之间的相位差为 120°/2 =60°的空间角，如图 5-27 所示。产生的旋转磁场具有两对磁极（$p=2$），称 4 极电动机，如图 5-28 所示。

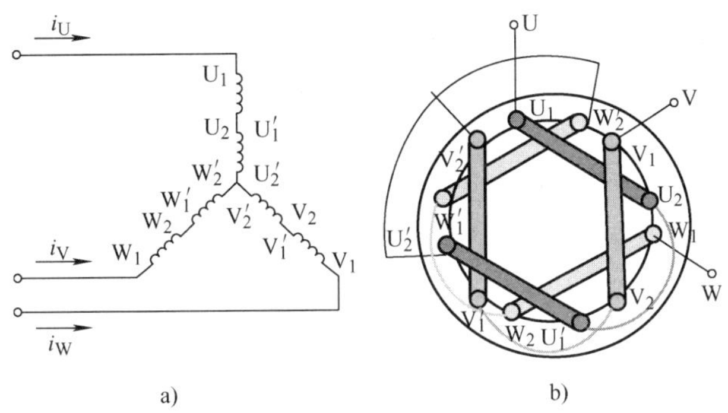

图 5-27　产生四极旋转磁场的定子绕组

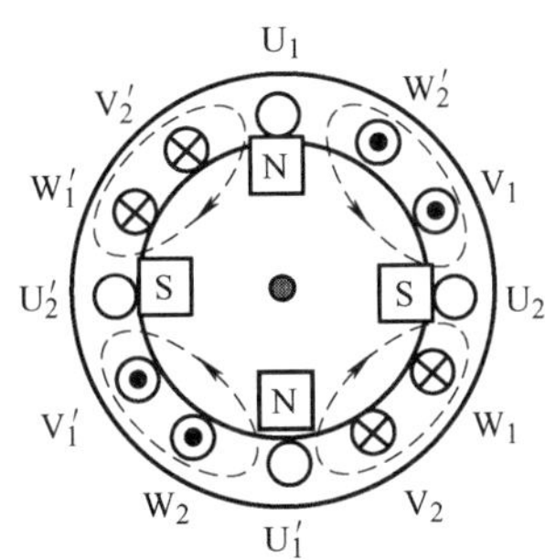

图 5-28　$p=2$ 的旋转磁场

同理，每相有三个绕组串联，$p=3$，称 6 极电动机，绕组首端之间相位差为 120°/3 =40°的空间角。

4. 旋转磁场的转速（同步转速 n_0）

旋转磁场的转速决定于磁极数。在一对磁极的情况下，当电流从 $\omega t=0$ 到 $\omega t=60°$时，磁极也旋转了 60°，设电源的频率为 f_1，即电流每秒钟交变 f_1 次或每分钟交变了 $60f_1$ 次，则旋转磁场的转速为 $n_0=60f_1$（转速的单位为转/分（r/min））。在两对磁极的情况下，当电流从 $\omega t=0$ 到 $\omega t=60°$经历了 60°时，而磁场在空间仅旋转了 30°（见图 5-29），因此当电流交变一周时，磁场只转过了半周，比 $p=1$ 的情况转速慢了一半，即 $n_0=60f_1/2$。同理，在三对磁极的情况下，$n_0=60f_1/3$。由此可知，当旋转磁场有 p 对磁极时，其旋转磁场的转速为

$$n_0=\frac{60f_1}{p} \tag{5-12}$$

在我国，工频 $f_1=50\text{Hz}$，由式(5-12) 可得出对应于不同极对数 p 的旋转磁场转速 n_0，如表 5-1 所示。

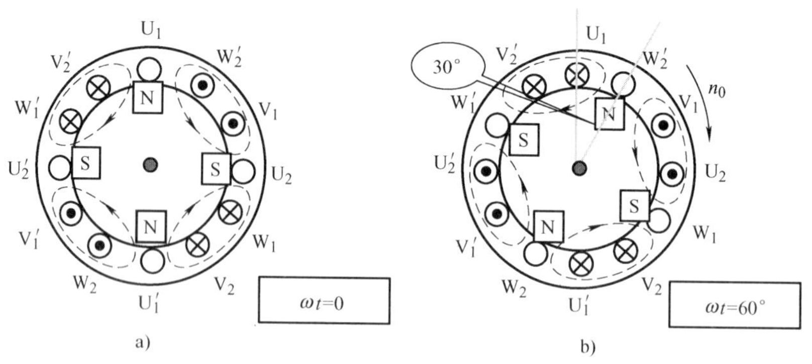

图 5-29　$p=2$ 的转速

表 5-1　极对数与转速

p	1	2	3	4	5	6
n_0/(r/min)	3000	1500	1000	750	600	500

5. 转差率

电动机转子的转向与旋转磁场相同。但转子的转速 n 不能与旋转磁场的转速 n_0 相同，即 $n<n_0$，因为如果两者相等，则转子与旋转磁场之间就没有相对运动，因而转子导条就不切割磁感线，转子电动势和转子电流及电磁力和电磁转矩就不存在了，这样转子就不会继续以 n_0 的转速旋转。因此转子转速与旋转磁场转速之间必须要有差别，这就是异步电动机名称的由来。而旋转磁场的转速 n_0 常被称为同步转速。

我们用转差率 s 来表示转子转速 n 与旋转磁场转速 n_0 相差的程度，定义为旋转磁场的转速 n_0 和电动机转子转速 n 之差与旋转磁场的转速 n_0 之比，即

$$s=\frac{\Delta n}{n_0}=\frac{n_0-n}{n_0} \tag{5-13}$$

转差率是描述异步电动机的一个重要物理量，转子转速 n 越接近同步转速 n_0，转差率越小，跟随性越好，一般异步电动机运行时的转差率很小，额定负载时为 0.01 ~ 0.09，或用百分数表示为（1 ~ 9)%。

当异步电动机起动时 $n=0$，$s=1$，转差率最大。

式(5-13）也可以写成

$$n=(1-s)n_0 \tag{5-14}$$

【例 5.3】 有一台三相异步电动机，其额定转速 $n=975\text{r/min}$，电源频率 $f_1=50\text{Hz}$，求电动机的极数和额定负载时的转差率 s_N。

解： 由于电动机的额定转速接近而略小于同步转速，因此可判断

$$n_0=1000\text{r/min}$$

与此对应的极对数为

$$p=3$$

因此额定负载时的转差率为

$$s_N = \frac{n_0 - n}{n_0} = \frac{1000 - 975}{1000} \times 100\% = 2.5\%$$

6. 转子电动势频率 f_2

由旋转磁场转速 n_0 和转子转速 n 之间的转速差为 $n_0 - n$，且 $n_0 = 60f_1/p$，$f_1 = pn_0/60$，可得转子电动势频率 f_2 为

$$f_2 = \frac{p(n_0 - n)}{60} = \frac{n_0 - n}{n_0} \times \frac{pn_0}{60} = sf_1 \tag{5-15}$$

可见转子电动势的频率与转差率 s 有关，也就是与转速 n 有关。当电动机起动时，$n=0$，$s=1$，转子与旋转磁场间的相对运动最大，转速差最大，转子导条切割磁感线最快，所以此时 f_2 最高，等于定子绕组电源频率，即 $f_2 = f_1$。异步电动机在额定负载时，$s=(1\sim9)\%$，则 $f_2 = 0.5\sim4.5\text{Hz}$。

7. 三相异步电动机机械特性

异步电动机的机械特性是指转速与电磁转矩的关系，即 $n=f(T)$，根据电动机的转速 n 与转差率 s、转差率 s 与电磁转矩 T 的关系，可得到 $n=f(T)$ 曲线，如图 5-30 所示。

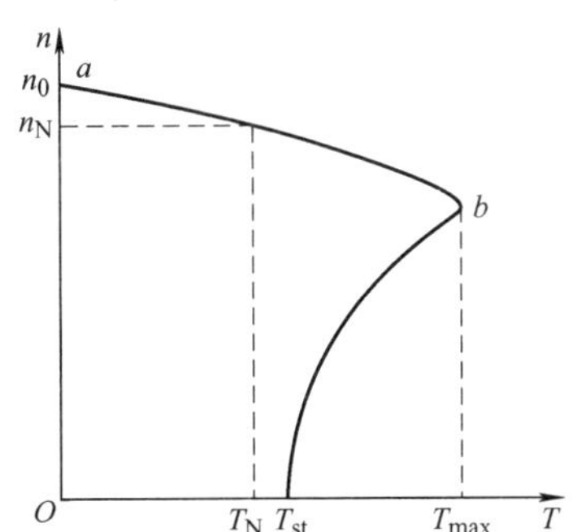

图 5-30　三相异步电动机的机械特性

曲线上有三个重要转矩：

(1) 额定转矩 T_N

额定转矩是电动机在额定电压下，以额定转速运行，输出额定功率时，其轴上输出的转矩。电动机的额定转矩 T_N 必须与负载转矩 T_L 及空载转矩 T_0 相平衡，即 $T_N = T_L + T_0$，由于空载转矩 T_0 很小，常可忽略不计，因此有

$$T_N = T_L = \frac{P_N}{2\pi n_N/60} = 9550\frac{P_N}{n_N} \tag{5-16}$$

式中，P_N 是电动机轴上输出的机械功率（kW）；n_N 是电动机的额定转速（r/min）；额定转矩 T_N 的单位为 N·m。

当电动机的负载转矩增加时，在最初的瞬间电动机的电磁转矩 $T < T_L$，所以它的转速开始下降，随着转速的下降，电磁转矩增加，电动机在新的稳定状态下运行，这时的转速较前

者低，但是，由于 ab 段曲线比较平坦，当负载在空载与额定负载之间变化时，电动机的转速变化不大，这种特性称为硬的机械特性，在应用中非常适用于金属的切削加工。

（2）最大转矩 T_{max}

从机械特性曲线上看，电磁转矩有一个最大值，称为最大转矩或临界转矩。当负载转矩超过最大转矩时，电动机就带不动负载了，发生了堵转（闷车）现象。闷车后电动机的电流迅速升高到额定电流的 6 ~ 7 倍，电动机会严重过热以至于烧坏。另外，也说明电动机最大负载转矩可以接近最大转矩，如果过载时间较短，电动机不至于马上过热，是允许的。因此，最大转矩也表示电动机短时允许过载能力。通常电动机的额定转矩 T_N 要小于最大转矩 T_{max}，用两者的比来表示电动机的过载能力，称为过载系数：

$$\lambda = \frac{T_{max}}{T_N} \tag{5-17}$$

一般三相异步电动机的过载系数为 1.8 ~ 2.2。在选用电动机时，必须考虑可能出现的最大负载转矩，而后根据所选电动机的过载系数算出最大转矩，它必须大于最大负载转矩，否则就要重选电动机。

（3）起动转矩 T_{st}

当电动机起动时（$n = 0$，$s = 1$）的转矩称为起动转矩，理论与实践证明，T_{st} 与电源电压 U_1 的二次方成正比，还和转子电阻 R_2 有关。当电源电压 U_1 降低时，起动转矩 T_{st} 会明显降低，如图 5-31 所示；当转子电阻 R_2 适当增大时，起动转矩 T_{st} 会增大。但继续增大 R_2 时，起动转矩 T_{st} 将随之减小，如图 5-32 所示。

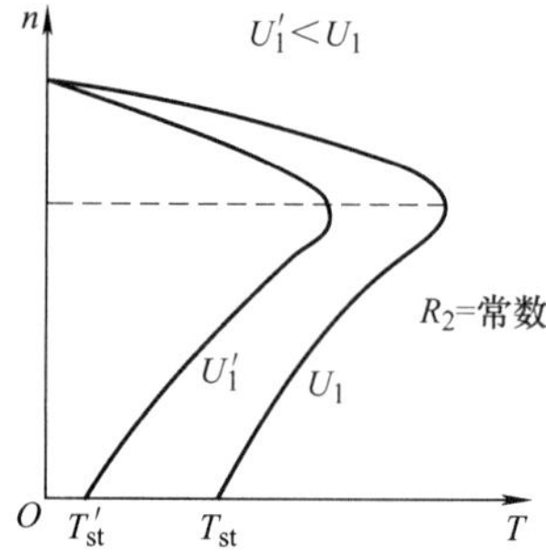

图 5-31　不同电源电压 U_1 时的机械特性曲线

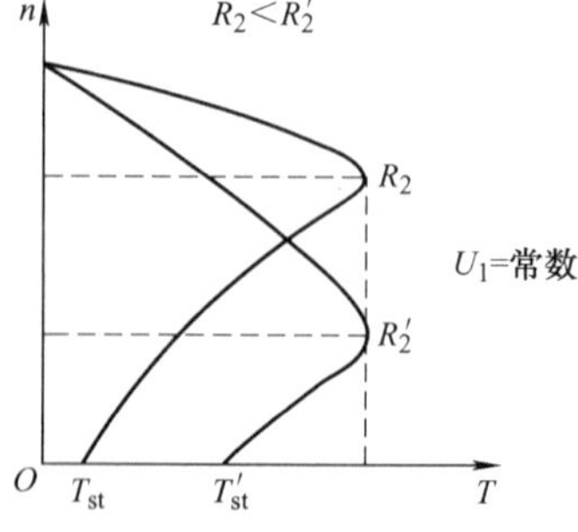

图 5-32　不同转子电阻 R_2 时的机械特性曲线

5.2.3　三相异步电动机的铭牌数据

三相异步电动机的铭牌标注着电动机的型号和主要技术数据。以 Y132M－4 型号电动机为例，我们来了解铭牌上型号和各数据的意义。

三相异步电动机		
型号 Y132M－4	功率 7.5kW	频率 50Hz
电压 380V	电流 15.4A	接法△
转速 1440r/min	绝缘等级 B	工作方式：连续
×年×月	编号××××	××电机厂

此外还有功率因数和效率等数据。

1. 型号

表明电动机的类型、结构、规格和性能的代号，如上型号 Y132M－4。

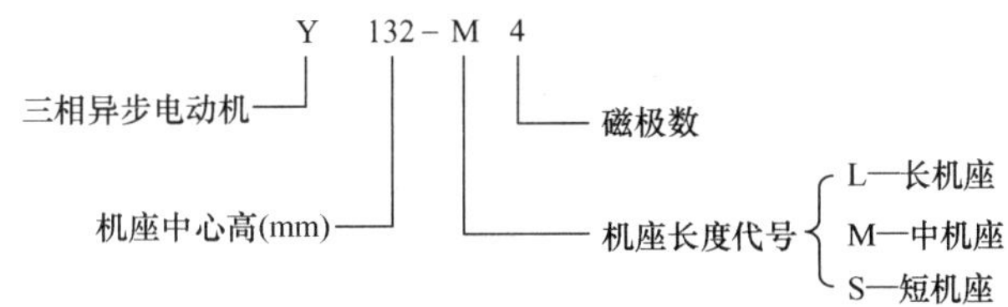

三相异步电动机产品名称代号及汉字意义摘录如表 5-2 所示。

表 5-2　三相异步电动机产品名称代号及汉字意义摘录

产品名称	新代号	汉字意义	老代号
异步电动机	Y	异	J、JO
绕线转子异步电动机	YR	异、绕	JR、JRO
防爆型异步电动机	YB	异、爆	JB、JBS
高起动转矩异步电动机	YQ	异、起	JQ、JQO

如型号 YB132S2－2，YB—防爆型异步电动机，132—机座中心高度 132mm，S2—短机座中第二种铁心（S 后面的数字为铁心长度代号），2—两极电动机。

2. 电压

铭牌上所标电压值是指电动机在额定运行时定子绕组上应加的线电压值。一般规定电动机的电压不高于或低于额定值的 5%。

三相异步电动机的额定电压有 380V、3000V 及 6000V 等多种。

3. 电流

铭牌上所标电流值是指电动机在额定运行时定子绕组的线电流值。

4. 功率与效率

铭牌上所标功率值是指电动机在额定运行时轴上输出的机械功率值。输出功率与输入功率不等，其差值等于电动机本身的损耗功率，包括铜损、铁损及机械损耗等。所谓效率就是输出功率与输入功率之比。

5. 转速

不同磁极数的异步电动机，对应不同的转速等级，常用的是 4 极的，其同步转速为 1500r/min。

6. 接线

接线是指在额定电压下运行时，电动机定子三相绕组的接法。一般笼型电动机的接线盒中有六根引出线，标有 U_1、V_1、W_1和 U_2、V_2、W_2，有星形（Y）联结和三角形（△）联结两种接法。具体接法如图 5-15 所示。

7. 绝缘等级

绝缘等级是指绝缘材料在使用时允许的极限温度等级，通常分为七个等级，如表 5-3 所示。

表 5-3　三相电动机绝缘等级

绝缘等级	Y	A	E	B	F	H	C
最高工作温度/℃	90	105	120	130	155	180	>180

8. 工作方式

1）连续工作方式：在额定状态下可以连续工作而温升没有超过最大值。

2）短时间工作方式：短时间工作，长时间停用，一般分 10min、30min、60min、90min 四种。

3）断续周期性工作方式：开机、停机频繁，工作时间很短，停机时间也不长。其周期由一个额定负载时间和一个停止时间组成。每个周期为 10min，标准持续率（持续率等于负载时间与周期之比）有 15%、25%、40%、60%等几种。如不特殊说明，则为 25%。

5.2.4　同步电动机

同步电动机也是一种三相交流电动机，它的定子和三相异步电动机的定子相同，但转子结构不同，它有两种形式，一种由主磁极、装在主磁极上的直流励磁绕组、装在磁极极掌上的笼型起动绕组、电刷和集电环组成，基本结构如图 5-33 所示；另一种是转子的主磁极用永久磁极经特殊工艺直接安装在转子表面形成的，无需励磁绕组，常称为永磁同步电动机。我们以第一种为例来阐述同步电动机的基本工作原理。

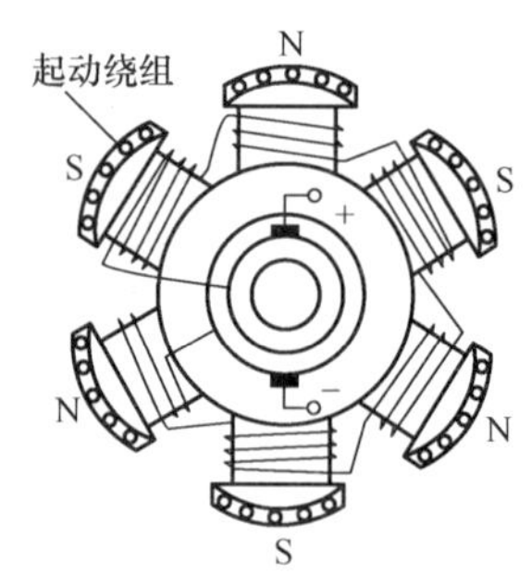

图 5-33　同步电动机的转子

当将同步电动机的定子绕组接到三相交流电源产生旋转磁场后，与异步电动机相似，同步电动机起动绕组切割磁感线，产生感应电流，形成电磁转矩，起动旋转（这时转子尚未励磁）。当电动机的转速接近同步转速 n_0 时，直流电流经电刷和集电环通入转子励磁绕组，这时，转子就能紧紧跟随旋转磁场一起转动，如图 5-34 所示，此后，两者转速便保持相等（同步），即

$$n = n_0 = \frac{60f_1}{p} \tag{5-18}$$

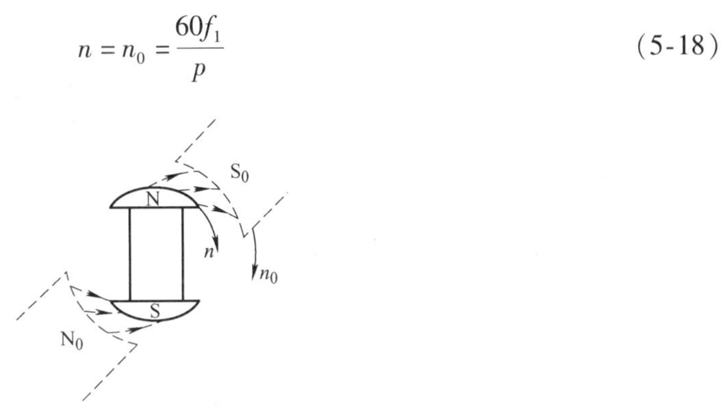

图 5-34　同步电动机的工作原理

当电源频率 f_1 一定时，同步电动机的转速 n 是恒定不变的，不随负载而变，所以它的机械特性曲线 $n=f(T)$ 是一条与横轴平行的直线，如图 5-35 所示，这是同步电动机的基本特性。

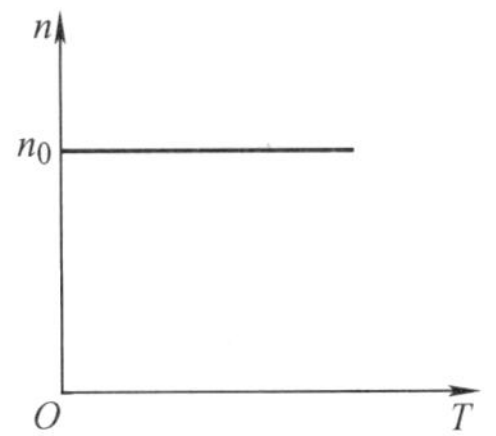

图 5-35　同步电动机的机械特性

同步电动机常用于功率较大、不需调速、长期连续运行的各种生产机械，如水泵、通风机、压缩机等。中小容量的高性能永磁同步电动机则主要用于高准确度的控制系统中。大容量同步电机主要用作发电机。

5.2.5　单相异步电动机

单相异步电动机是利用 220V 单相交流电源供电的一种小容量交流电动机，具有结构简单、成本低廉、使用维修方便等特点，广泛应用于家电、医疗器械和小型电动工具等设备中。下面介绍两种常用的单相异步电动机，它们都采用笼型转子，但定子不同。

1. 电容分相式异步电动机

（1）工作原理

在单相异步电动机的定子绕组通入单相交流电，电动机内会产生按正弦规律交变的脉动磁场，但这个磁场不会旋转，故电动机不能自行起动。

如果在定子中放置两个绕组，一个主绕组 U_1U_2，一个副绕组 V_1V_2，如图 5-36 所示。两个绕组在空间上相差 90°，副绕组 V_1V_2 借助开关 S 串联电容 C 后与主绕组 U_1U_2 并联。电容的作用是使副绕组回路的阻抗呈容性，如果电容选择得当，可以使副绕组的电流 i_V 基本上超前于主绕组电流 i_U 90°。这样，在空间上相差 90°的两个绕组，分别通有相位上也相差 90°的两个电流。设两电流分别为

$$i_U = I_{Um}\sin\omega t$$
$$i_V = I_{Vm}\sin(\omega t + 90°)$$

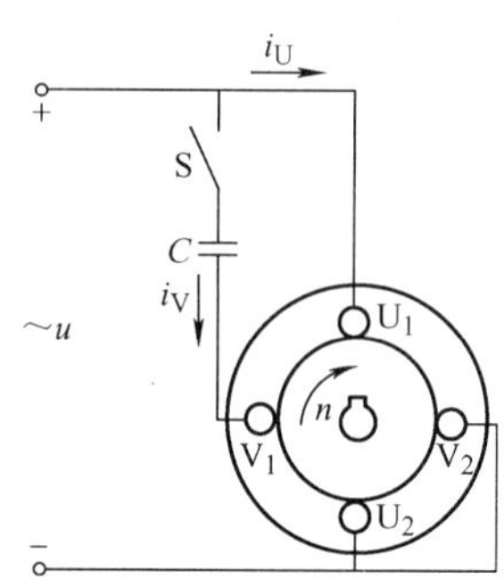

图 5-36　电容分相式异步电动机

它们的正弦曲线如图 5-37 所示。类似于三相电流产生旋转磁场的分析，我们就可以理解两相电流产生的合成磁场在空间也是旋转的，如图 5-38 所示。

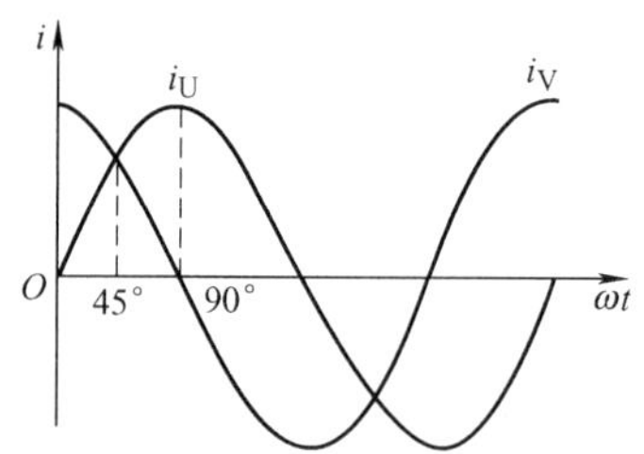

图 5-37　电容分相式异步电动机两相电流

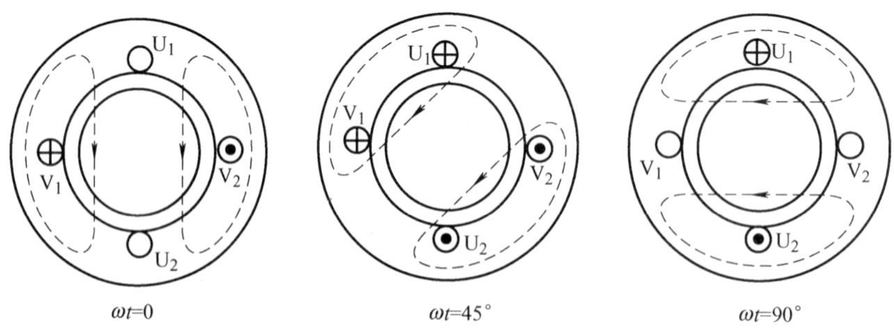

图 5-38　两相交流电产生的旋转磁场

这样，在旋转磁场的作用下，电动机的转子就转动起来，当接近额定转速时切断开关 S，以切断起动绕组（副绕组 V_1V_2），电动机开始正常运行。

这种电动机称电容分相式异步电动机，即在副绕组回路串联一个电容和一个起动开关，

然后与主绕组并联，利用电容的分相作用使主副绕组电流相位差接近 90°，从而产生旋转磁场，使转子起动旋转。像这样的主绕组称工作绕组，副绕组称起动绕组。这种异步电动机常用于电风扇、洗衣机等家电设备中。

电容分相式异步电动机的转向与旋转磁场的方向有关，旋转磁场的方向与两绕组的电流相位有关，只要把两绕组电流的相位互换，如把电容接到主绕组 U_1U_2 上作为起动绕组，让电流 i_V 滞后 i_U 90°，则旋转磁场换向，电动机反转。如图 5-39 所示，开关 S 由位置 1 合向位置 2 时就可实现反转。洗衣机中的电动机就是由定时器的转换开关来实现这种自动切换的。

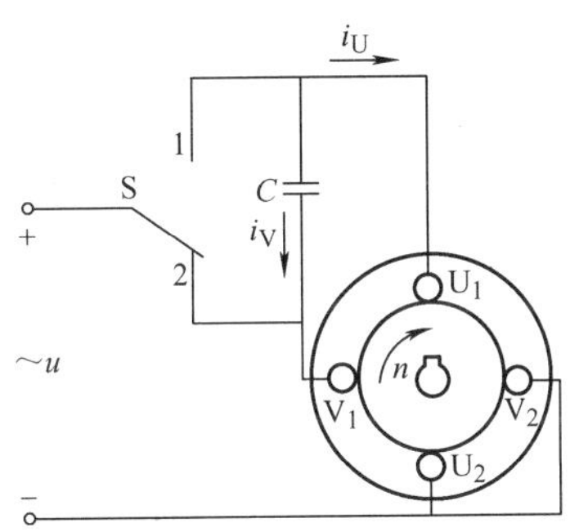

图 5-39　电容分相式异步电动机的正反转

除了电容分相外，也可用电感和电阻来分相，如电冰箱、鼓风机、医疗器械等常采用电阻分相式异步电动机。

（2）结构

电容分相式异步电动机也主要由两大部分组成，即定子和转子。定子包括铁心、工作绕组、起动绕组、电容、机座、端盖等。转子也为一笼型转子，由铁心和转子导条组成。其结构如图 5-40 所示。

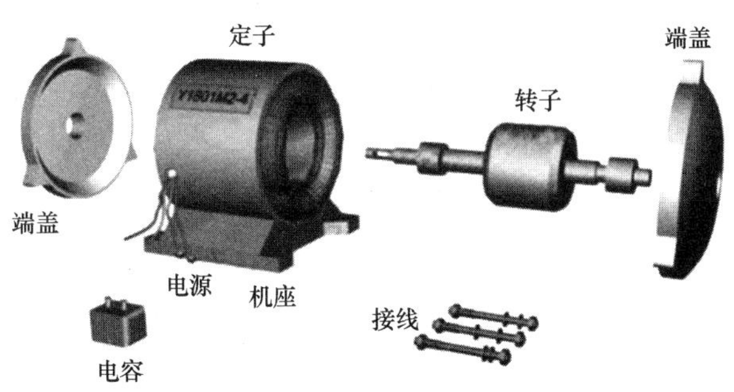

图 5-40　电容分相式异步电动机结构

2. 罩极式异步电动机

罩极式异步电动机的定子形状类似直流电动机的定子。定子铁心上面绕有励磁绕组。定子铁心大约三分之一极面位置开有小槽，用以嵌放短路铜环，短路铜环罩住了一部分磁通，所以把该电动机称为罩极式异步电动机，如图 5-41 所示。

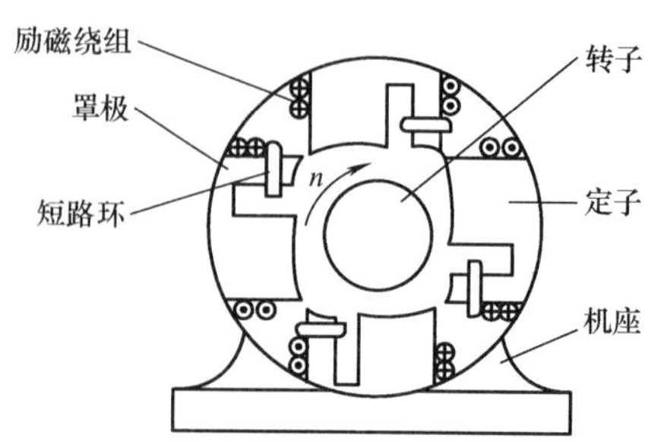

图 5-41 罩极式异步电动机定子结构示意图

如图 5-42 所示，励磁绕组通入单相交流电 i 后，定子铁心中产生交变磁通，铜环把磁通分成两部分：Φ_1是励磁电流 i 产生的磁通，Φ_2是 i 产生的另一部分磁通和短路铜环中的感应电流所产生的磁通的合成磁通。由于短路环中感应电流的磁通阻碍原磁通的变化，使得Φ_2在相位上滞后 Φ_1一个相位角。当 Φ_1达到最大值时，Φ_2尚小，当 Φ_1减小时，Φ_2才增大到最大值。这相当于形成了一个向被罩部分移动的磁场，使笼型转子产生感应电流，形成电磁转矩而起动旋转。旋转方向是磁极未罩短路铜环一侧转向罩有短路铜环一侧，如图 5-41 中是顺时针方向旋转。罩极式异步电动机结构简单，工作可靠，但起动转矩较小，常用于对起动转矩要求不高的设备中；另外改变罩极式异步电动机的转动方向，不能靠开关控制，只能改变罩极的方向，这一般难于实现，所以罩极式异步电动机通常用于不需改变转向的电器设备中，如吹风机和小型电风扇等。

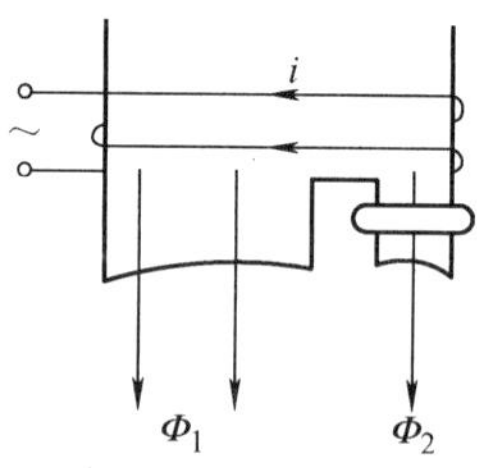

图 5-42 罩极式异步电动机的移动磁场

5.3 步进电动机

步进电动机是一种控制电动机，它利用电磁铁的作用原理将电脉冲信号转换为线位移或角位移，又称脉冲电动机。

步进电动机的转角与输入的电脉冲数成正比，其转速与电脉冲频率成正比，不受电压、负载以及环境条件变化的影响，在脉冲技术、数控及汽车电控系统中应用广泛。

目前应用最多的步进电动机，按转子材料可分为反应式和永磁式。反应式转子是用高磁导率的软磁材料制成。永磁式转子是用永久磁铁制成。按定子相数可分为三相、四相、五相和六相等几种。

现以三相反应式步进电动机为例来说明其基本结构和工作原理。

5.3.1　基本结构

三相反应式步进电动机由定子和转子组成，定子和转子由硅钢片或其他软磁材料构成，定子上具有均匀分布的六个磁极，每个磁极上都有许多小齿。磁极上绕有励磁绕组，每两个相对的磁极绕组串联起来组成一相绕组，三相绕组接成星形，如图 5-43 所示。转子上也均匀分布很多小齿，其上无绕组。根据工作要求，定子磁极上小齿和转子上小齿的齿距必须相等，且转子上齿数有一定限制，图 5-43 中转子的齿数为 25 个。

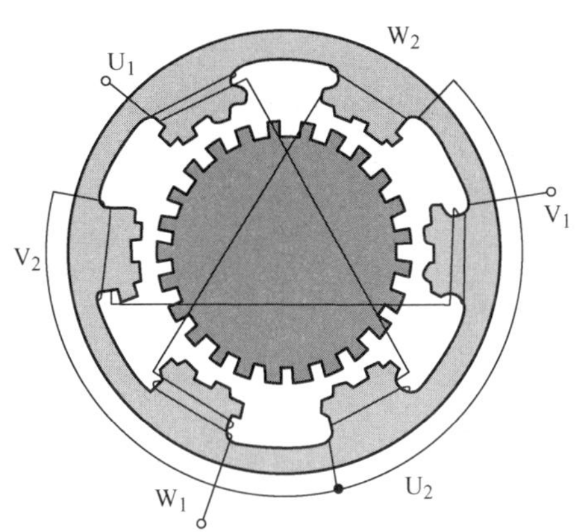

图 5-43　三相反应式步进电动机的基本结构

工作时，定子各相绕组轮流通电（即轮流输入脉冲电压）。从一次通电到另一次通电称为一拍，每一拍转子转过的角度称为步距角。对于给定的步进电动机，步距角的大小与通电方式有关。

5.3.2　基本工作原理

下面介绍三相反应式步进电动机的单三拍、六拍及双三拍三种工作方式的基本原理。

1. 三相单三拍工作方式

取三相反应式步进电动机的转子齿数为 4，将三相定子绕组轮流单独通电。设 U 相首先通电（V、W 两相不通电），产生 U_1、U_2轴线方向的磁通，并通过转子形成闭合回路。这时 U_1、U_2极就成为电磁铁的 N、S 极。在磁场的作用下，转子总是力图转到磁阻最小的位置，也就是要转到转子的齿 1、3 对齐 U_1、U_2磁极轴线，如图 5-44a 所示。

接着 V 相通电（U、W 两相不通电），转子便顺时针方向转过 30°，齿 2、4 和 V_1、V_2磁极轴线对齐，如图 5-44b 所示。

随后 W 相通电（U、V 两相不通电），转子又顺时针方向转过 30°，齿 3、1 和 W_1、W_2磁极轴线对齐，如图 5-44c 所示。

不难理解，当脉冲信号一个一个发来，如果按 U→V→W→U…的顺序轮流通电，则电动机转子便顺时针方向一步一步地转动，每来一个脉冲信号，转过一个 30°角。每一步称为一拍，则每一拍步距角即为 30°。每个通电循环周期 3 拍，转过 90°齿距角。这种工作方式下，三个绕组依次通电一次为一个循环周期，一个循环周期包括三个工作脉冲（3 拍），所以称为三相单三拍工作方式。“单”指的是每个通电状态只有一相绕组通电，“三相”指的是步进电动机有三个定子绕组。

若改变通电顺序，按 U→W→V→U…的顺序通电，则电动机转子便逆时针方向转动，实现反转。

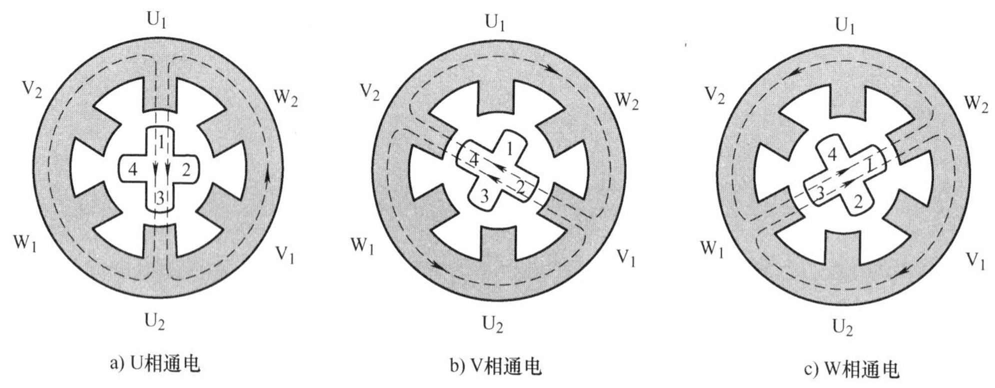

a) U相通电　　b) V相通电　　c) W相通电

图 5-44　单三拍反应式步进电动机的工作原理

2. 三相单、双六拍工作方式

若按 U→U、V→V→V、W→W →W、U→U→…的顺序给三相绕组轮流通电，这种方式可以获得更精确的控制特性。

设 U 相首先通电，转子齿 1、3 和定子 U_1、U_2 磁极轴线对齐，如图 5-45a 所示。然后 U 相继续通电的情况下接通 V 相，U_1、U_2 磁极拉住 1、3 齿，V_1、V_2 磁极拉住 2、4 齿，转子顺时针方向转动，转到两个磁拉力平衡时为止，这时转子转过 15°，到达如图 5-45b 所示位置。

接着 U 相断电，V 相继续通电，这时转子齿 2、4 和定子 V_1、V_2 极对齐，如图 5-45c 所示，转子从图 5-45b 的位置又转过了 15°。而后在保持 V 相继续通电情况下接通 W 相，这时转子又转过了 15°，其位置如图 5-45d 所示。

这样，若按 U→U、V→V→V、W→W→W、U→U→…的顺序轮流通电，则转子便顺时针方向一步一步地转动，步距角为 15°。每个循环周期分为六拍，每拍转子转过 15°步距角，一个通电循环周期转子转过 90°齿距角。

若按 U→U、W→W→W、V→V→V、U→U→…的顺序通电，则电动机转子逆时针方向反转。

以上这种通电方式称为单、双六拍通电方式，即一相与两相间隔轮流通电，完成一个循环有六个通电状态。与单三拍相比，六拍驱动方式的步距角更小，更适用于需要精确定位的控制系统中。

3. 三相双三拍工作方式

若每拍有两相绕组同时通电，如按 U、V→V、W→W、U→U、V→…的顺序通电，则称为双三拍通电方式。从图 5-45b、d 可以看出，步距角也是 30°。与单三拍方式相似，双三拍驱动时每个通电循环周期也分为三拍。每拍转子转过 30° 步距角，一个通电循环周期 3 拍，转子转过 90°齿距角。

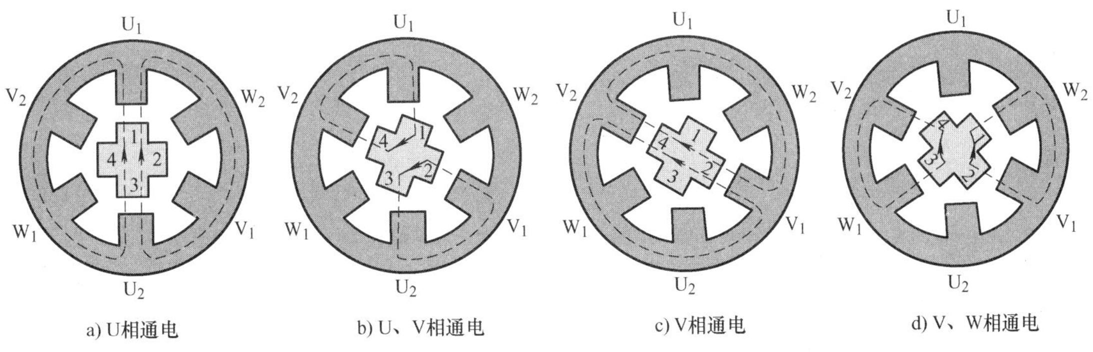

图 5-45　六拍反应式步进电动机的工作原理

综上所述，步进电动机可以有不同的相数（如三相、四相、五相、六相等），也可以有不同的拍数，但基本工作原理是一样的。

4. 步距角与转速

（1）步距角 θ

采用单三拍方式和双三拍方式通电时，转子走三拍前进一个齿距角，每走一拍前进 1/3 齿距角；采用六拍方式时，转子走六拍前进一个齿距角，每走一拍前进 1/6 齿距角。因此，无论采用何种通电方式，步距角 θ 的计算公式均可表示为

$$\theta = \frac{360^\circ}{NZ} \tag{5-19}$$

式中，Z 为转子齿数；N 为每个通电循环周期的拍数。

公式表明，同一相数的步进电动机，若转子齿数不同，则步距角大小不同，增加齿数可以减小步距角。目前国内外常用的小步距角的反应式步进电动机就是通过增加转子齿数来实现的，由于结构和工艺的改进，转子齿数可以做得很多，步距角可以做得很小。

（2）转速 n

由于转子每来一个脉冲，转过一个步距角 θ，设脉冲频率为 f，则转子每分钟转过的角度就为 $60f\theta$，故转子每分钟的转速为

$$n = \frac{60f\theta}{360^\circ} = \frac{f\theta}{6^\circ}(\text{r/min}) \tag{5-20}$$

将式(5-19) 代入得

$$n = \frac{60f}{NZ}(\text{r/min}) \tag{5-21}$$

因此，电动机转速与脉冲源频率保持严格的正比关系。步进电动机的输入脉冲电压是由驱动电源提供的，它是步进电动机的专用电源，可以按照指令的要求将脉冲信号按一定的顺序输送给步进电动机的各相绕组，使步进电动机按一定的通电方式工作。

【例 5.4】 一台三相反应式步进电动机，采用六拍工作方式，转子上有 40 个齿，已知脉冲信号源频率 $f=600\text{Hz}$。（1）写出一个循环周期的通电顺序；（2）求电动机的步距角 θ；（3）求电动机的转速 n。

解：（1）一个循环周期的通电顺序为

U→U、V→V→V、W→W→W、U→U→…

或　U→U、W→W→W、V→V→V、U→U→…

（2）步距角为 $$\theta=\frac{360°}{NZ}=\frac{360°}{6\times40}=1.5°$$

（3）电动机转速为 $$n=\frac{60f}{NZ}=\frac{60\times600}{6\times40}\text{r/min}=150\text{r/min}$$

步进电动机具有结构简单、维护方便、精确度高、启动灵敏、停车准确等性能。步进电动机的转速决定于脉冲频率，并与频率同步，它可以在宽广的频率范围内通过改变脉冲频率来实现调速，如快速起停、正反转控制及制动等。

近年来，电子技术及微型计算机的迅速发展为步进电动机的应用开辟了广阔的前景。在自动控制系统中，常需要将数字信号转换为角位移或线位移的电磁装置，步进电动机的工作特点恰恰符合这样的要求，因此被广泛应用于数控机床、绘图机、轧钢机、计算装置、自动记录仪表等自动控制系统及自动装置中，用作转换元件或调节元件。此外，步进电动机还应用在汽车发动机怠速控制中，作为怠速控制阀的主要执行部件，可以通过控制怠速转速的高低来降低燃油消耗和排放。

应用训练

1. 直流电动机由哪几部分组成？换向器在直流电动机中起什么作用？
2. 直流电动机的电枢绕组中流过的是直流电还是交流电？
3. 直流电动机的电磁转矩是怎样产生的？它的大小与哪些因素有关？
4. 直流电动机是怎样调节转矩和功率的自动平衡的？
5. 直流电动机按励磁方式来分有哪几种类型？
6. 串励直流电动机的特点有哪些？
7. 串励直流电动机运行时应该注意些什么问题？
8. 单相异步电动机若无起动绕组能否自行起动？
9. 单相异步电动机怎样实现正反转？
10. 反应式步进电动机的步距角与齿数有何关系？
11. 分析步进电动机按三相双三拍工作时的运行原理。
12. 试比较步进电动机和同步电动机的异同点。
13. 一台直流电动机，$P_N=3\text{kW}$，$U_N=220\text{V}$，$n_N=1500\text{r/min}$，$I_N=15\text{A}$，求额定转矩和额定效率。
14. 有一台四极三相异步电动机，电源频率为50Hz，带负载运行时的转差率为0.03，求电动机的同步转速、转子转速和转子电流频率。
15. 两台三相异步电动机的电源频率为50Hz，额定转速分别为1430r/min和2890r/min，试问它们各是几极电动机？额定转差率分别是多少？
16. 电动机型号Y180L-6的含义是什么？
17. 某三相异步电动机的技术数据如下：4kW，380V，△联结，1440r/min，$\cos\varphi=0.82$，$\eta=84.5\%$，50Hz，$T_{st}/T_N=1.4$，$I_{st}/I_N=7.0$，$T_{max}/T_N=2.2$。试求：（1）额定转差

率 S_N；(2) 额定电流 I_N；(3) 起动电流 I_{st}；(4) 额定转矩 T_N；(5) 起动转矩 T_{st}；(6) 最大转矩 T_{max}；(7) 额定输入功率 P_1。

18. 有一他励电动机，其额定数据如下：$P_2=2.2\text{kW}$，$U_a=U_f=110\text{V}$，$n=1500\text{r/min}$，$\eta=0.8$；并已知 $R_a=0.4\Omega$，$R_f=82.7\Omega$。试求：(1) 额定电枢电流；(2) 额定励磁电流；(3) 励磁功率；(4) 额定转矩；(5) 额定电流时的反电动势。

19. 对上题的电动机，试求：(1) 起动初始瞬间的起动电流；(2) 如果使起动电流不超过额定电流的 2 倍，求起动电阻和起动转矩。

20. 某异步电动机的额定功率为 15kW，额定转速为 950r/min，额定频率为 50Hz，最大转矩为 295N·m，试求电动机的过载系数 λ。

21. 一台三相异步电动机的铭牌数据如下：

型号：Y112M－4　　接法：△　　功率：4.0kW

电流：8.8A　　电压：380V　转速：1440r/min

又知其满载时的功率因数为 0.8。试求：(1) 电动机的极数；(2) 电动机满载运行时的输入电功率；(3) 额定转差率；(4) 额定效率；(5) 额定转矩。

第 6 章　继电–接触器控制电路

知识目标:

★ 掌握常用低压电器的构造和用途；
★ 掌握三相异步电动机的基本控制电路识图分析；
★ 会进行三相异步电动机简单的基本控制电路设计；
★ 了解三相异步电动机的起动、调速及制动方法，会分析相应的控制电路。

技能目标:

★ 能熟练安装异步电动机的点动和带自锁的起、停控制电路；
★ 掌握异步电动机正反转控制方法，能正确连接电路；
★ 掌握异步电动机Y-△换接起动控制方法，能正确连接电路；
★ 能正确绘制异步电动机电气控制布线图，实现快速安装。

内容描述:

现代生产机械的运动部件大部分是由电动机拖动的，称电力拖动。应用电力拖动是实现生产过程自动化控制的一个重要前提。为了使电动机按照生产机械的要求起动、停止、调速、正反转等，为了能够在电动机出现各种异常时能够及时切断电源等，必须对电动机进行控制和保护。由接触器、继电器、按钮等电器可构成继电–接触器控制电路，对电动机实现基本的控制和保护。如果再配合其他无触头控制电器、电子电路以及可编程序控制器（PLC）等，则可构成生产机械的现代化自动控制系统。

本章先来了解各种低压电器元件的结构、性能和动作原理，然后讨论继电–接触器控制基本电路的工作过程。

内容索引:

★ 常用低压电器
★ 三相异步电动机的基本控制电路
★ 三相异步电动机的减压起动控制
★三相异步电动机的制动控制
★ 三相异步电动机的调速控制
★ 电气安装布线图举例

6.1　常用低压电器

用于交流 50Hz（或 60Hz）、额定电压 1200V 以下，直流额定电压 1500V 以下的电路中起接通、断开、保护、控制或调节作用的电器称为低压电器。

1. 按动作原理分类

低压电器按动作原理不同可分为手动电器和自动电器。

1）手动电器：手动操作发出动作指令的电器，如刀开关、按钮等。

2）自动电器：产生电磁吸力而自动完成动作指令的电器，如接触器、继电器、低压断路器等。

2. 按用途分类

低压电器按用途不同，可分为控制电器、主令电器、保护电器和执行电器等。

1）控制电器：用于控制电路的电器，如接触器、继电器等。

2）主令电器：用于自动控制系统中发送动作指令的电器，如按钮、行程开关等。

3）保护电器：用于保护电路及用电设备的电器，如熔断器、热继电器等。

4）执行电器：用于完成某种动作或传送功能的电器，如电磁铁、电磁离合器等。

6.1.1　低压隔离器

低压隔离器是低压电器中结构简单、应用广泛的手动操作电器，主要用于在电源切断后，将线路与电源隔离开来，以保证操作人员安全，主要有刀开关、组合开关、低压断路器等。

1. 刀开关

图 6-1a 所示刀开关是结构最简单的一种手动电器，它由静插座、手柄、触刀、铰链支座和绝缘底板组成，如图 6-1b 所示。刀开关用在低压成套配电装置中，用于不频繁手动接通和分断电路，或用来将电路和电源隔离，因此刀开关又称为“隔离开关”。

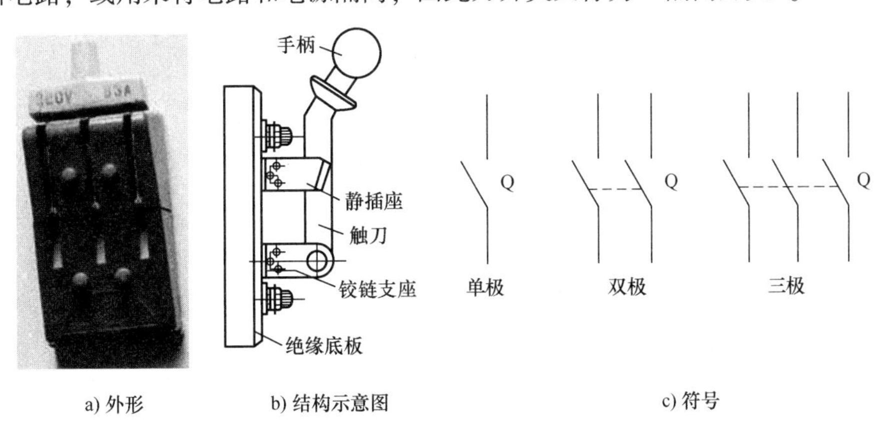

a) 外形　　b) 结构示意图　　c) 符号

图 6-1　刀开关

刀开关的主要类型有带灭弧装置的大容量刀开关、带熔断器的开启式负荷开关（胶盖开关）以及带灭弧装置和熔断器的封闭式负荷开关（铁壳开关）等。常用的产品有 HD11 ~ HD14、HS11 ~ HS13、HK1、HK2、HH3、HH4 系列等。

刀开关的主要技术参数有长期工作所承受的最大电压（额定电压）、长期工作通过的最大允许电流（额定电流）及分断能力等。

按极数不同，刀开关分为单极（单刀）、双极（双刀）和三极（三刀）三种，它的图形符号和文字符号如图 6-1c 所示。

2. 组合开关

组合开关也是一种刀开关（又称转换开关），不过它的刀片是转动式的，由动触头（动触片）、静触头（静触片）、转轴、手柄、定位机构及外壳等部分组成。其动、静触头采用叠装式结构，其层数由动触头的数量决定。动触头装在操作手柄的转轴上，当转动手柄时，每层的动触头随转轴一起转动，从而实现对电路的通、断控制。组合开关有单极、双极、三极和四极之分，其外形、结构、图形符号和文字符号如图 6-2 所示。

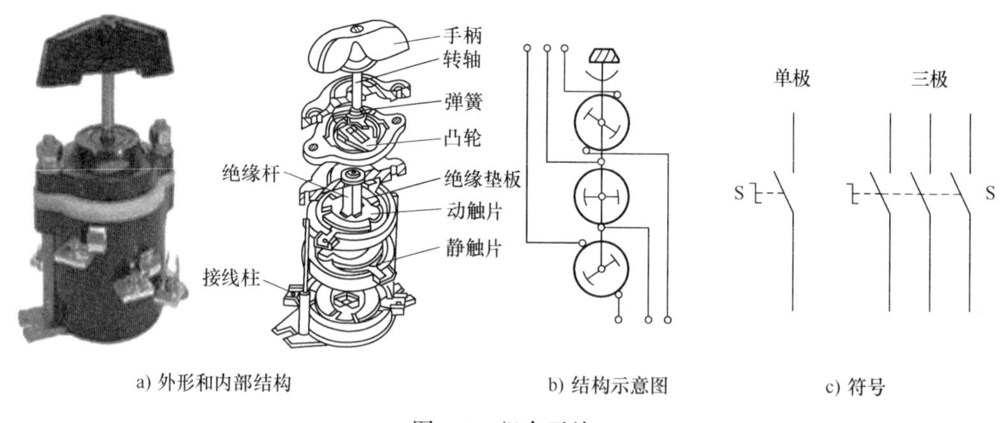

图 6-2　组合开关

在机床电气控制线路中，组合开关常用来作为电源引入开关，也可以用它来直接起动和停止小容量笼型电动机或使电动机正反转，局部照明电路也常用它来控制。

组合开关的主要参数有额定电压、额定电流、极数等。其中额定电流有 10A、25A、60A 和 100A 等多种。常用的有 HZ5、HZ10、HZ15 等系列。

3. 低压断路器

低压断路器也称空气开关或自动开关，是一种可以用手动或电动分、合闸的低压开关电器，可以用来分配电能、不频繁地起动感应电动机等，而且对电源线路及电动机等可实现短路、过载和失（欠）电压保护，在电路发生严重过载、短路及欠电压等故障时能自动切断电路。

低压断路器结构分框架式（又称万能式）和塑料外壳式两大类。框架式断路器适用于大容量配电装置；塑料外壳式断路器的特点是外壳用绝缘材料制作，具有良好的安全性，广泛用于电气控制设备及建筑物内作电源线路保护及对电动机进行过载和短路保护等。其外形、图形符号和文字符号如图 6-3 所示。

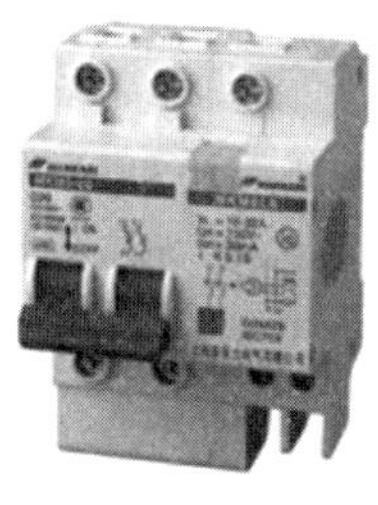

a) 外形

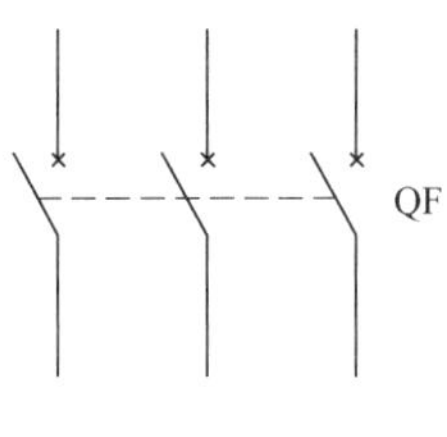

b) 符号

图 6-3　低压断路器

低压断路器由触头、操作机构、各种脱扣器、灭弧装置等组成，图 6-4 所示是它的一般原理图。主触头通常是由手动的操作机构来闭合的，正常工作状态下能接通和分断工作电流。开关的脱扣机构是一套连杆装置，当主触头闭合后就被锁钩锁住。如果电路发生故障，脱扣机构就在脱扣器的作用下将锁钩脱开，于是主触头在释放弹簧的作用下迅速分断。脱扣器有过电流脱扣器和欠电压脱扣器等，它们都是电磁铁装置。在正常情况下，过电流脱扣器的衔铁是释放着的，一旦发生严重过载或短路故障时，与主电路串联的绕组（图中只画出一相）就将产生较强的电磁吸力把衔铁往下吸而顶开锁钩，使主触头断开。欠电压脱扣器的工作恰恰相反，在电压正常时，吸住衔铁，主触头才得以闭合，一旦电压严重下降或断电时，衔铁就被释放而使主触头断开。当电源电压恢复正常时，必须重新手动合闸后才能工作，实现了失电压保护。

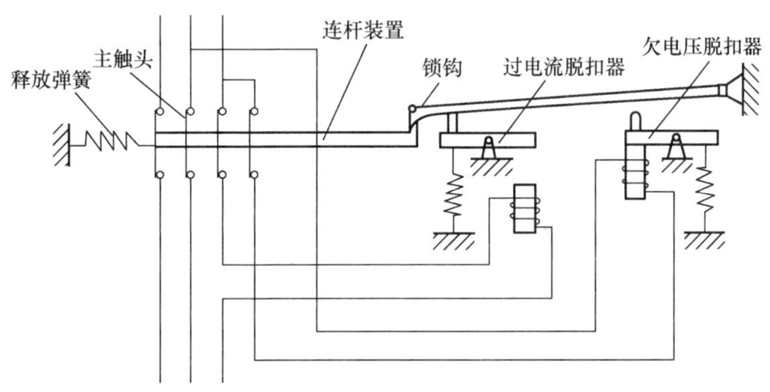

图 6-4　低压断路器结构及原理图

塑料外壳式断路器的主要参数有额定电压、壳架额定电流等级、极数、脱扣器类型及额定电流、短路分断能力等。

常用的自动空气断路器有 DZ5、DZ10、DZ15、DZ20、DW10、DW15 等系列。

6.1.2　熔断器

熔断器是最常用的短路保护电器，它结构简单、使用方便、价格低廉、可靠性高，广泛应用于供电线路和电器设备的短路保护电路中。

熔断器由熔体和安装熔体的外壳两部分组成。熔体是熔断器的核心，用电阻率较高且熔点较低的铅锡合金、铜、银等材料制成，做成熔丝或熔片，串联在被保护的电路中。在正常情况下，熔体相当于一根导线，当发生短路时，电流很大，熔体因瞬间过热熔化而切断电路，以达到保护线路和电器设备的目的。

熔断器按其结构形式分为插入式、螺旋式、有填料密封管式、无填料密封管式等，其品种规格很多，有 RC1A 系列瓷插式，RM10 系列无填料密封管式，RT12、RT14、RLS 系列有填料密封管式等。图 6-5 所示为三种常用的熔断器及熔断器的图形和文字符号。

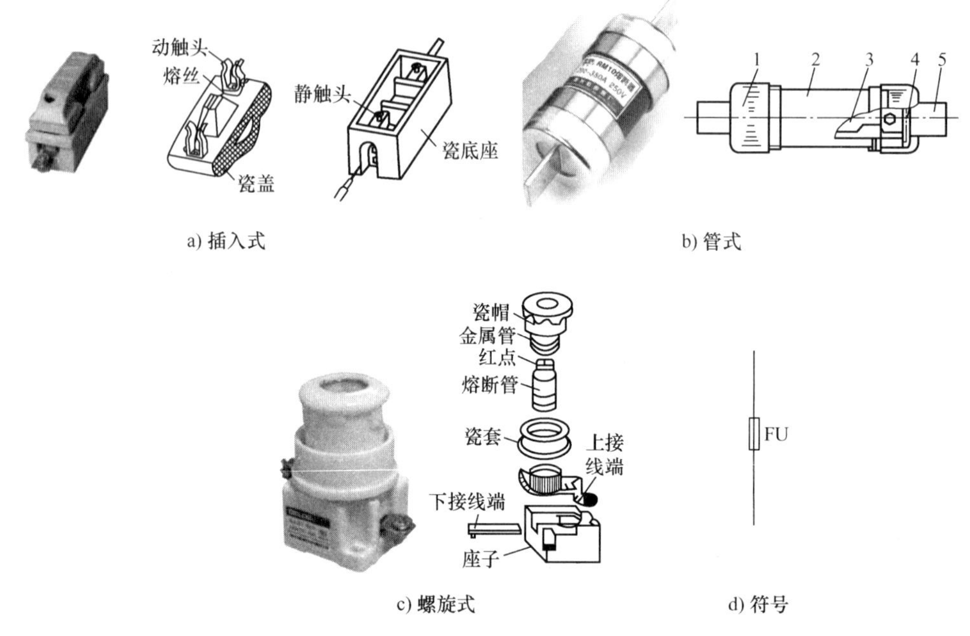

a) 插入式　b) 管式

c) 螺旋式　d) 符号

图 6-5　熔断器

1—铜帽　2—绝缘管　3—熔体　4—垫片　5—接触刀

在实际应用中，确定熔体电流是选择熔断器的主要任务。具体原则如下：

1）电路上下两级都装有熔断器时，为使两级保护相互配合良好，两级熔体额定电流的比值应大于等于 1.9。

2）对照明电路或电炉等阻性负载，熔体的额定电流应大于等于电路的工作电流。

3）对于一台感性电动机负载，考虑冲击电流的影响，熔体的额定电流应不小于电动机额定电流的 1.5～2.5 倍。

4）对于多台感应电动机的保护，若各台电动机不同时起动，则熔体的额定电流应不小于 $(1.5 \sim 2.5)I_{Nmax} + \sum I_N$，其中 I_{Nmax} 为容量最大的一台电动机的额定电流，$\sum I_N$ 为其余电动机额定电流的总和。

6.1.3　主令电器

主令电器是用来发布命令，改变控制系统工作状态的电器，其主要类型有按钮、行程开关等。

1. 按钮开关

按钮开关简称“按钮”，是最常用的主令电器。按钮通常用来接通或断开控制电路（其电流较小），从而控制电动机或其他电器设备的运行。按钮的外形、结构如图6-6a、b所示，它由按钮帽、动触头、静触头和复位弹簧等构成。在按钮未按下时，动触头是与上面的静触头接通的，这对触头称为动断触头（也称常闭触头）；这时动触头和下面的静触头则是断开的，这对触头称为动合触头（也称常开触头）。当按下按钮帽时，上面的动断触头断开，而下面的动合触头接通，当松开按钮帽时，动触头在复位弹簧的作用下复位，使动断触头和动合触头都恢复原来的状态。

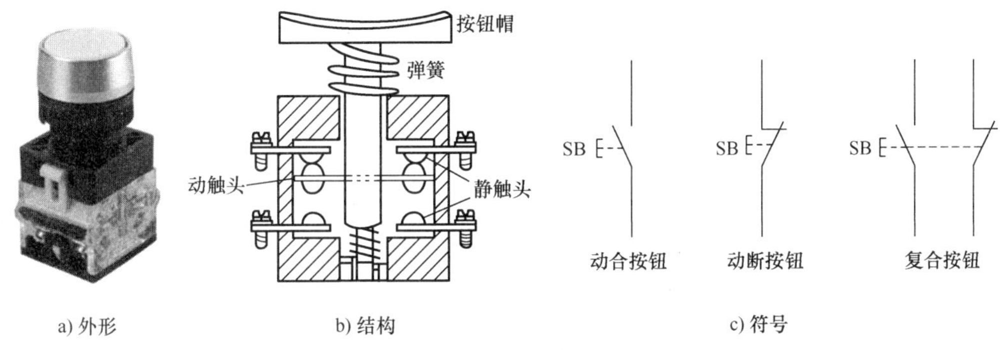

图6-6　按钮

按钮按用途和结构，可以分为起动按钮、停止按钮和复合按钮。图6-6c是它的图形和文字符号。

为标明按钮的作用，避免误操作，常将按钮帽用不同颜色标志，如红色用作停止，绿色用作起动，黑色用作点动，还有黄、白、蓝、灰等颜色分别有不同的作用。

常用的按钮有LA18、LA19、LA20等系列产品。

2. 行程开关

行程开关又称位置开关或限位开关，它是依据生产机械的行程发出命令以控制生产机械运行方向或行程长短的主令电器。如吊钩上升到达终点时，要求自动停止；龙门刨床的工作台要求在一定的范围内自动往返等。它的结构和工作原理都与按钮相似，只不过按钮用手按，而行程开关用运动部件上的撞块（挡铁）来撞压。当撞块压着行程开关时，就像按下按钮一样，使其动断触头断开，动合触头闭合；而当撞块离开时，就如同手松开了按钮，靠弹簧作用使触头复位。

行程开关有直动式、单滚轮式、双滚轮式、微动式等，其内部结构基本相同，主要区别在传动机构，常见外形及符号如图6-7所示。

直动式行程开关的结构、工作原理与按钮相同，如图6-8a所示，分自动复位和非自动复位两种。图6-8b所示为单滚轮式行程开关，当运动机构的挡铁压到行程开关的滚轮时，传动杠杆连同转轴一起运动，凸轮推动撞块使动断触头断开，动合触头闭合，挡铁移开后，复位弹簧使其复位；双滚轮式行程开关无复位弹簧，不能自动复位，它需要两个方向的撞块

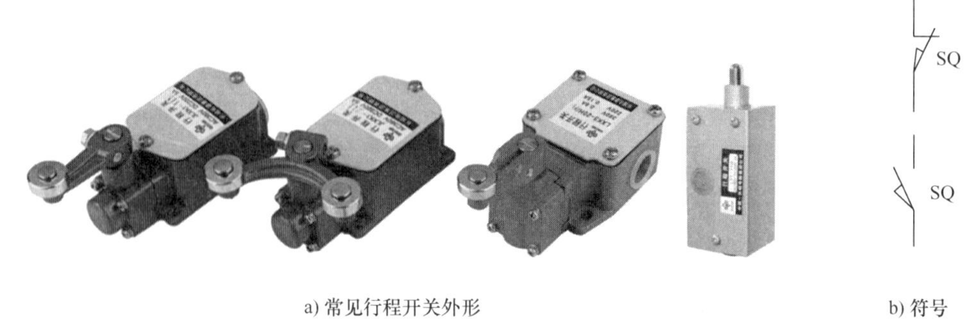

a) 常见行程开关外形　　b) 符号

图 6-7　行程开关

来回撞压，才能复位。微动式开关具有瞬时动作和微小行程，如图 6-8c 所示，当推杆被压下时，弯形弹簧片产生变形，储存能量并产生位移，当达到预定临界点时，弹簧片连同触头一起动作，当外力消失时，推杆在复位弹簧作用下迅速复位，触头恢复原状。

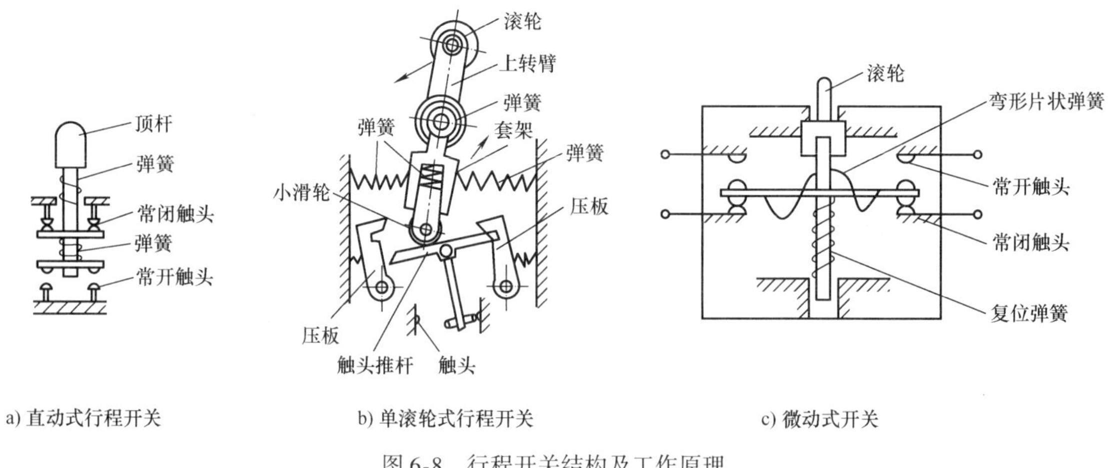

a) 直动式行程开关　　b) 单滚轮式行程开关　　c) 微动式开关

图 6-8　行程开关结构及工作原理

6.1.4　接触器

接触器是电力拖动和自动控制系统中广泛使用的一种低压电器，它靠电磁力的作用使触头闭合或断开，从而频繁地接通和断开电动机（或其他电器设备）主电路和大容量控制电路。

接触器按其主触头所控制主电路的种类可分为交流接触器和直流接触器，其基本工作原理相似。我们以交流接触器为例进行介绍。

图 6-9 是几种常用交流接触器的外形、结构、图形及文字符号。

如图 6-9 所示，交流接触器主要由触头系统、电磁机构、弹簧、传动机构等组成。电流较大的接触器中还设有灭弧装置。

交流接触器的触头是接触器的执行部分，分主触头和辅助触头两种。主触头通常是 3 ~ 6 对动合触头，允许通过较大的电流，一般接在电动机的主电路中，用于接通和断开主电

a) 常用接触器外形

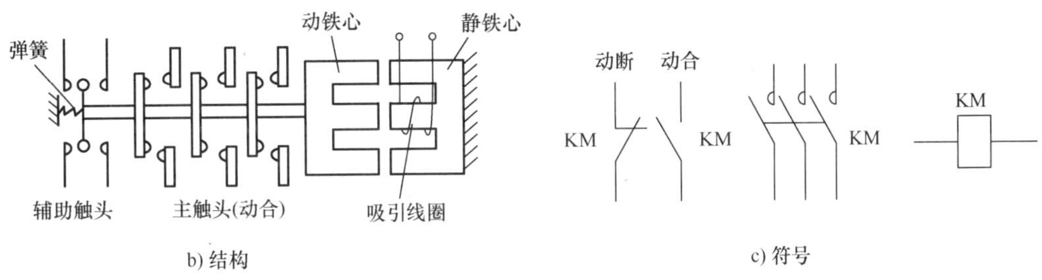

b) 结构　　c) 符号

图 6-9　交流接触器

路。辅助触头一般包括动合和动断两种触头，接在控制电路中，用以满足各种控制方式的要求。

交流接触器的电磁机构包括吸引线圈和铁心，铁心分静铁心和动铁心两部分，静铁心固定不动，动铁心与动触头连在一起可以左右移动，当静铁心的吸引线圈通电时，静、动铁心之间产生电磁吸力，动铁心带动动触头一起右移，使主触头的动合触头闭合，电动机旋转，同时辅助动断触头断开，实现相应控制作用；当吸引线圈断电时，电磁力消失，动铁心在弹簧的作用下带动触头复位，主触头断开，电动机停止运行。可见利用接触器线圈的通电或断电可以控制接器触头闭合或断开。

当接触器的主触头断开时，动、静触头间会产生电弧，电弧会烧坏触头。因此，通常交流接触器的触头都做成桥式，它有两个断点，以降低当触头断开时加在断点上的电压，使电弧容易熄灭，并且相间有绝缘隔板，以免短路。而电流在 10A 以上的接触器中有专门的灭弧装置，用来保证在触头断开电路时，产生的电弧能可靠地熄灭，减少断电时间，减轻电弧对触头的损害，避免事故的发生。

选择接触器应从工作条件出发考虑，如控制交流负载电路则选择交流接触器，控制直流负载电路则选择直流接触器；主触头的额定工作电压、电流应不小于负载电路的电压、电流；接触器吸引线圈的额定电压（通常是 220V 或 380V）应与控制电路电压一致，接触器在线圈额定电压 85% 及以上时应能可靠吸合；主触头和辅助触头的数量应能满足控制系统的需要。

常用交流接触器主要有 CJ10、CJ20、3TB 等系列。

6.1.5 继电器

继电器主要用于控制和保护电路中，它是根据某种输入物理量（如电流、电压、温度、压力等）的变化，使继电器动作，来接通和分断控制电路的电器。继电器种类很多，常用的有电流继电器、电压继电器、中间继电器、热继电器、时间继电器、速度继电器等。

1. 电磁继电器

（1）电流、电压继电器

根据输入线圈的电流大小而动作的继电器称电流继电器，分为过电流继电器和欠电流继电器。过电流继电器是当电路发生短路或过电流时立即切断电路，小于整定电流时不动作。欠电流继电器是当电路电流过低时立即切断电路，大于或等于整定电流时，继电器吸合。

电压继电器是根据输入电压的大小而动作的继电器，分为过电压继电器和欠电压继电器。

（2）中间继电器

中间继电器实质上是电压继电器的一种，常用来传递信号和同时控制多个电路。中间继电器的基本结构与交流接触器类似，由电磁机构和触头系统组成，触头数量较多。工作原理也与交流接触器相同，当电磁线圈得电时，铁心被吸合，触头动作，即动合触头闭合，动断触头断开；电磁线圈断电后，铁心释放，触头复位。中间继电器仅用于控制电路。

中间继电器在继电保护装置中用作辅助继电器，当主继电器触头数和触头容量不够时，可借助中间继电器来扩大它们的触头数和容量，起中间桥梁作用。其外形及符号如图 6-10 所示。

常用的中间继电器有 JZ7、JZ15、JZ17 等系列。

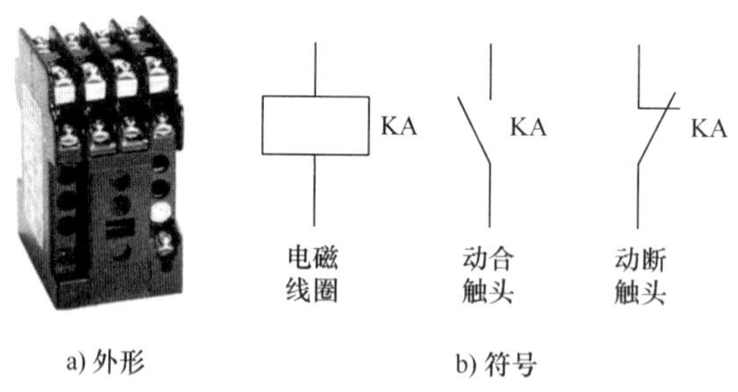

图 6-10 中间继电器的外形和符号

2. 热继电器

热继电器是用来保护电动机使之不过载的保护电器。它主要由热元件、双金属片、触头及一套传动和调整机构组成，它是利用膨胀系数不同的双金属片遇热后弯曲变形，通过传动机构去推动触头，从而断开控制电路。图 6-11 所示为热继电器的外形、结构和符号。

如图 6-12 所示，工作时，热元件串接在主电路中，动断触头串接在控制电路中。当电

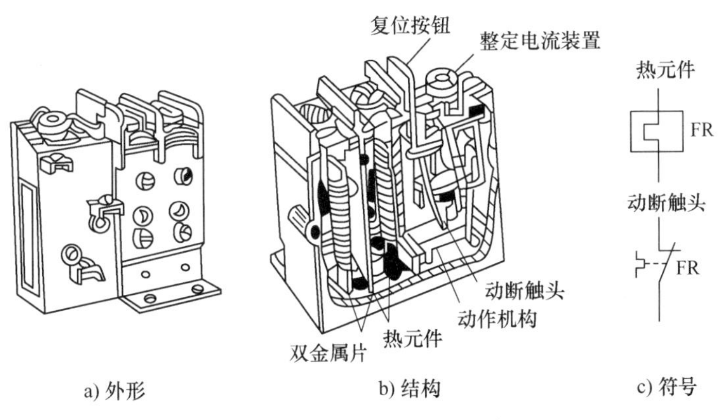

图 6-11　热继电器

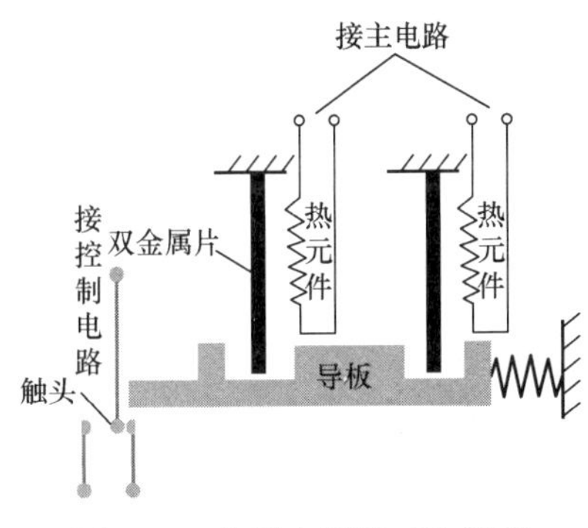

图 6-12　热继电器的工作原理

动机正常运行时，热元件产生的热量不会使触头动作，当电动机过载时，流过热元件的电流过大，一定时间后产生的热量使双金属片弯曲超过一定值时，就会通过导板推动热继电器使动断触头断开，切断线圈电流，使主电路失电。排除故障后，可以按手动复位按钮使触头复位。

热继电器不能作短路保护，这是因为发生短路时，电路必须立即断开，而热继电器由于热惯性，不能立即动作。但是这个“热惯性”也是合乎要求的，在电动机起动或短时过载时，热继电器不会动作，这可避免电动机的不必要停车。

热继电器的主要技术参数是整定电流（整定值）。所谓整定电流，就是热元件能够长期通过而不至于引起热继电器动作的最大电流值。整定电流与电动机的额定电流基本一致。热继电器的整定电流可以通过热继电器上手动调节旋钮在一定范围内选定。

常用的热继电器有 JR10、JR16、JR20 等系列。

3. 时间继电器

在生产中经常需要按一定的时间间隔来对生产机械进行控制，如电动机的减压起动需要一定的延时时间，然后才能加上额定电压；在一条生产线中的多台电动机，需要分批起动，在第一批电动机起动后，需经过一定的延时时间，才能起动第二批电动机。这类控制称为时间控制。时间控制通常利用时间继电器来实现。

时间继电器是按照所整定时间间隔的长短来切换电路的自动电器，它的种类很多，按其动作原理与构造不同，可分为空气阻尼式、电动式和电子式等多种。常用的为空气阻尼式，它是利用空气的阻尼作用而获得动作延时的，主要由电磁系统、触头、气室和传动机构组成。根据触头延时的特点，可以分为通电延时型和断电延时型两种。

图 6-13a 为通电延时型空气阻尼式时间继电器的原理结构图。当线圈 1 通电时，衔铁 3 被吸合，使衔铁 3 与活塞杆 6 之间产生了一段距离，在释放弹簧 8 的作用下，活塞杆 6 就向上移动。由于在活塞上固定有一层橡皮膜 10，因此当活塞向上移动时，橡皮膜下方空气变稀薄，压力减小，而上方的压力加大，限制了活塞杆上移的速度。只有当空气从进气孔 14 进入时，活塞杆才能继续上移，直至压动杠杆 7，使微动式开关 16 动作。可见，从线圈通电开始到触头（微动式开关 16）动作需经过一段时间，此即为时间继电器的延时时间（微动式开关 15 没有延时）。旋转调节螺杆 13，改变进气孔的大小，就可以调节延时时间的长短。线圈 1 断电后复位弹簧 4 将活塞向下推，橡皮膜下方的空气从单向排气孔迅速排出，微动式开关迅速复位，不产生延时作用。因此这类时间继电器称为通电延时型时间继电器，它有两对通电延时触头，一对是动合触头，一对是动断触头，此外还装设一个具有两对瞬时动作触头的微动式开关。

该空气阻尼式时间继电器经过适当改装后（如将通电延时型电磁机构翻转 180°），即可成为断电延时型时间继电器，如图 6-13b 所示。通电时它的触头瞬时动作，而断电时要经过一段时间它的触头才复位。

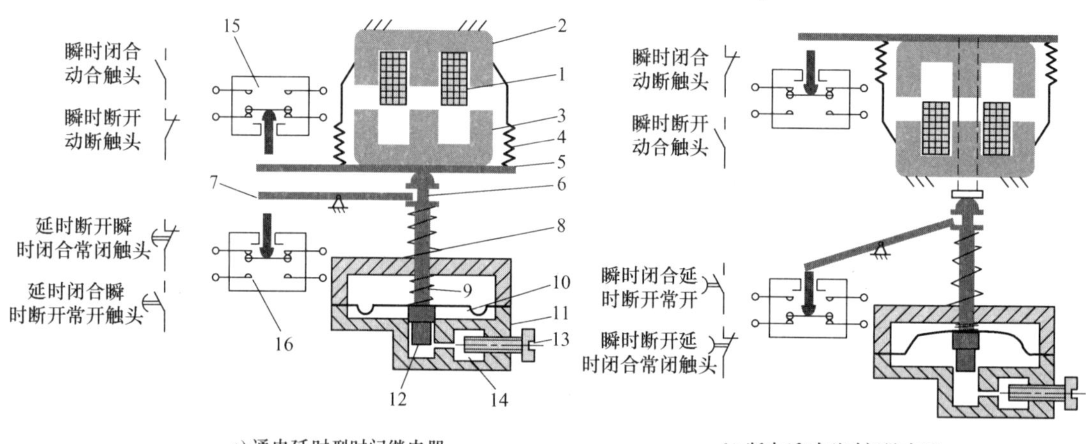

图 6-13　空气阻尼式时间继电器

1—线圈　2—铁心　3—衔铁　4—反力弹簧　5—推板　6—活塞杆　7—杠杆　8—塔形弹簧　9—弱弹簧　10—橡皮膜　11—空气室壁　12—活塞　13—调节螺杆　14—进气孔　15、16—微动式开关

时间继电器的外形、图形及文字符号如图 6-14 所示。常用的空气阻尼式时间继电器有 JS7－A 和 JJSK2 型等多种。

空气阻尼式时间继电器的延时时间有 0.4～180s 和 0.4～90s 两种，它具有延时范围宽、结构简单、工作可靠、价格低廉、使用寿命长等优点，是机床交流控制线路中常用的时间继电器。

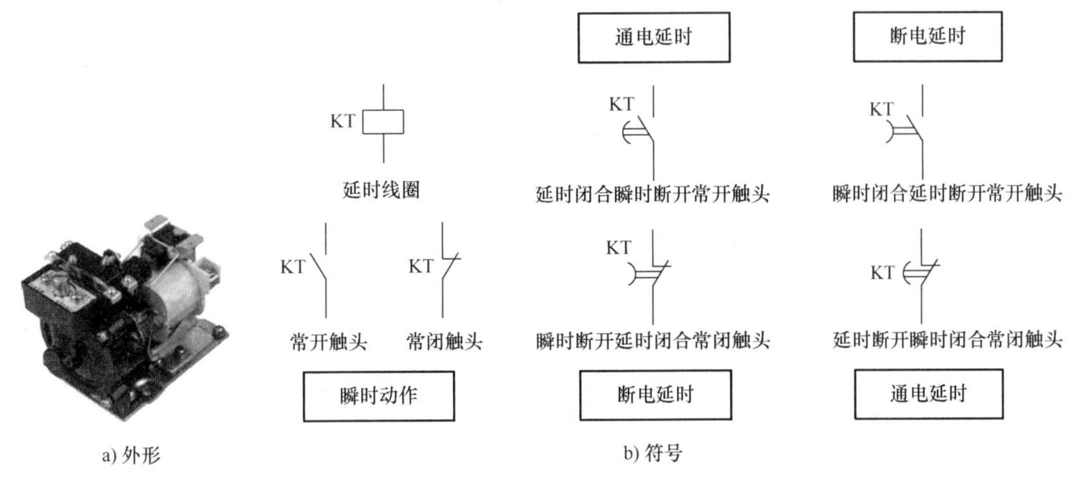

图 6-14　时间继电器的外形及符号

6.2　三相异步电动机的基本控制电路

通过开关、按钮、继电器、接触器等电器触头的接通或断开来实现的各种控制称为继电—接触器控制，这种方式构成的自动控制系统称为继电—接触器控制系统。典型的基本控制环节有起动、停止控制，正反转控制，行程控制，时间控制等。

6.2.1　三相异步电动机的起动、停止控制

电动机的起动与停止就是把电动机的定子绕组与电源接通，使电动机的转速由静止加速到额定转速和由额定转速到静止的过程。

1. 点动控制

三相异步电动机的点动控制就是按下起动按钮时电动机转动，松开起动按钮时电动机停止转动，如图 6-15 所示，电路由主电路和控制电路两部分组成。主电路包括电源开关 QS、熔断器 FU、交流接触器 KM 的动合触头、电动机三相定子绕组。开关 QS 作为隔离开关使用，当需要对电动机或电路进行检查、维修时，用它来隔离电源，确保操作人员安全。隔离开关一般不能带负载切断或接通电源。控制电路有按钮 SB、交流接触器 KM 线圈等。起动时应先合上 QS，再按起动按钮 SB，停止时松开按钮 SB，再断开 QS。

操作过程：

合上开关 QS，电动机并不能起动。当按下按钮 SB 后，三相电源被引入控制电路，接触器 KM 线圈得电，衔铁吸合，接触器 KM 的主动合触头接通，电动机定子绕组接通电源，电动机起动运转。松开按钮 SB，接触器 KM 线圈失电，衔铁释放，接触器 KM 的主动合触头断开，电动机因断电而停转。

此电路还可实现短路保护和失电压（或欠电压）保护作用。串接在主电路中的熔断器 FU 起短路保护作用。接触器本身兼有失电压（或欠电压）保护作用，当电源暂时断电或电压严重下降时，接触器 KM 线圈的电磁吸力不足，衔铁自行释放，使主、辅触头自行复位，

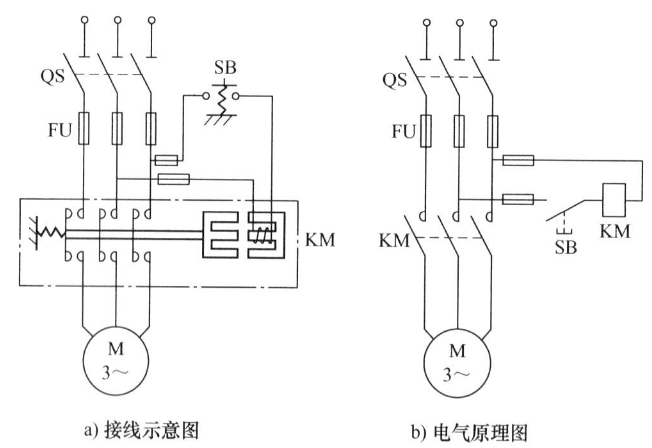

图 6-15　点动控制电路

切断电源，电动机停转。当电源电压恢复正常时，接触器线圈也不能自动通电，必须再重新按下按钮 SB 后，电动机才能重新起动，也叫零压（或欠电压）保护。

2. 带自锁的起动、停止控制

大多数生产机械需要连续工作，如水泵、通风机、机床等，如仍采用点动控制电路，则需要操作人员一直按着按钮来工作，这显然不符合生产实际的要求，为了使电动机在按下起动按钮后能保持连续运转，需要接触器的一对辅助动合触头与起动按钮并联，如图 6-16 所示，此电路有两个按钮，起动按钮 SB_1 和停止按钮 SB_2，KM 的一对辅助动合触头与起动按钮 SB_1 并联，这种作用称为“自锁”。其操作过程如下：

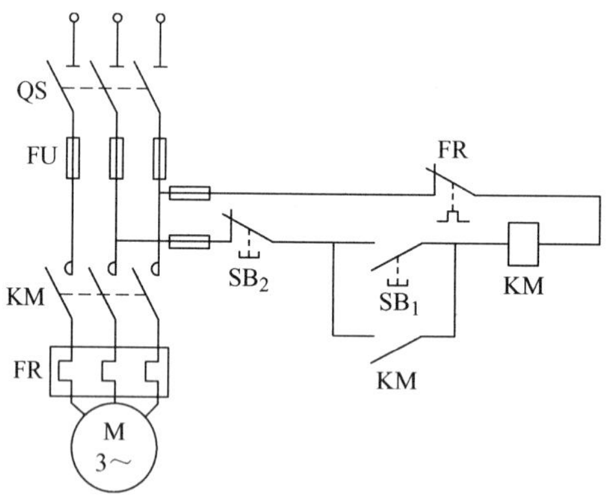

图 6-16　带自锁的起动、停止控制电路

起动过程：按下起动按钮 SB_1，接触器 KM 线圈得电，与 SB_1 并联的 KM 辅助动合触头闭合，实现“自锁”，串联在电动机主回路中的 KM 主动合触头闭合，电动机运转。因为“自锁”，松开按钮 SB_1 后 KM 线圈保持通电状态，电动机能持续运转。

停止过程：按下停止按钮 SB_2，接触器 KM 线圈失电，KM 主动合触头断开，电动机停转。与 SB_1 并联的 KM 辅助动合触头断开，解除“自锁”，以保证 KM 线圈持续不得电。

此电路除了可实现短路保护和零压（或欠电压）保护外，还可实现过载保护。起过载保护作用的是热继电器 FR。热继电器 FR 的热元件串联在主电路中，当电动机出现长时间过载时，热继电器动作，串联在控制电路中的 FR 动断触头断开，使接触器 KM 线圈失电，KM 的主动合触头和辅助动合触头均断开，电动机停转。

3. 顺序起动控制

当某些电路中存在多个电动机时，要求电动机的起动运行按顺序执行，于是对控制电路提出了按顺序工作的要求。比如有两台电动机 M_1 和 M_2，按要求 M_1 先起动，运行一段时间后，M_2 再起动运行。图 6-17 所示是它的主电路和控制电路，其操作过程如下：

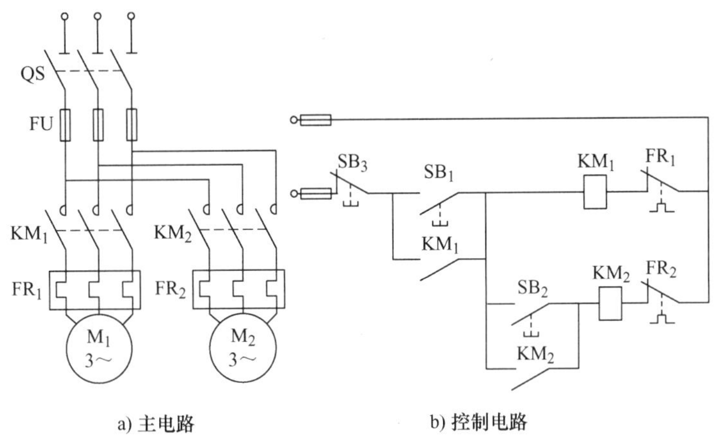

a) 主电路　　b) 控制电路

图 6-17　两台电动机顺序起动电路

顺序起动过程：按下起动按钮 SB_1，KM_1 线圈得电，串联在电动机主回路中的 KM_1 主动合触头闭合，M_1 起动，同时与 SB_1 并联的 KM_1 辅助动合触头闭合，实现“自锁”。一段时间后，按下起动按钮 SB_2，KM_2 线圈得电，串联在电动机主回路中的 KM_2 主动合触头闭合，M_2 起动。同时，与 SB_2 并联的 KM_2 辅助动合触头闭合，实现“自锁”。

停止过程：按下停止按钮 SB_3 时，KM_1、KM_2 线圈同时断电，KM_1、KM_2 主动合触头断开，M_1、M_2 同时停止运转。同时，KM_1、KM_2 的辅助动合触头断开，解除“自锁”，以保证 KM_1、KM_2 线圈持续失电。

以上顺序控制也可以用时间继电器设定好先后起动的时间间隔后，通过时间继电器延时来自动控制，详见 6.2.4 节。

6.2.2　正、反转控制

在生产机械运行中往往需要运动部件向正、反两个方向运动，如机床工作台的前进与后退、主轴的正转与反转、起重机的提升与下降等，都是由电动机的正、反转来实现的。为了实现三相异步电动机的正、反转，只要把三相电源中的任意两相对调，改变旋转磁场的方向，即可改变电动机的转向。为此，只要用两个交流接触器就能实现这一要求，如图 6-18 所示。具体操作过程如下：

正向起动过程：按下起动按钮 SB_1，接触器 KM_1 线圈得电，KM_1 的主动合触头闭合，电动机运转。与 SB_1 并联的 KM_1 的辅助动合触头闭合，实现“自锁”。

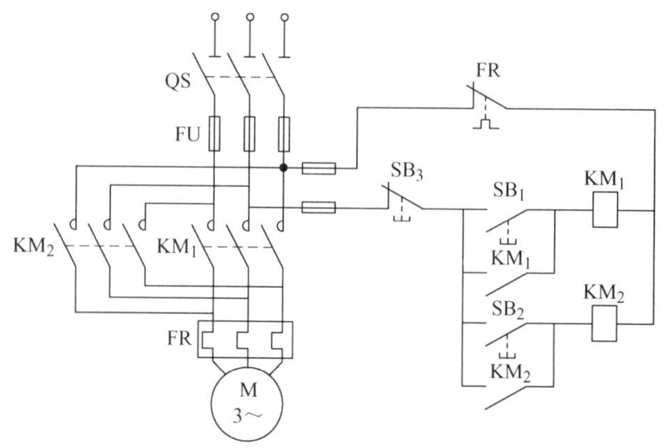

图 6-18　正、反转控制电路

停止过程：按下停止按钮 SB_3，接触器 KM_1 线圈失电，KM_1 的主动合触头断开，电动机停转。KM_1 的辅助动合触头断开，解除“自锁”。

反向起动过程：按下起动按钮 SB_2，接触器 KM_2 线圈得电，KM_2 的主动合触头闭合，电动机反向运转。与 SB_2 并联的 KM_2 的辅助动合触头闭合，实现“自锁”。

停止过程：按下停止按钮 SB_3，接触器 KM_2 线圈失电，KM_2 的主动合触头断开，电动机停转。KM_2 的辅助动合触头断开，解除“自锁”。

特别注意的是，控制电路中 KM_1 和 KM_2 线圈不能同时通电，否则会使它们串在主回路中的动合触头同时闭合，造成主回路电源短路。因此，不能同时按下 SB_1 和 SB_2，也不能在电动机正转时按下反转起动按钮，或在电动机反转时按下正转起动按钮，必须先停转再切换。为防止误操作，改进办法是采用“互锁”。

图 6-19 为带互锁的正、反转控制电路。它将接触器 KM_1 的辅助动断触头串入 KM_2 的线圈回路中，从而保证在 KM_1 线圈通电时 KM_2 线圈回路总是断开的；将接触器 KM_2 的辅助动断触头串入 KM_1 的线圈回路中，从而保证在 KM_2 线圈通电时 KM_1 线圈回路总是断开的。这样，接触器的辅助动断触头 KM_1 和 KM_2 就保证了两个接触器线圈不能同时通电，这种控制方式称为“联锁”或者“互锁”。

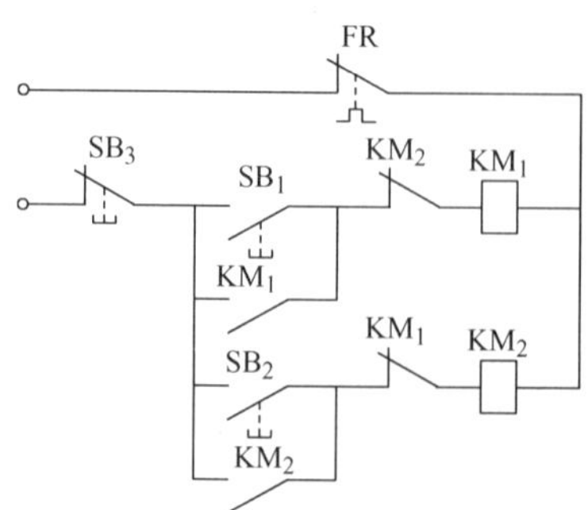

图 6-19　带互锁的正、反转控制电路

改进后的电路要实现电动机正、反转的切换也必须先停车再切换，这给操作带来不便，同时具有电气联锁和机械联锁（复合联锁）的正、反转控制电路可以解决这个问题。

如图 6-20 所示，采用复合按钮，将 SB_1按钮的动断触头串接在 KM_2的线圈回路中，将 SB_2的动断触头串接在 KM_1的线圈回路中，这样就可以直接实现正、反转的切换。当电动机正向运行时，按下反转起动按钮 SB_2，在 KM_2线圈通电之前，就已使 KM_1线圈断电，保证 KM_1和 KM_2不同时通电，从反转到正转的情况也是一样。

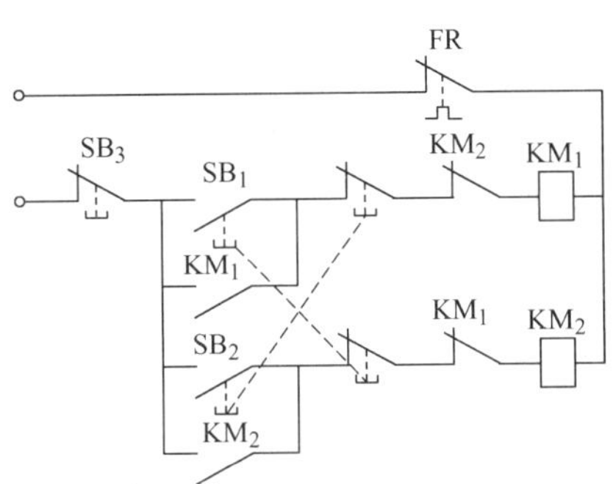

图 6-20　具有电气联锁和机械联锁的正、反转控制电路

6.2.3　行程控制

行程控制主要用于机床进给速度的自动换接、自动工作循环、自动定位以及运动部件的限位保护等。当生产机械的运动部件到达一定行程或预定位置时压下行程开关的推杆，将动断触头断开，接触器线圈断电，使电动机断电而停止运行。图 6-21 为自动往返行程控制电路。主电路与正、反转电路相同。其操作过程如下：

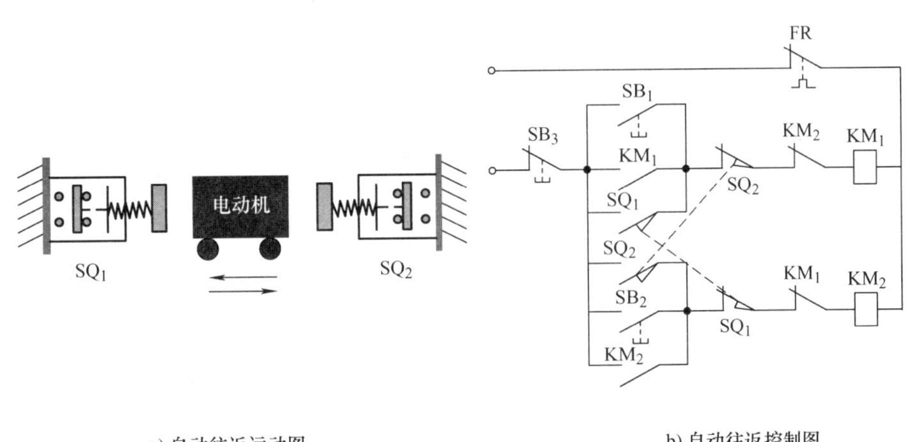

a) 自动往返运动图　　b) 自动往返控制图

图 6-21　自动往返行程控制电路

按下正向起动按钮 SB_1，接触器 KM_1线圈得电，电动机正向起动运行，带动工作台向右运动。当运行到行程开关 SQ_2位置时，挡块压下 SQ_2，SQ_2动断触头断开，接触器 KM_1线圈失电释放，电动机停止正向运行，同时 SQ_2动合触头闭合，KM_2得电吸合，电动机反向起动运行，使工作台向左运动。当工作台向左运动到 SQ_1位置时，挡块压下 SQ_1，KM_2断电释放，KM_1通电吸合，电动机又正向起动运行，工作台又向右前进，如此一直循环下去，直到需要

停止时按下 SB_3，KM_1和KM_2线圈同时断电释放，电动机脱离电源停止转动。电路中行程开关采用复合式开关，正向运行停车的同时，自动起动反向运行，反之亦然。

6.2.4 时间控制

时间控制指电气控制系统按时间原则进行控制，应用广泛。时间继电器是时间控制的基本电器。图6-22所示是某生产机械的控制电路，接触器KM的主动合触头控制三相异步电动机，起动一定时间后能按需要自行停车，这种控制就属于时间控制，用时间继电器来实现。图6-22所示电路的工作原理如下：

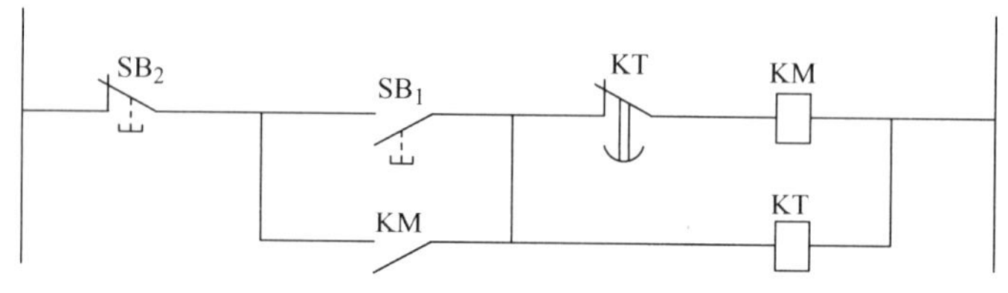

图6-22　时间控制电路

按下按钮 SB_1，接触器KM、时间继电器KT线圈均得电，KM主动合触头闭合，电动机起动运行，同时KM辅助动合触头闭合“自锁”。经一段时间延时后，KT动断触头断开，KM线圈失电，电动机停转。

利用时间控制原则可以实现各种动作顺序的自动控制，图6-17b所示的顺序起动控制电路中加入时间继电器后可以改画成图6-23所示电路，使 M_1、M_2按设定好的时间间隔自动顺序起动。

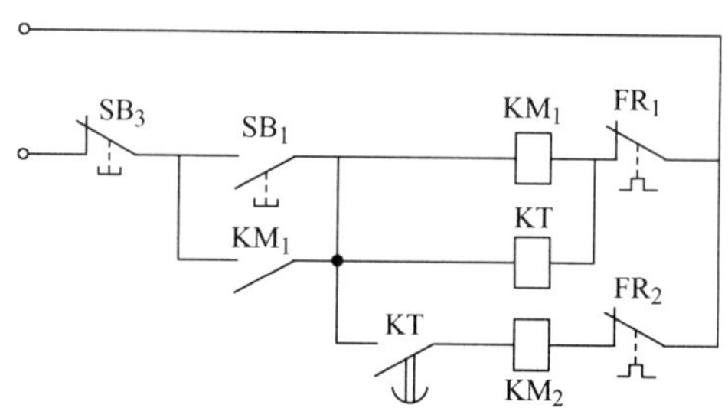

图6-23　两台电动机的顺序起动控制电路

较大容量的笼型异步电动机由于起动电流较大，常采用减压起动方法以限制较大的起动电流，待起动完毕，恢复到正常额定电压下运行。这个起动时间的控制就是通过时间继电器来完成的，有关应用我们在下一节中详细介绍。

6.3 三相异步电动机的减压起动控制

大于10kW的笼型异步电动机起动电流较大，一般为电动机额定电流的5~7倍，这样大的起动电流短时间内会使线路上产生很大的压降，使负载电压降低，影响其他负载的正常工作（如使荧光灯熄灭、电动机停转等）。因此，需要采用合适的起动方法，以限制较大的起动电流，常用的是减压起动方法。

减压起动方法就是在电动机起动时降低加在电动机定子绕组上的电压，以减小起动电流，待起动完毕，恢复到正常额定电压下运行的方法。笼型电动机的减压起动常用以下几种方法。

6.3.1 定子绕组串电阻减压起动

此方法是电动机起动时在三相定子绕组上串接电阻，使定子绕组上的电压降低，起动完毕，再将电阻短接，使电动机恢复全压运行的方法。

图 6-24 所示为定子绕组串电阻减压起动电路，该电路利用时间继电器控制起动时间，适时将减压电阻切除。其工作原理如下：

图 6-24b 中，按下 SB_2，接触器 KM_1、时间继电器 KT 线圈均得电，KM_1 主动合触头闭合，电动机定子绕组串电阻减压起动，同时 KM_1 辅助动合触头闭合“自锁”。起动结束，KT 动合触头闭合，KM_2 线圈得电，KM_2 主动合触头闭合，电阻被短路，电动机全压运行。

图 6-24b 所示控制电路有一个缺点，就是电动机起动后，KM_1 和 KT 一直通电工作，既消耗能量又影响它们的使用寿命，图 6-24c 经改进后解决了这一问题。电路中增加了 KM_2 的“自锁”和“互锁”，在 KM_2 线圈得电后，KM_1 和 KT 线圈断电，使电动机正常运行时，只有 KM_2 在工作。

定子绕组串电阻减压起动方法不受电动机接线形式的限制，设备简单，在中小型生产机械中应用较广。

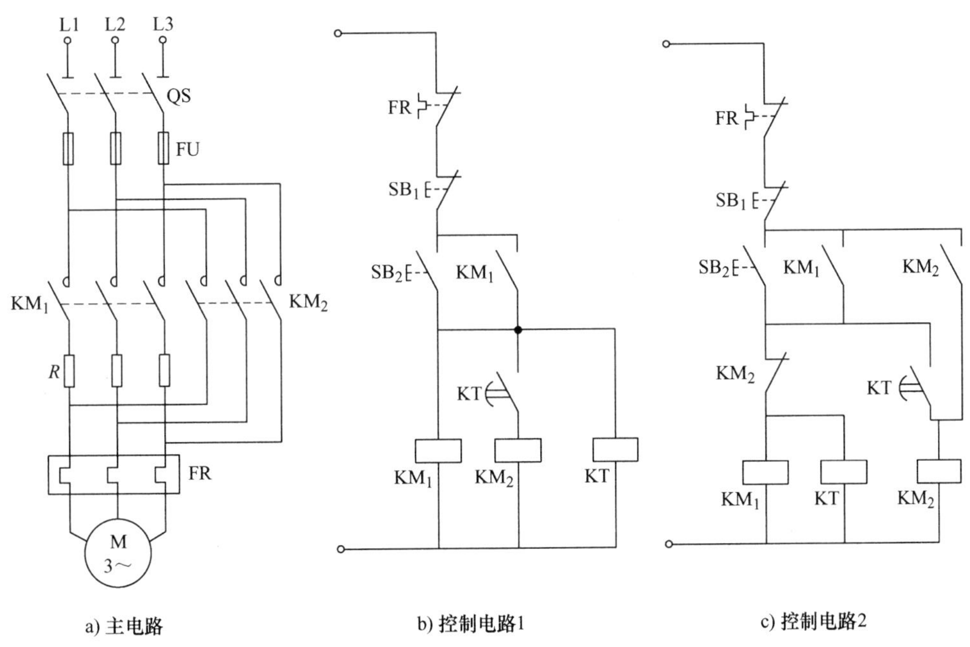

a) 主电路　　b) 控制电路1　　c) 控制电路2

图 6-24　定子绕组串电阻减压起动电路

6.3.2 星形–三角形（Y–△）换接起动

这种方法适合于正常运行时其定子绕组接成三角形的电动机，在起动时把它接成星形，等到转速接近额定转速时再换接成三角形，这样，在起动时就把定子每相绕组上的电压降低到正常运行时的$\frac{1}{\sqrt{3}}$。

设每相定子绕组的阻抗为$|Z|$，电源线电压为U_1。三角形联结时的线电流为$I_{st\triangle}$，星形联结时的线电流为I_{stY}，则有

$$\frac{I_{stY}}{I_{st\triangle}}=\frac{\dfrac{U_1}{\sqrt{3}\,|Z|}}{\dfrac{\sqrt{3}\,U_1}{|Z|}}=\frac{1}{3}$$

可见，用星形–三角形（Y–△）换接起动时的电流只是三角形起动的$\frac{1}{3}$，从而减少了起动电流。

图 6-25 所示为星形–三角形（Y–△）换接起动的电气原理图。其操作过程如下：

当合上刀开关 QS 以后，按下起动按钮 SB_2，接触器 KM_1、KM_3线圈和延时继电器线圈 KT 得电，KM_1“自锁”，KM_3主触头闭合，电动机定子绕组星形联结起动。经 KT 整定时间后，KT 动断触头断开，切断 KM_3线圈回路，使 KM_3主触头断开，KT 动合触头闭合，KM_2线圈通电并“自锁”，KM_2主触头闭合，将电动机接成三角形运行，图中的 KM_2、KM_3动断触头起“互锁”控制作用，防止两线圈同时得电而造成电源短路。图中 FU 和 FR 分别起短路保护和过载保护作用。

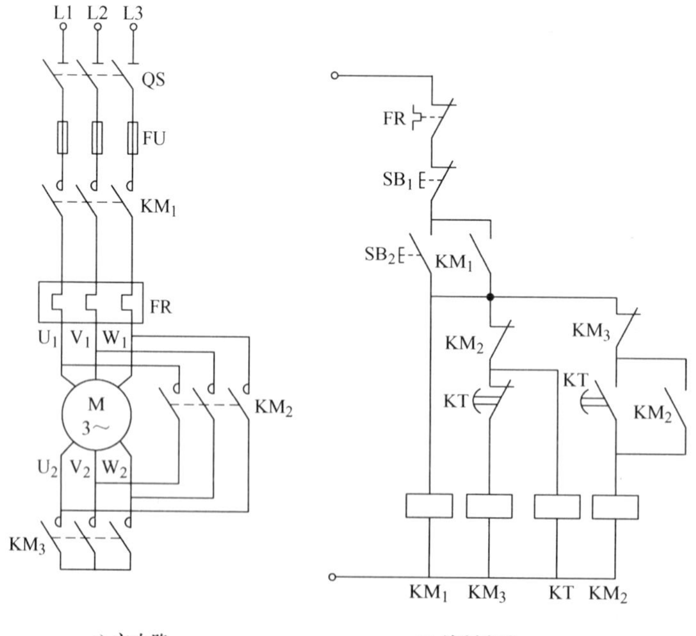

a) 主电路　　b) 控制电路

图 6-25　Y–△换接起动电路

星形–三角形换接起动投资少、线路简单、操作方便，但起动转矩较小，一般适合电动机的空载或轻载起动，故多在轻载或空载起动的机床电路中应用。

6.3.3　自耦减压起动

自耦减压起动就是利用自耦变压器将电源电压降低后加到电动机定子绕组上，当电动机转速接近额定转速时，再恢复额定电压的减压起动方法。自耦减压起动时，电动机定子绕组电压降为直接起动时的 $1/K$（K 为电压比），定子绕组电流也降为直接起动时的 $1/K$。

图 6-26 所示为利用时间继电器控制的自耦减压起动的电气原理图。其操作过程如下：

合上电源开关 QS，按下起动按钮 SB_2，KM_1、KT 线圈通电并通过 KM_1 的辅助动合触头“自锁”，KM_1 主动合触头闭合将自耦变压器接入电动机定子绕组，自耦变压器有多个抽头，可获得不同的电压以满足电动机减压起动的要求。经过 KT 延时后，KT 动合触头闭合，中间继电器 KA 线圈通电并“自锁”，KA 的动断触头将 KM_1、KT 线圈断开，KM_1 主触头断开，将自耦变压器切除；同时与 KM_2 线圈串联的 KA 动合触头闭合，使 KM_2 线圈通电动作，KM_2 主触头闭合，电动机全压运行。

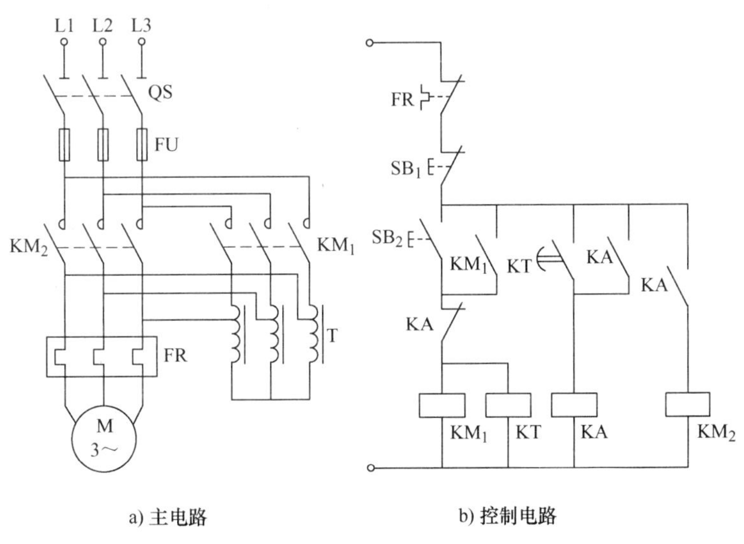

a) 主电路　　　　b) 控制电路

图 6-26　自耦减压起动电路

起动用的自耦变压器专用设备称为补偿器，它通常有几个抽头，可输出不同的电压，如电源电压的 80%、60%、40% 等，可供用户选用。

一般补偿器只用于大功率的电动机起动，且运行时采用星形联结的笼型异步电动机。

对于绕线转子电动机而言，只要在转子电路串入适当的起动电阻 R_{st}，就可以限制起动电流，如图 6-27 所示，随着转速的上升可将起动电阻逐段切除。卷扬机、锻压机、起重机等设备中的电动机起动常用此种方法，具体方法不再赘述。

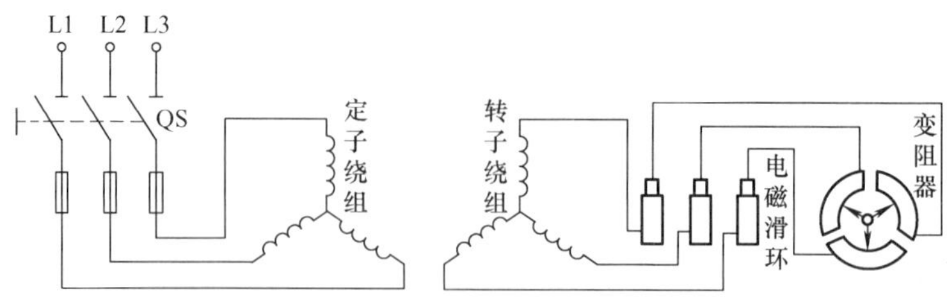

图 6-27　绕线转子电动机转子串电阻起动电路

6.4　三相异步电动机的制动控制

因为电动机的转动部分有惯性，所以当切断电源后，电动机还会继续转动一定时间后才能停止。但某些生产机械要求电动机脱离电源后能迅速停止，以提高生产效率和安全度，为此，需要对电动机进行制动，对电动机的制动也就是在电动机停电后施加与其旋转方向相反的制动转矩。制动方法有机械制动和电气制动两类。

机械制动通常用电磁铁制成的电磁抱闸来实现，当电动机起动时电磁抱闸的线圈同时通电，电磁铁吸合，闸瓦离开电动机的制动轮（制动轮与电动机同轴连接），电动机运行；当电动机停电时，电磁抱闸线圈失电，电磁铁释放，在弹簧作用下，闸瓦把电动机的制动轮紧紧抱住，以实现制动。起重设备常采用这种制动方法，不但提高了生产效率，还可以防止在工作中因突然停电使重物下滑而造成的事故。

电气制动是利用在电动机转子导体内产生的反向电磁转矩来制动，常用的电气制动方法有能耗制动和反接制动两种。

6.4.1　能耗制动

该制动方法是把电动机的旋转动能转变为电能消耗在转子电阻上，故称能耗制动。制动方法是在切断三相电源的同时，在电动机三相定子绕组的任意两相中通以一定电压的直流电，直流电流将产生固定磁场，而转子由于惯性继续按原方向转动，根据右手定则和左手定则不难确定这时转子电流与固定磁场相互作用产生的电磁转矩与电动机转动方向相反，因而起到制动的作用。制动转矩的大小与通入定子绕组直流电流的大小有关，而电流的大小可通过调节电位器 R_P 来控制。图 6-28 所示为按时间原则控制的能耗制动电路。其制动过程如下：

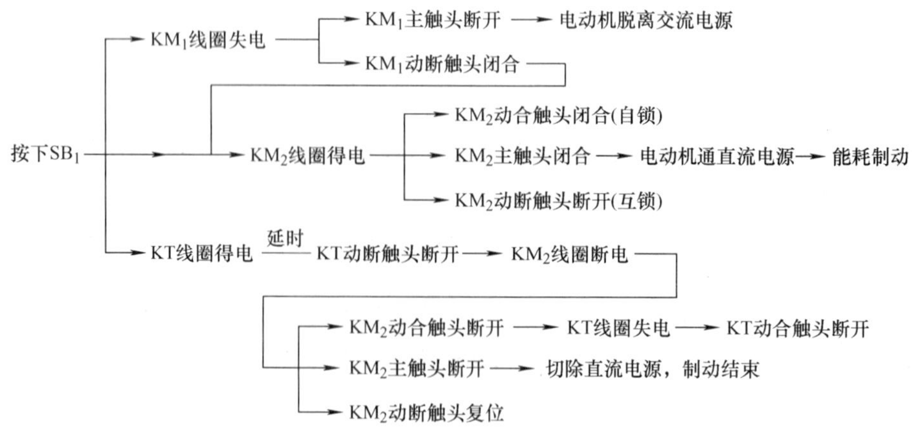

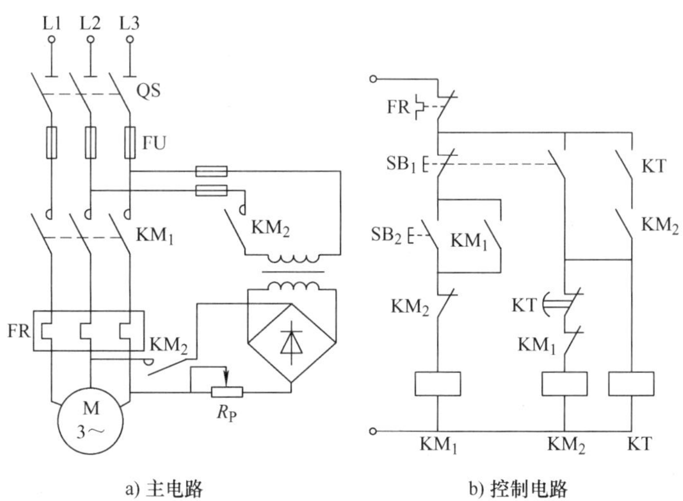

a) 主电路　　b) 控制电路

图 6-28　能耗制动电路

能耗制动的优点是制动平稳准确无冲击，电能消耗少，但需要有整流设备和限流电阻，制动过程长，目前一些金属切削机床中常采用这种制动方法。在一些重型机床中还将能耗制动与电磁抱闸配合使用，先进行能耗制动，待转速降至某一值时，令电磁抱闸动作，可以有效地实现准确快速停车。

6.4.2　反接制动

改变电动机三相电源的相序，使电动机的旋转磁场反转的制动方法称为反接制动，如图 6-29 所示。

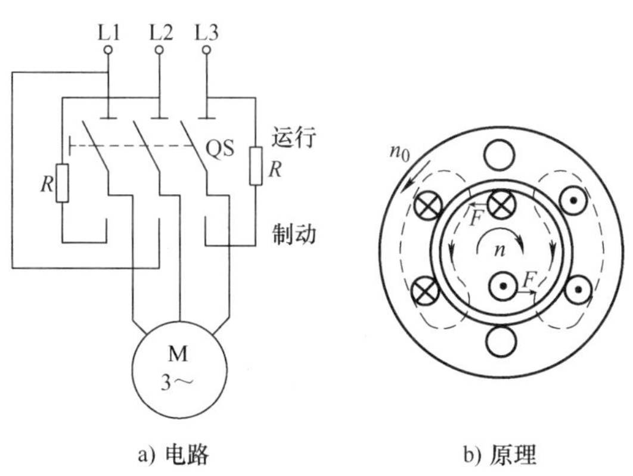

a) 电路　　b) 原理

图 6-29　反接制动原理

在电动机需要停车时，可将接在电动机上的三相电源中的任意两相对调位置，使旋转磁场反转，而转子由于惯性仍按原方向转动，这时的转矩方向与电动机的转动方向相反，因而起到制动作用。当转速接近零时，利用控制电器迅速切断电源，否则电动机将反转。图 6-30 是按速度原则控制的反接制动控制电路图，电路中 KS 是速度继电器。速度继电器是根据电磁感应原理制成的，可用于速度的检测。在电动机反接制动转速为零时能自动切除反相序电源。

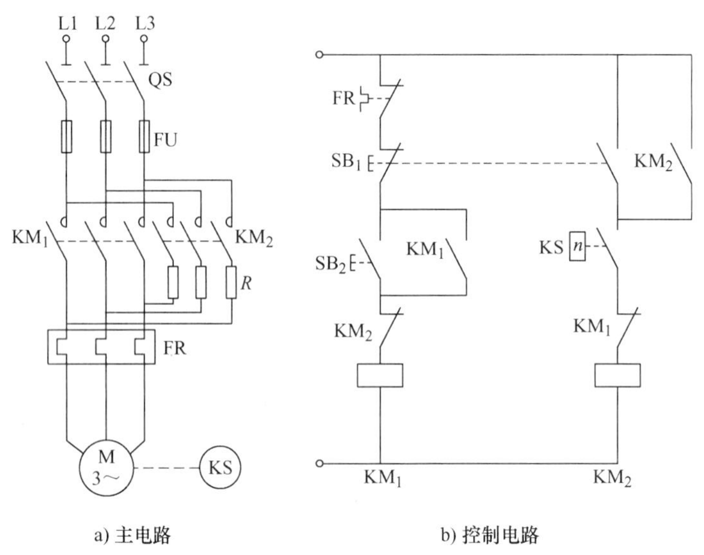

a) 主电路　　b) 控制电路

图 6-30　反接制动

在反接制动时，由于旋转磁场 n_0 与转子转速 n 之间的转速差 n_0-n 很大，转差率 $s>1$，因此，电流很大，为了限制电流及调整制动转矩的大小，常在定子电路（笼型）或转子电路（绕线式）中串入适当电阻。

反接制动不需要另备直流电源，结构简单，且制动力矩较大，停车迅速。但制动过程冲击强烈，易损坏传动部件，电流较大，能耗较大，易过热损坏，停止不准确。一般在中小型车床和铣床等机床中使用这种制动方法。

6.5　三相异步电动机的调速控制

电动机的调速是在同一负载下得到不同的转速，以满足生产过程的要求，如各种切削机床的主轴运动随着工件与刀具的材料、工件直径、加工工艺的要求及吃刀量的大小不同，要求电动机有不同的转速，以获得最高的生产效率和保证加工质量。通过改变传动机构转速比的调速方法称机械调速，通过改变电动机参数来改变转速的方法称电气调速。采用电气调速，可以大大简化机械变速机构。

由电动机的转速公式 $n=(1-s)n_0=60f_1/p$ 可知，改变电动机转速的方法有三种，即改变电源频率 f_1、改变转差率 s 和改变极对数 p。

改变电源频率 f_1 的方法称变频调速，变频调速就是利用变频装置改变交流电源的频率来实现调速。变频装置主要由整流器和逆变器两大部分组成，如图 6-31 所示。整流器先将频率为 $f=50\text{Hz}$ 的三相交流电变为直流电，再由逆变器将直流电变为频率 f_1、电压 U_1 都可调的三相交流电，供给电动机。当改变频率 f_1 时，即可改变电动机的转速。

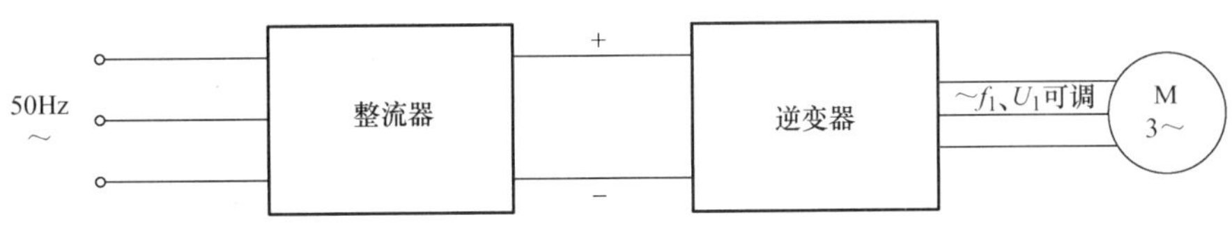

图 6-31　变频调速

变频调速调速范围大，调速平滑性好，可实现无级调速。调速时异步电动机的机械特性硬度不变，稳定性好。变频时电压按不同规律变化可实现恒转矩或恒功率调速，以适应不同负载的要求。变频调速是现代电力传动的一个主要发展方向，已广泛应用于工业自动控制中。

改变转差率调速是在不改变同步转速 n_0 条件下的调速，这种调速通常用于绕线转子电动机，是通过在转子电路中串入调速电阻来实现调速的。比如增大调速电阻时，转差率 s 上升，从而使转速 n 下降。这种调速方法的优点是设备简单、投资少，但能量损耗较大，多应用于起重设备中。

改变极对数的方法称变极调速，就是在电源频率一定的条件下，改变电动机的极对数 p，可以得到不同的转速 n。而电动机的极对数 p 与定子绕组的接线方法有关，因此改变电动机定子绕组的接线方法，就可以实现变极调速。

我们研究一下变极调速的原理。为清楚起见，我们只画出电动机三相定子绕组的 U 相绕组，它由线圈 U_1U_2 和 $U_1'U_2'$组成。如图 6-32a 所示，当两个线圈串联时，合成磁场是两对磁极，$p=2$；如图 6-32b 所示，当两个线圈反并联（头尾相连），合成磁场是一对磁极，$p=1$。所以通过两个线圈的两种连接方法，就可以得到两种磁极对数，从而得到电动机两种高低不同的转速，这就是变极调速。像这种称双速电动机，双速电动机在机床上应用较多，如某些镗床、磨床、铣床等。此外，还有三速、四速等多种。

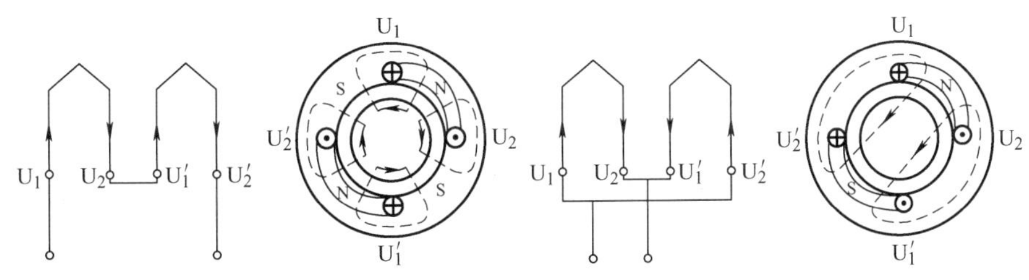

a) 两线圈串联　　b) 两线圈反并联

图 6-32　变极调速原理

图 6-33 所示是 4/2 极双速异步电动机三角形（△）/双星形（YY）三相定子绕组接线示意图。定子绕组有 6 根接线端子。图 6-33a 为双速异步电动机定子绕组的△联结，三相绕组的 U_1、V_1、W_1 接线端与电源线连接，U_2、V_2、W_2 三个接线端悬空，三相定子绕组接成△，这种接法电动机以 4 极（$p=2$）低速运行。图 6-33b 为双速异步电动机定子绕组的YY联结，U_1、V_1、W_1 接线端连接在一起，U_2、V_2、W_2 三个接线端与电源线连接，属于YY联

结。如果定子绕组由△联结切换成丫丫联结，电动机将以 2 极（$p=1$）高速运行。为保证电动机转向不变，从一种接法切换到另一种接法时，需改变电源相序。

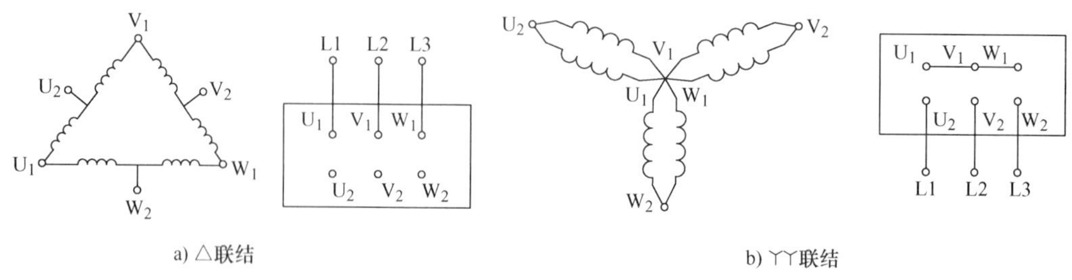

图 6-33　4/2 极双速异步电动机△/丫丫三相定子绕组接线示意图

图 6-34 为手动切换双速异步电动机控制电路，KM_1控制△联结，KM_2、KM_3控制丫丫联结，SB_2为低速起动按钮，SB_3为高速起动按钮。也可以按照时间原则采用时间继电器自动切换，原理请读者量力自行分析和设计。

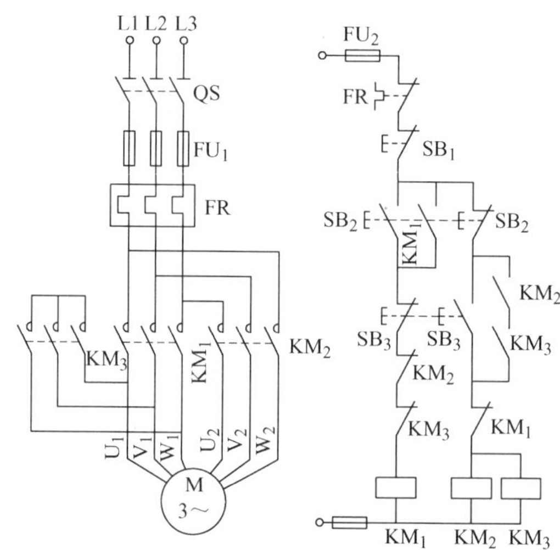

图 6-34　双速异步电动机手动控制电路

6.6　电气安装布线图举例

电气安装布线图应表示出各电器的分布，同一电器元件的部件要画在一起；要画出各电器相互之间的电气连接；不但画出电器控制柜内部的电器之间的电气连接，还要画出柜外电器、控制箱、接线盒等的连接；文字符号和数字符号应与原理图中的标号相一致，并符合国家标准。

例如设计一个控制电路，要求控制 M_1起动后，延时 10s 后 M_2自行起动，图 6-35 为其控制原理图。

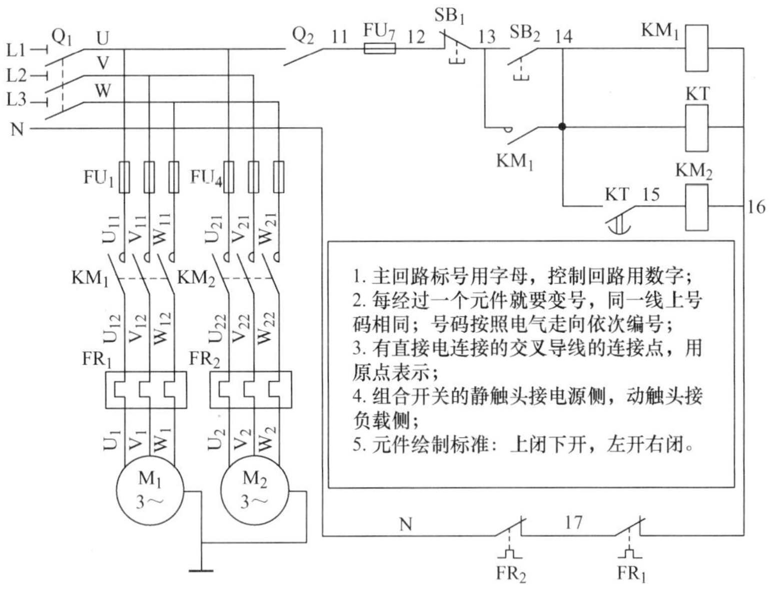

图 6-35　顺序起动控制原理图

按原理图画出布线图，如图 6-36 所示。

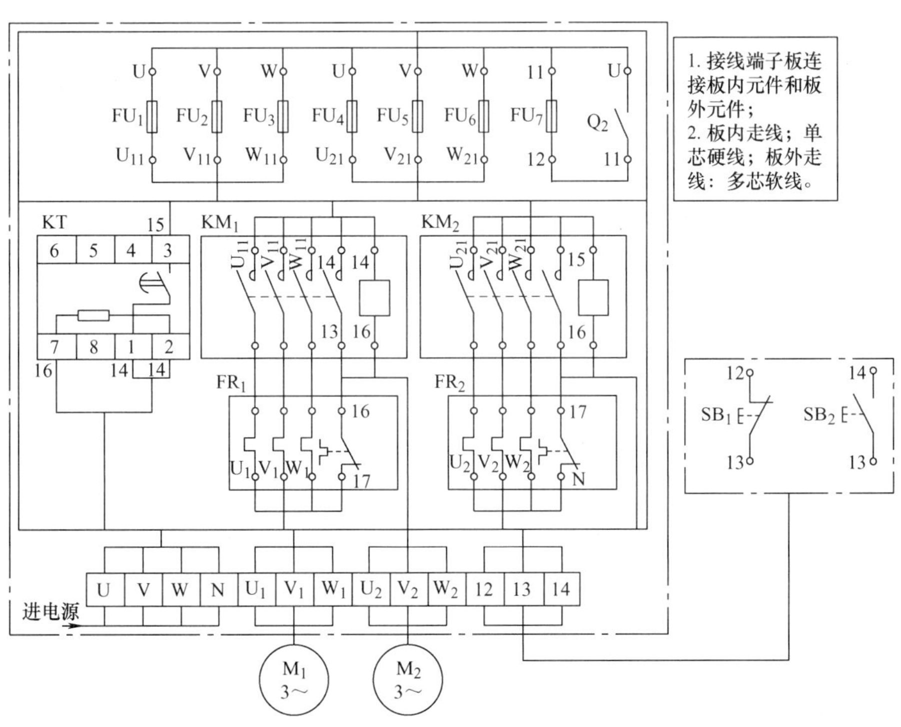

图 6-36　顺序起动控制电气布线图

应用训练

1. 何谓动合触头和动断触头？如何区分按钮和交流接触器的动合触头和动断触头？

2. 简述闸刀开关、按钮、行程开关、交流接触器的作用。

3. 交流接触器由哪几部分组成？

4. 一个按钮的动合触头和动断触头有可能同时闭合和同时断开吗？

5. 熔断器的作用是什么？热继电器的作用是什么？为什么在三相异步电动机的主电路中已安装了熔断器还要安装热继电器？

6. 为什么熔断器都装在电源开关的下面而不装在电源开关的上面？

7. 如果用一单刀开关来代替起动按钮，控制效果有何不同？

8. 通电延时与断电延时有何区别？时间继电器的延时触头是如何动作的？

9. 画出时间继电器的通电延时闭合常开触头和断电延时断开常闭触头的电路符号，并解释其作用。

10. 试画出三相异步电动机既能连续工作，又能点动工作的继电-接触器控制线路。

11. 两地分别控制电动机运行时，其两地的起动按钮和停止按钮应怎样连接？

12. 三相异步电动机采用丫-△换接起动时，每相定子绕组的电压、起动电流及起动转矩与直接起动时什么关系？

13. 设自耦变压器的电压比为 K（$K>1$），则异步电动机采用自耦减压起动时，定子电流、定子电压、变压器一次电流和起动转矩与直接起动时什么关系？

14. 三相异步电动机常用的电气制动方法有哪些？

15. 能耗制动消耗的是什么能？能耗制动与反接制动相比，各有哪些优缺点？

16. 三相异步电动机常用的调速方法有哪些？

17. 什么是变极调速？三相异步电动机怎样实现变极调速？

18. 在图 6-37 所示电路中，有几处错误？请改正。

19. 图 6-38 所示电路为三相异步电动机正、反转控制电路，图中有几处错误？请改正。

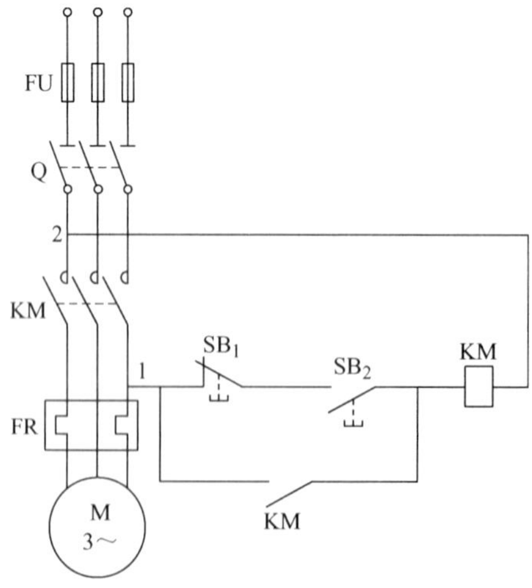

图 6-37　题 18 图

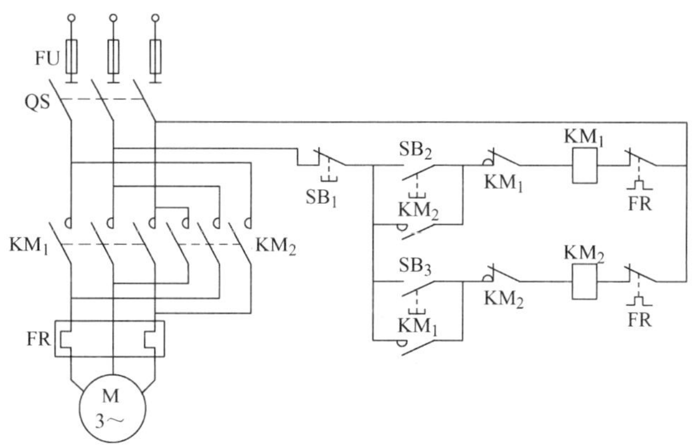

图 6-38　题 19 图

20. 分析图 6-39 所示控制电路的工作原理。

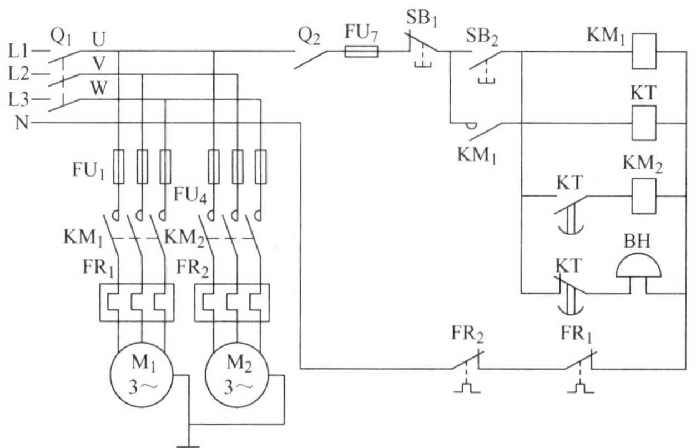

图 6-39　题 20 图

21. 图 6-40 所示为抽水机控制电路原理图，主电路有一台电动机 M，它是拖动水泵的电动机，试分析其工作原理。

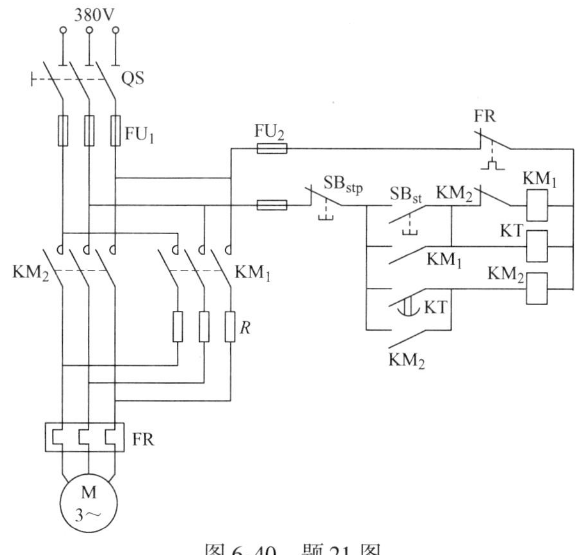

图 6-40　题 21 图

22. 试分析图6-41所示电动机制动抱闸电路的工作原理。

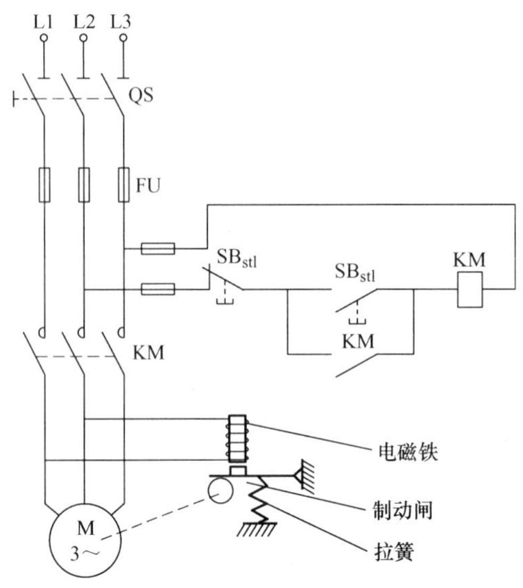

图6-41　题22图

23. 试绘出甲、乙两地同时控制一台电动机的控制线路图。

24. 某生产机械由两台笼型异步电动机 M_1、M_2 拖动，要求 M_1 起动后 M_2 才能起动，M_2 停止后 M_1 才能停止，试设计此电路。

第 7 章　供配电与安全用电技术

知识目标：

★ 了解电力系统、电网、工厂供配电系统的概念；
★ 掌握安全用电常识及技术措施；
★ 掌握触电方式和触电急救方法；
★ 熟悉节约用电方法。

技能目标：

★ 懂得日常学习和生活中如何安全用电，避免触电事故发生；
★ 掌握触电急救方法，会正确施救；
★ 养成节约用电的好习惯。

内容描述：

电能是现代工业生产的主要能源和动力，电能的输送和分配既简单、经济，又便于控制、调节和测量。供配电系统是运用电能的有效途径，是发电、输电、变电、配电和用电的统一整体，用电安全和节约用电是每个公民的责任。本章着重介绍发电与输电、工厂供配电系统等概念及安全用电常识。

内容索引：

★ 发电与输电
★ 工厂供配电
★ 安全用电
★ 节约用电

7.1　发电与输电

电能是一种清洁的二次能源。由于电能不仅便于输送和分配，易于转换为其他的能源，而且便于控制、管理和调度，易于实现自动化。因此，电能已广泛应用于国民经济、社会生产和人民生活的各个方面。电力工业已成为国民经济发展和现代化建设的基础工业，得到迅猛发展。

电能绝大多数都由发电厂（发电机组）提供。发电厂将一次能源转换成电能。根据一次能源的不同．有火力发电厂、水力发电厂、核能发电厂、风力发电厂等。目前建造最多的是火力发电厂和水力发电厂。核电站也发展很快。

各种发电厂的发电机几乎都是三相同步发电机，它也由定子和转子两部分组成。定子由机座、铁心和三相绕组等组成，与三相异步、同步电动机的定子基本一样。同步发电机的定子常称为电枢。同步发电机的转子是磁极，有显极和隐极两种。显极式转子有凸出的磁极，励磁绕组绕在磁极上。隐极式转子呈圆柱形，励磁绕组分布在转子表面的槽中。励磁电流经电刷和集电环流入励磁绕组。

国产三相同步发电机的电压等级有 400/230V 和 3. 15kV、6. 3kV、10. 5kV、13. 8kV、15. 75kV 及 18kV 等多种。

大中型发电厂大多建在一次能源丰富的地区附近，距离用户区可能很远，所以要采取远距离输电，用高压输电线将电能输送到用电地区，再降压分配给各用户。电能从发电厂到用户区通过的导线系统称电力网，电力网将分散在各地的负荷中心的用户联系起来，从而实现电能的大容量、远距离输送。

如图 7-1 所示，将同一地区分散的众多发电厂（站）联合起来并联工作，可组成一个强大的电力系统，将发电厂、变电所和电力用户联系起来，这样可以提高发电厂设备的利用率，合理调配各发电厂的负载，提高供电的可靠性和安全性。

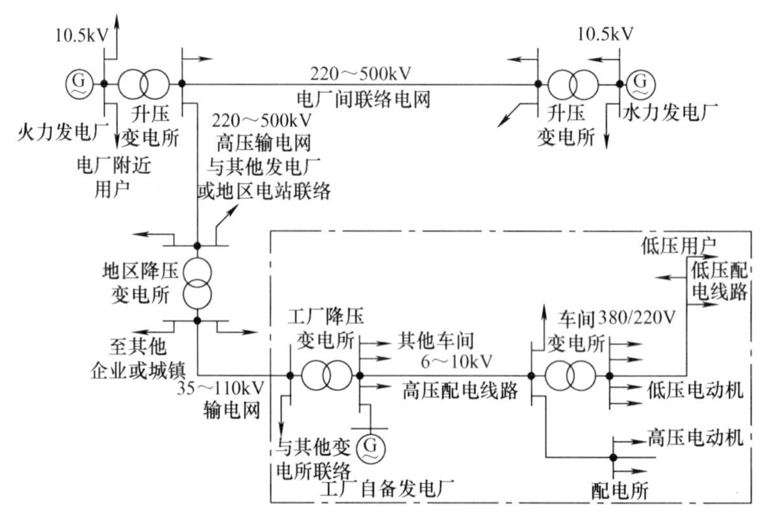

图 7-1　电力系统示意图

送电距离越远，要求输电线的电压越高。我国国家标准中规定输电线的额定电压为 35kV、110kV、220kV、330kV、500kV 等。

输电过程中，各变配电所的功能是变换电能电压、接受电能和分配电能。仅用于接受电能和分配电能的场所称为配电所。

按变电所的性质和任务不同，可分为升压变电所和降压变电所。升压变电所通常紧靠发电厂，降压变电所通常远离发电厂而靠近负荷中心。输电线末端的降压变电所将电能分配给各工业企业和城市。

7.2　工厂供配电

工厂供配电系统是电力系统的重要组成部分，是主要电力用户之一。它由总降压变电所、高压配电线路、车间变电所、低压配电线路和用电设备等组成，如图 7-2 所示。

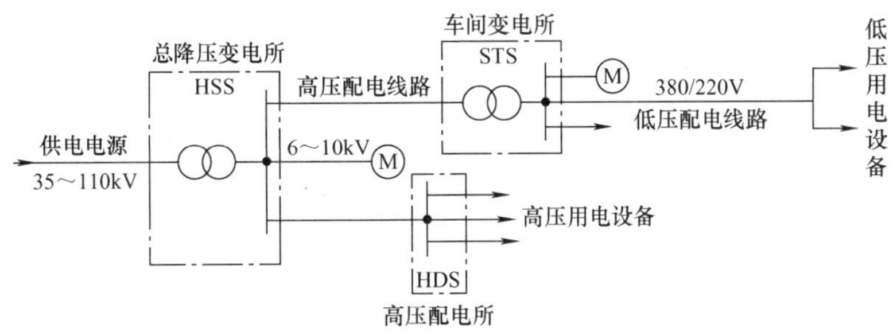

图 7-2　工厂供配电系统的结构框图

总降压变电所接受送来的电能，一部分供给大功率高压电力设备，另一部分分配到各车间，再由车间变电所或配电箱（配电板），将电能分配给各低压用电设备。

从车间变电所或配电箱（配电板）到用电设备的线路属于低压配电线路。低压配电线的额定电压是 380/220 V。低压配电线路的连接方式主要有放射式和树干式两种。

放射式配电线路如图 7-3 所示。当负载点比较分散而各个负载点又具有相当大的集中负载时，采用这种线路较为合适。

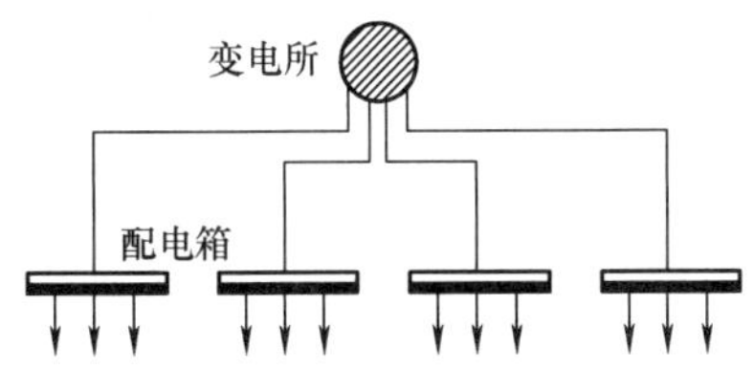

图 7-3　放射式配电线路

在下述情况下采用图 7-4 所示的树干式配电线路：①当负载较集中，同时各个负载点位于变电所或配电箱的同一侧，其间距离较短，采用如图 7-4a 所示的树干式配电线路。②当负载比较均匀地分布在一条线上时，采用如图 7-4b 所示的树干式配电线路。采用图 7-4b 所示的树干式配电线路时，干线一般采用母线槽。这种母线槽直接从变电所经开关引到车间，不经配电箱。支线再从干线经出线盒引到用电设备。

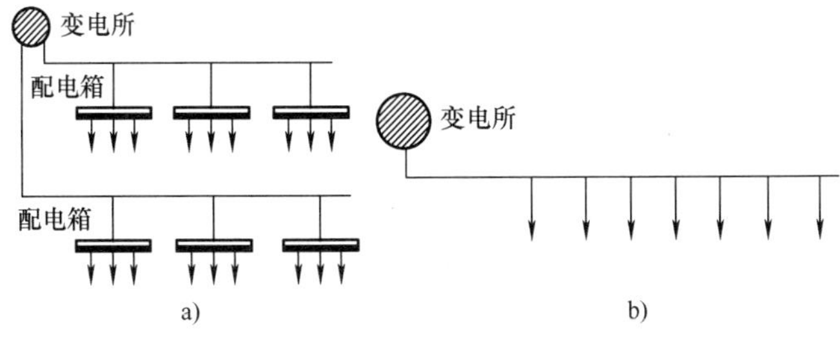

图 7-4　树干式配电线路

采用放射式或图 7-4a 所示的树干式配电线路时，各组用电设备常通过总配电箱或分配电箱连接。用电设备既可独立地接到配电箱上，也可接成链状接到配电箱上，如图 7-5 所示。距配电箱较远，但彼此距离很近的小型用电设备宜接成链状，这样能节省导线。但是，同一链条上的用电设备一般不得超过三个。

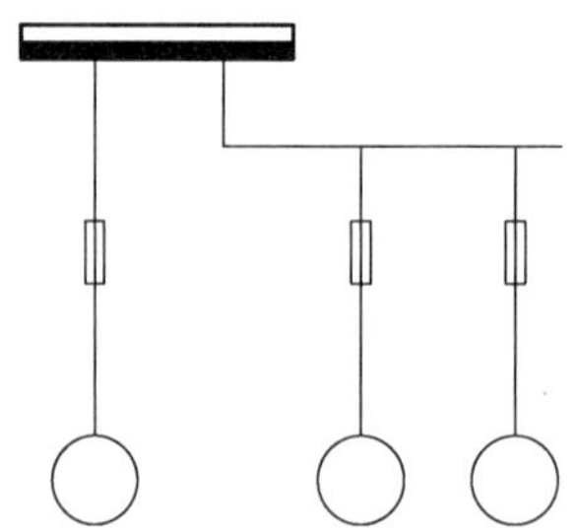

图 7-5　用电设备接成链状接到配电箱

车间配电箱是放在地面上（靠墙或靠柱）的一个金属柜，其中装有刀开关和管状熔断器。配出线路有 4 ~8 条不等。

放射式和树干式这两种配电线路现在都被采用。放射式供电可靠，但敷设投资较高。树干式供电可靠性较低，因为一旦干线损坏或需要修理时，就会影响连在同一干线上的负载，但是树干式灵活性较大。另外，放射式与树干式比较，前者导线细，但总线路长，而后者则相反。

7.3　安全用电

在使用电能的过程中，如果不注意用电安全，可能造成人身触电伤亡事故或电器设备的损坏，甚至影响到电力系统的安全运行，造成大面积的停电事故，使国家财产遭受损失，给生产和生活造成很大的影响。因此，在使用电能时，必须注意安全用电，以保证人身、设备、电力系统三方面的安全，防止发生事故。

7.3.1　触电基本知识

1. 触电

当人体触及带电体，因承受过高的电压而导致死亡或局部受伤的现象称为触电。触电依伤害程度不同可分为电击和电伤两种。

电击是指电流触及人体而使内部组织器官受到损害，它影响人的呼吸、心脏和神经系统，是最危险的触电事故。当电流通过人体时，轻者使人体肌肉痉挛，重者会造成呼吸困难，心脏麻痹，甚至导致死亡。电击多发生在对地电压为 220V 的低压线路或带电设备上，因为这些带电体是人们日常工作和生活中易接触到的。

电伤是由于电流的热效应、化学效应、机械效应以及在电流的作用下使熔化或蒸发的金属微粒等侵入人体皮肤，使皮肤局部发红、起泡、烧焦或组织破坏，严重时也可危及人命，如电弧烧伤、熔丝熔断造成金属溅伤。它的危险虽不像电击那样严重，但也不容忽视。

人体触电伤害程度主要取决于流过人体电流的大小和电击时间长短等因素。把人体触电后最大的摆脱电流，称为安全电流。人体所允许的工频交流电安全电流为 30mA · s，即触电时间在 1s 内，通过人体的最大允许电流为 30mA，致命的电流强度为 50mA · s。人体触电时，如果接触电压在 36V 以下，通过人体的电流就不致超过 30mA，故规定安全电压为 36V，但在潮湿地面和能导电的厂房，安全电压则规定为 24V 或 12V。

2. 触电的种类

触电有单相触电、两相触电、跨步电压触电、接触电压触电等方式。

(1) 单相触电

在人体与大地之间互不绝缘情况下，人体的某一部位触及到三相电源线中的任意一根导线，电流从带电导线经过人体流入大地而造成触电伤害。单相触电又可分为中性点接地和中性点不接地两种情况。

1) 中性点接地。在中性点接地的电网中，发生单相触电的情形如图 7-6a 所示。这时，人体所触及的电压是相电压，在低压动力和照明线路中为 220V。电流经相线、人体、大地和中性点接地装置而形成通路，触电的后果往往很严重。

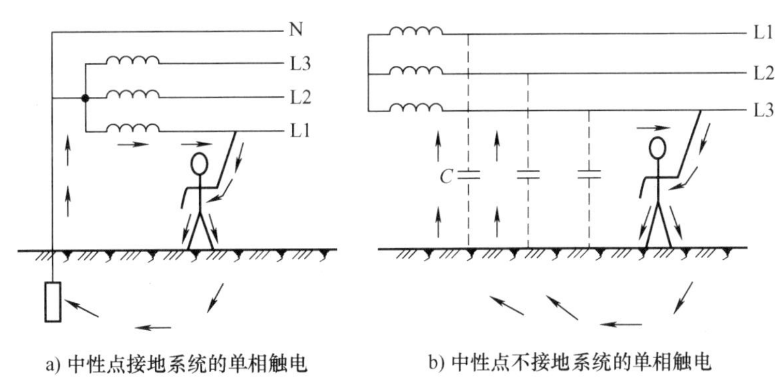

a) 中性点接地系统的单相触电　　b) 中性点不接地系统的单相触电

图 7-6　单相触电示意图

2) 中性点不接地。在中性点不接地的电网中，发生单相触电的情形如图 7-6b 所示。当站立在地面的人手触及某根相线时，由于每根相线与大地间存在分布电容，所以，人体与其他两相分布电容构成星形联结三相不对称负载，有电流经大地、人体流入到人手触及的相线。一般说来，线路越长，对地的电容电流越大，其危险性越大。我国 6 ~ 60kV 三相三线制电网常采用中性点不接地方式，由于电压比较高，十分危险。

(2) 两相触电

两相触电，也叫相间触电，这是指在人体与大地绝缘的情况下，同时接触到两根不同的相线，或者人体同时触及到电器设备的两个不同相的带电部位时，电流由一根相线经过人体到另一根相线，形成闭合回路，如图 7-7 所示。两相触电比单相触电更危险，因为此时加在人体上的是线电压。

(3) 跨步电压触电

当线路的一相断线落地时，会有电流向大地流散，如图 7-8 所示。以落地点为圆心，半径约 20m 的区域内形成环状电位分布。如果人或牲畜站在这个区域内，两脚之间由于电位

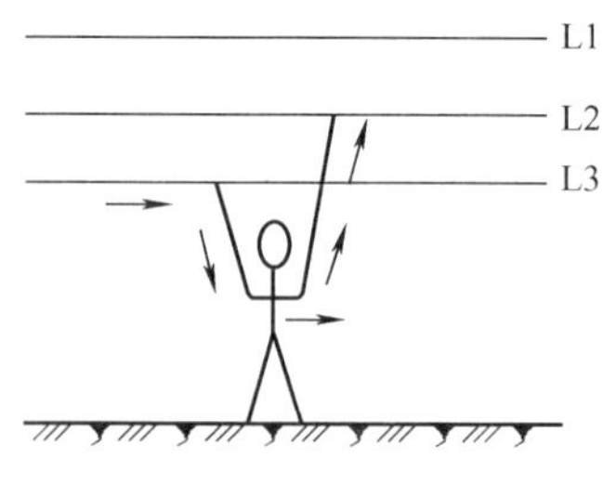

图 7-7　两相触电示意图

不同，就会出现电位差，这个电位差称为跨步电压，于是就会发生跨步电压触电。离电流入地点越近，则跨步电压越大。

当发现跨步电压威胁时，应赶快把双脚并在一起，或赶快用一条腿跳着离开危险区，否则，因触电时间长，也会导致触电身亡。

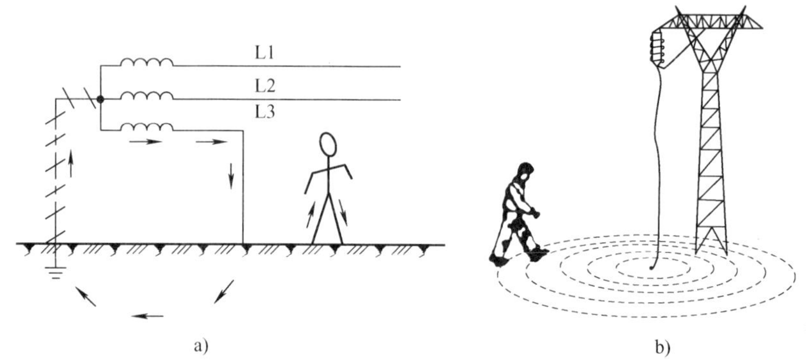

图 7-8　跨步电压触电

（4）接触电压触电

运行中的电器设备由于绝缘损坏或其他原因造成接地短路故障，比如电机的外壳本不带电，但由于绕组绝缘损坏而与外壳接触，使外壳带电，这时，人体触及带电的电机外壳，就会发生触电。大多数触电事故都发生于这一种。为了防止这种触电事故的发生，对电器设备常采用保护接地和保护接零的措施。

7.3.2　安全防护措施

分析触电事故产生的原因，除偶然因素（如人体受雷击等）引起的触电事故外，采取必要的技术防护措施，强化安全用电常识，遵守电业操作规程就会避免和减少触电事故的发生。通常采用的技术防护措施有电器设备的接地和接零、安装低压漏电保护器等方式。

1. 保护接地和保护接零

电器设备在使用中，若设备绝缘损坏或击穿而造成外壳带电，人体触及外壳时有触电的危险，为此，电器设备必须与大地进行可靠的电气连接，即接地保护，使人体免受触电的危害。

（1）保护接地

按功能分，接地可分为工作接地和保护接地。如图 7-9 所示，工作接地是指为保证电器设备正常工作而进行的接地，如变压器中性点接地。保护接地是指为保证人身安全，防止人体接触设备外露部分而触电的一种接地形式。在中性点不接地系统中，设备外露部分（金属外壳或金属构架），必须与大地进行可靠电气连接，即保护接地。

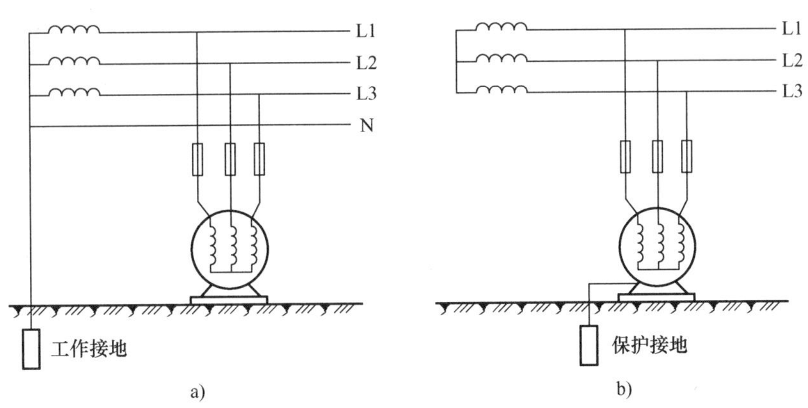

图 7-9　工作接地和保护接地

接地装置由接地体和接地线组成，埋入地下直接与大地接触的金属导体，称为接地体，连接接地体和电器设备接地螺栓的金属导体称为接地线。接地体的对地电阻和接地线电阻的总和，称为接地装置的接地电阻。

保护接地适用于中性点不接地的低压系统。在中性点不接地系统中，设备外壳不接地且意外带电，外壳与大地间存在电压，人体触及外壳，人体将有电流流过，如图 7-10a 所示，电流的大小取决于人体电阻和导线与地面之间的绝缘电阻，当绝缘性能下降时，就有触电危险。如果将外壳接地（即保护接地），人体与接地体相当于两个并联的电阻，流过每一通路的电流值将与其电阻的大小成反比，人体电阻比接地体电阻大得多，则流过人体的电流很小，这样就能保证了人体的安全。通常接地电阻要求小于 4Ω，如图 7-10b 所示。

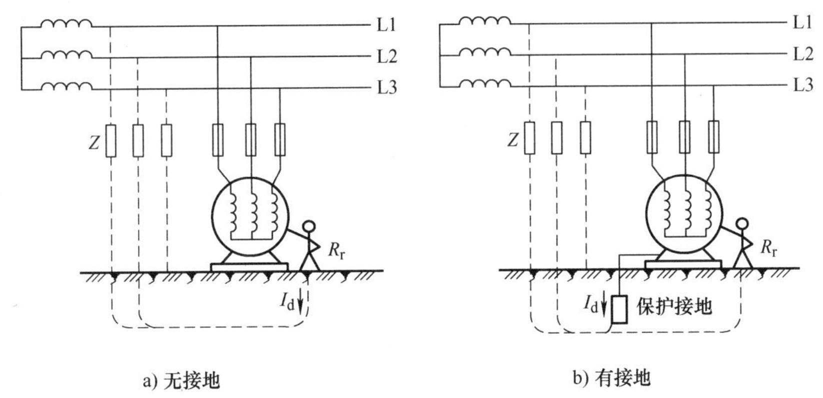

图 7-10　保护接地原理

在中性点不接地电网中，由于单相对地电流较小，利用保护接地可使人体避免发生触电事故。但在中性点接地电网中，由于单相对地电流较大，保护接地就不能完全避免人体触电的危险，而要采用保护接零。

（2）保护接零

保护接零是指在电源中性点接地的系统中，将设备的外露部分与零线直接连接，相当于设备外露部分与大地进行了电气连接，如图 7-11 所示，当电动机某一相绕组因绝缘损坏而与外壳相接触时，就形成单相短路，致使这一相熔断器烧断，避免触电事故的发生。

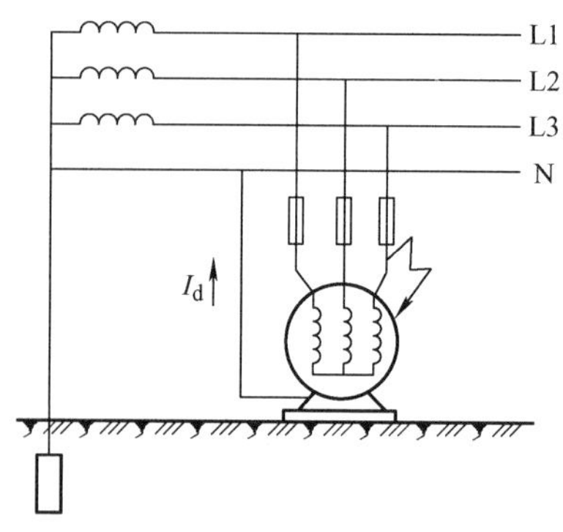

图 7-11　保护接零原理图

在中性点接地系统中，为确保保护接零的可靠，还需相隔一定距离将零线或接地线重新接地，称为重复接地。如图 7-12 所示，如果没有重复接地，一旦零线在“×”处断线，设备外露部分带电，人体触及同样会有触电的危险。而如果有重复接地，即使出现中性线断线，但外露部分因重复接地而使其对地电压大大下降，对人体的危害也大大下降。不过应尽量避免零线或接地线出现断线的现象，因此，通常为确保安全，零线必须连接牢固，开关和熔断器不允许安装在零线上。但一般引入建筑物的一根火线和一根零线上都装有双极开关，并都装有熔断器，这是将工作零线与保护零线分开的，如图 7-13 所示。

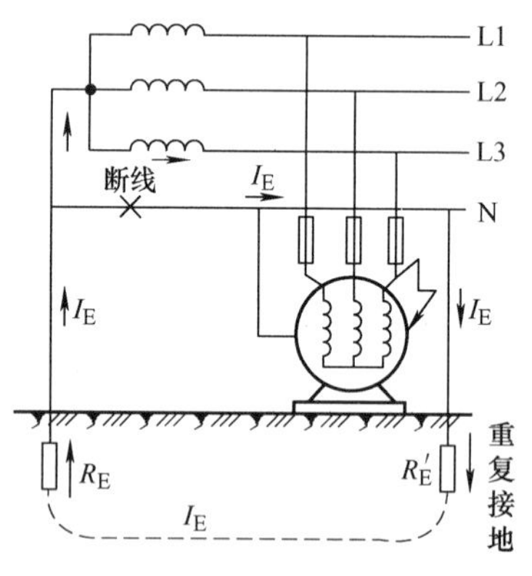

图 7-12　重复接地原理

在三相四线制供系统中，由于负载通常不对称，零线中有电流，因而零线对地电压不为零，为确保设备外壳对地电压为零，专设保护零线，如图 7-13 所示，工作零线在进建筑物入口处要接地，进户后再另设一保护零线，所有的接零设备都要通过三孔插座接到保护零线上。正常工作时，工作零线中有电流，保护零线中不应有电流。

保护接零适用于电压为 220/380V 中性点直接接地的三相四线制系统。在这种系统中，凡是由于绝缘破坏或其他原因可能出现危险电压的金属部分，均应采取保护接零（有另行规定者除外）。

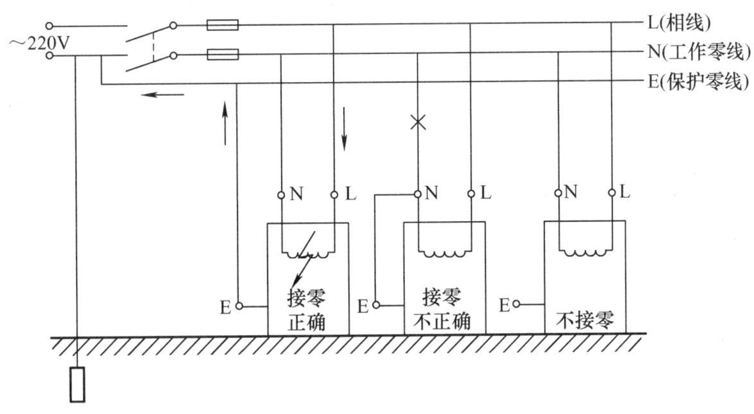

图 7-13　工作零线与保护零线

2. 漏电保护

漏电保护器为近年来推广采用的一种新的防止触电的保护装置。在电器设备中发生漏电或接地故障而人体尚未触及时，漏电保护器已切断电源；或者在人体已触及带电体时，漏电保护器能在非常短的时间内切断电源，减轻对人体的危害。

漏电保护器的种类很多，这里介绍目前应用较多的晶体管放大式漏电保护器。

晶体管漏电保护器的组成及工作原理如图 7-14 所示，它由零序电流互感器、输入电路、放大电路、执行电路、整流电源等构成。当人体触电或线路漏电时，零序电流互感器一次侧中有零序电流流过，在其二次侧产生感应电动势，加在输入电路上，放大管 V_1 得到输入电压后，进入动态放大工作区，V_1 管的集电极电流在 R_6 上产生压降，使执行管 V_2 的基极电流下降，V_2 管输入端正偏，V_2 管导通，电流继电器 KA 流过电流起动，其常闭触头断开，接触器 KM 线圈失电，切断电源。

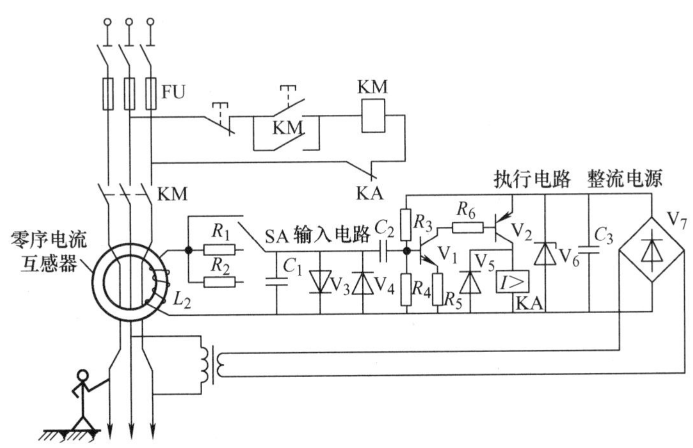

图 7-14　晶体管放大式漏电保护器原理图

7.3.3 触电的急救

触电事故虽然总是突然发生的，但触电者一般不会立即死亡，往往是“假死”，现场人员应该保持冷静，当机立断，首先使触电者迅速脱离电源，立即运用正确的救护方法加以抢救。

1. 脱离电源

使触电者迅速脱离电源是极其重要的一环，触电时间越长，对触电者的伤害就越大。要根据具体情况和条件采取不同的方法，例如断开电源开关、拔去电源插头或熔断器件等；用干燥的绝缘物拨开电源线或用干燥的衣服垫住，将触电者拉开（仅用于低压触电）等，如图 7-15 所示。总之，用一切可行的办法使触电者迅速脱离电源。在高空发生触电事故时，触电者有摔下来的危险，一定要采取紧急措施，使触电者不致被摔伤或摔死。

图 7-15　使触电者迅速脱离电源

2. 急救

触电者脱离电源后，应根据其受到电流伤害的程度，采取不同的施救方法。若停止呼吸或心脏停止跳动，决不可认为触电者已死亡而不去抢救，应立即进行现场人工呼吸和人工胸外心脏按压，并迅速通知医院进行救护。抢救必须分秒必争，时间就是生命。

（1）人工呼吸法

人工呼吸的方法很多，其中以口对口（或对鼻）的人工呼吸法最为简便有效，而且也最易学会。具体做法如下：

① 首先把触电者移到空气流通的地方，最好放在平直的木板上，使其仰卧，不可用枕头。然后把头侧向一边，掰开嘴，清除口腔中的杂物、假牙等。如果舌根下陷应将其拉出，使呼吸道畅通。同时解开衣领。松开上身的紧身衣服，使胸部可以自由扩张，如图 7-16a 所示。抢救者位于触电者的一边，用一只手紧捏触电者的鼻孔，并用手掌的外缘部压住其额部，扶正头部使鼻孔朝天。另一只手托在触电者的颈后，将颈部略往上抬，以便接受吹气。

② 抢救者做深呼吸，然后紧贴触电者的口腔，对口吹气约 2s，如图 7-16b 所示。同时观察触电者的胸部是否有扩张，以决定吹气是否有效和是否合适。

③ 吹气完毕后，立即离开触电者的口腔，并放松其鼻孔，使触电者胸部自然回复，时间约 2s，以利其呼气，如图 7-16c 所示。

按照上述步骤不断进行，每分钟约反复 12 次。如果触电者张口有困难，可用口对准其鼻孔吹气，效果与上面方法相近。

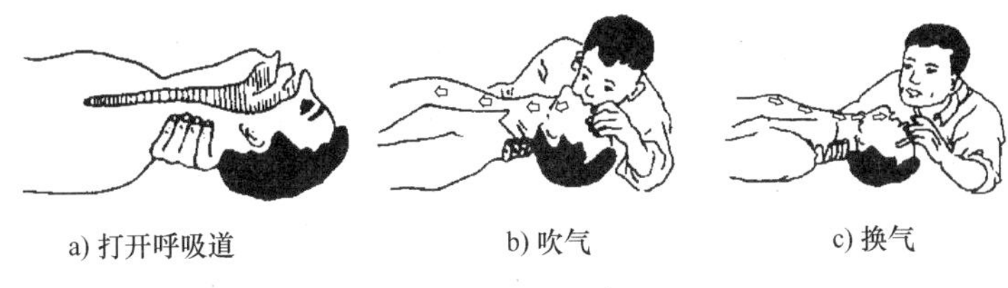

图 7-16　人工呼吸

（2）人工胸外心脏按压法

这种方法是用人工的按压心脏代替心脏的收缩作用。凡是心脏停止或不规则的颤动时，应立即用这种方法进行抢救，如图 7-17 所示。具体做法如下：

① 使触电者仰卧，姿势与人工口对口呼吸法相同，但后背应紧贴地面。

② 抢救者骑在触电者的腰部。

③ 抢救者两手相叠，手掌贴于心前区（胸骨中下 1/3 交界处），然后掌根用力垂直向下按压，使其胸部下陷 3 ~ 4cm，可以压迫心脏使其达到排血的作用。

④ 使按压到位的手掌突然放松，但手掌不要离开胸壁，依靠胸部的弹性自动恢复原状，使心脏自然扩张，大静脉中的血液就能回流到心脏中来。

按照上述步骤连续不断地进行，每分钟 80 ~ 100 次。按压时定位要准确，压力要适中，不要用力过猛，避免造成肋骨骨折、气胸、血胸等危险。但也不能用力过小，达不到按压的目的。

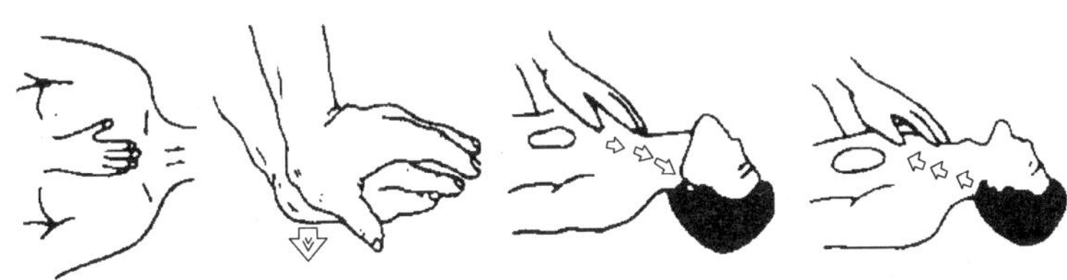

图 7-17　胸外心脏按压法

上述两种方法应对症使用。若触电者心跳和呼吸均已停止，则两种方法可同时进行，最好现场有两个人抢救，一人进行人工呼吸 1 次，另外一人进行胸外心脏按压 5 次，即按 1∶5 的比例进行。如果现场只有一个人抢救，可按 15∶2 的比例进行胸外心脏按压和人工呼吸，即先进行 15 次胸外心脏按压（儿童 20 次），再进行 2 次人工呼吸，如此反复进行。经过一段时间的抢救后，若触电者面色好转、口唇潮红、瞳孔缩小、心跳和呼吸恢复正常、四肢可以活动，这时可暂停数秒钟进行观察，有时触电者就此恢复，如果还不能维持正常的心跳和呼吸，必须在现场继续进行抢救，尽量不要搬动，如果必须搬动，抢救工作决不能中断，直到医务人员来接替抢救为止。

7.4　节约用电

能源是国民经济发展的重要物质基础，节约用电是节约能源的主要方面之一。从中国电能消耗的情况来看，70% 以上消耗在工业部门，所以工厂的电能节约特别值得关注。节约用电就是要采取技术可行、经济合理及对环保没有妨碍的各种措施，科学地、合理地使用电能，提高电能的有效利用程度。节约用电有很重要的意义，具体表现在以下几个方面：

① 有利于节约发电所需的一次能源，减轻能源及交通运输的紧张程度。

② 有利于节省国家对发电、供电、用电设备所需的基建投资。

③ 在落实节约用电措施的同时，将会促进企业采用新技术、新工艺、新材料并加强用电的科学管理，从而使工农业生产水平和管理水平得到进一步提高。

④ 减少电能损失，使企业减少电费支出，降低成本，提高经济效益。

对于工厂来说，节约用电的主要途径大致有以下几个方面：

（1）提高电动机的运行水平

电动机是工厂用得最多的设备，电动机的容量应合理选择。要避免用大功率电动机去拖动小功率设备（俗称大马拉小车）的不合理用电情况，要使电动机工作在高效率的范围内。当电动机的负载经常低于额定负载的40%时，要合理更换，以避免电动机经常处于轻载状态运行，或把正常运行时规定采用△接法的电动机改为丫接法，以提高电动机的效率和功率因数。对工作过程中经常出现空载状态的电器设备（例如拖动机床的电动机、电焊机等），可安装空载自动断电装置，以避免空载损耗。

（2）更新用电设备，选用节能型新产品

目前，国内工矿企业中有很多设备（如变压器、电动机、风机、水泵等）的效率低，耗电多，对这些设备进行更新，换上节能型机电产品，对提高生产和降低产品的电力消耗具有很重要的作用。例如，一台10kV级SL7系列节能型500kV·A的变压器，其空载损耗为1.08kW，短路损耗为6.9kW。而旧型号SL系列10kV级500kV·A的变压器，其空载损耗为2.05kW，短路损耗为8.2kW。

（3）提高功率因数

工矿企业在合理使用变压器、电动机等设备的基础上，还可装设无功补偿设备，以提高功率因数。企业内部的无功补偿设备应装在负载侧，例如在负载侧装设电容、同步补偿器等，可减小电网中的无功电流，从而降低线路损耗。

所谓两部制电价，就是把电价分成两个部分，其一是基本电价，其二是电度电费。基本电价是根据用户的变压器容量或最大需用量来计算，是固定的费用，与用户每月实际取用的电度数无关。电度电费则是按用户每月实际取用的电度数来计算，是变动的费用。这两部分电费的总和即为用户全月应付的全部电费，实行两部制电价可以促进用户提高负荷率和设备利用率。如果用户的负荷率较低，而变压器的容量又过大，则用户支付的基本电费就较高，反之就较低。在用户按不同类别计算出当月全部电费时，按照电力部门的规定，若功率因数高，则可减免部分电费，反之则增收部分电费。

（4）推广和应用新技术，降低产品电耗定额

例如，采用远红外加热技术，可使被加热物体所吸收的能量大大增加，使物体升温快，加热效率高，节电效果好。远红外加热技术和硅酸铝耐火纤维材料配合使用，节电效果更佳。又如，采用硅整流器或晶闸管整流装置以代替其他整流设备，则可使整流效率提高。在工矿企业中有许多设备需要使用直流电源，如同步电机的励磁电源，化工、冶金行业中的电解、电镀电源，市政交通电车的直流电源等，以前这些直流电源大多是采用汞弧整流器或交流电动机拖动直流发电机发电，它们的整流效率低，若改用硅整流器或晶闸管整流装置，则效率可大为提高，节电效果甚为显著。此外，采用节能型照明灯，在大电流的交流接触器上

安装节电消声器（即直流无声运行），加强用电管理和做好节约用电的宣传工作等，也都是节约用电的重要措施。

应用训练

1. 什么是电力网和电力系统？
2. 火电厂、核电厂及水电厂各利用什么能源发电？
3. 工厂供配电系统由哪些部分组成？
4. 低压配电线路的连接方式主要有哪几种？
5. 触电对人体有哪些伤害？
6. 国家规定的安全电压和安全电流是多少？
7. 触电形式有哪些？
8. 什么是单相触电和两相触电？
9. 发现有人触电应如何进行急救？急救措施有哪些？
10. 安全用电的措施有哪些？
11. 保护接地和保护接零的原理是什么？
12. 简述晶体管漏电保护器的工作原理。
13. 节约用电的意义是什么？
14. 节约用电的措施有哪些？

参 考 文 献

[1] 秦曾煌．电工学［M］．北京：高等教育出版社，1999.
[2] 邱关源．电路［M］．北京：高等教育出版社，1999.
[3] 唐介．电工学（少学时）［M］．北京：高等教育出版社，2006.
[4] 李源生．电工电子技术［M］．北京：清华大学出版社，2004.
[5] 刘保录．电机拖动与控制［M］．西安：西安电子科技大学出版社，2006.